高 等 院 校 教 材

机 械 制 图

（非机械类少学时各专业用）

（第三版）

周霭明　缪临平　顾文遽　编著

U0337434

同济大学 出版社

TONGJI UNIVERSITY PRESS

内 容 提 要

本书共分为十章。主要内容有制图基本知识,点、线、画、体的投影,轴测投影,组合体,机件常用的表达方法,标准件和一般零件图,装配图和计算机绘图等。书中全部采用国家质量技术监督局发布的最新国家标准 GB/T 及目前等效使用的 GB 标准。

本书是高等院校理工科非机械类少学时专业用机械制图教材,适用专业面广,参考教学时数为 50~80 学时,并可按各种类型教学的需要适当增减。本书也可作为高等职业学院、函授大学、高等专科学校理工科有关专业的教材。

图书在版编目(CIP)数据

机械制图(第三版)/周霭明 缪临平 顾文遒编著. —3 版.
—上海:同济大学出版社,2006.10(2010.9 重印)
非机械类少学时各专业用
ISBN 978-7-5608-2283-9

Ⅰ. 机… Ⅱ. ①周… ②缪…③顾… Ⅲ. 机械制图—高等学校—教材 Ⅳ. TH126

中国版本图书馆 CIP 数据核字(2006)第 032708 号

机械制图(第三版)(非机械类少学时各专业用)

周霭明 缪临平 顾文遒 编著
责任编辑 林 涛 责任校对 谢惠云 装帧设计 潘向蓁

出版发行	同济大学出版社	www.tongjipress.com.cn
	(地址:上海市四平路 1239 号 邮编:200092 电话:021-65985622)	
经 销	全国各地新华书店	
印 刷	同济大学印刷厂	
开 本	787mm×1092mm 1/16	
印 张	19.75	
印 数	20 201—24 300	
字 数	506 000	
版 次	2006 年 10 月第 3 版 2010 年 9 月第 4 次印刷	
书 号	ISBN 978-7-5608-2283-9	

定 价 30.00 元

第三版前言

本书是在 2001 年出版的《机械制图》(第二版)(非机械类少学时各专业用)的基础上,按照教育部印发的适用于非机械类专业使用的"画法几何及工程制图课程教学基本要求",采纳了兄弟院校多年来使用本教材后的建议,并采用国家质量技术监督局发布的最新的中华人民共和国国家标准 GB/T 及目前等效使用的 GB 标准,总结了本书第二版教学改革经验,参考了国内外有关书籍修订而成的。

与本书配套出版的《机械制图习题集》(第三版)(非机械类少学时各专业用),可供学生练习使用。

学习机械制图课程的目的是培养学生具有绘制和阅读机械工程图样的基本能力,通过制图理论的学习和制图作业的实践,培养学生的空间想象能力和构思能力,培养正确使用绘图仪器绘制工程图样的能力,并提高计算机绘图和徒手作图的能力,熟悉机械制图国家标准的规定,掌握并应用多种图示方法来表示机械工程和阅读机械工程图样。

本书以"少而精"为编写原则,文字简明扼要,内容循序渐进,整体的安排有利于组织教学。根据教学基本要求的精神,书中精简了画法几何内容,但为了方便教学和由浅入深,仍保持了画法几何独立的系统。对制图部分则突出重点及其基本内容,并紧密联系生产实际。因此,对于本书编写的内容,可根据专业的不同,教学时数的多少和教学观点的不同而选择相应的内容进行教学。

随着计算机图学和计算机辅助设计的迅速发展,在机械制图中应用计算机绘图技术也日趋重要和迫切。为此,本书对第二版"计算机绘图"的内容作了较多的修改与补充,以供有关专业人员自学和参考。

当前,高等院校正在调整专业设置,拓宽专业面,优化课程结构,改革课程内容与体系等。为此,本次修订的《机械制图》(第三版)(非机械类少学时各专业用)适合作为高等院校理工科非机械类少学时的机械制图教材,它适用于理科如工程物理、工程力学等专业,工科如电子技术、系统工程、计算机信息、技术经济管理、科技外语等专业,也可供师范大学、电视大学、函授学院、高等职业学院、高等专科学校的有关专业以及相关类型的短训班教学使用。

本书由同济大学周霭明、缪临平和上海理工大学顾文逵共同编写。其中,绪论、第一章、第二章和第三章由缪临平编写,第四章、第五章、第六章和第十章由周霭明编写,第七章、第八章、第九章和附录由顾文逵编写。

由于编者水平所限,本书在修订过程中难免还存在不妥之处,敬请广大读者予以批评指正。

编　者
2006 年 7 月

目　　录

绪　　论

　　图样是用来表达物体的形状、大小和技术要求的技术文件，也是表达设计意图、交流技术思想和指导生产的重要工具。因此，人们称图样为"工程界的语言"。在现代工业生产中，各种车辆、船舶、航天飞机、机床，各种冶金、建筑和化工设备，各种仪表、仪器都要根据工程图样进行生产和装配，而且在使用这些机器、设备、仪表时，也必须通过阅读图样来了解它们的结构和性能。因此，工程技术人员都必须掌握这种"工程界的语言"，具备绘制和阅读工程图样的能力。

一、本课程的研究对象及主要内容

　　本课程是研究绘制和阅读机械图样原理和方法的一门技术基础课，它能为以后学习专业课程、进行毕业设计和生产实践打下基础。随着机械制图这门学科的发展，特别是计算机绘图技术的应用，机械制图与计算机绘图相结合将是本课程的发展趋势。因此，本书除了编写传统的机械制图内容外，还更新了第二版中"计算机绘图"的内容，使读者通过本课程的学习，对计算机绘图的理论和实践具备一定的基础。本书的主要内容如下：

　　正投影原理——投影法基本知识，点、线、面、体的投影规律和作图方法。

　　制图基础——国家标准《机械制图》和《技术制图》的介绍、制图基本知识与基本技能、机械形体的各种表达方法。

　　机械图——标准件、一般零件的表达与标注，零件图、装配图的绘图、读图以及各种技术要求。

　　计算机绘图——中文版 AutoCAD 系统的组成、应用与使用技巧。

　　附录——摘录了一些常用的国家标准以供备查。

二、本课程的学习要求

　　本课程的主要要求是：

　　1. 学习正投影法的基本理论。

　　2. 掌握绘制和阅读机械图样的基本能力、基本知识和基本方法。

　　3. 培养空间想像能力和空间分析能力（包括简单的空间几何问题的图解能力），提高对空间物体的观察、分析和表达能力。

　　4. 了解计算机绘图软件的应用方法。

　　5. 培养认真负责的工作态度和严谨细致的工作作风。

三、本课程的学习方法

　　机械制图是一门既有一定理论知识又有较多实践的课程，要学好这门课程，就必须认真学习、掌握好投影理论以及学会画投影图和读投影图的基本方法。其中,将空间物体绘在平面上成为图样,称为绘图;根据图样想像出空间物体的形状、大小、结构和制造等方面的要求,称为读图。所以,在学习中要注意掌握正投影的规律,学会用正投影的规律去解决绘图和读图中的实际问题。此外,学习本课程还应掌握以下方法:

1. 在学习过程中应注意自学能力、分析问题能力、解决问题能力和创造能力的全面培养。

2. 在认真学习基本理论的同时,应配合教学进度独立完成一定数量的练习和作业,要多看、多想、多实践、多总结,才能逐步提高空间想像能力和空间构思能力。

3. 绘图时应学会正确使用绘图仪器和计算机等工具,从而逐步掌握正确的绘图方法和提高绘图技巧。

4. 严格遵守国家标准《机械制图》和《技术制图》的有关规定,学会查阅有关标准和资料的基本方法。

5. 学习计算机绘图时,必须通过上机操作实践,才能掌握其应用方法与技能。

6. 在后继专业课程的学习和工作实践中,应继续加强和提高读图和绘图能力,并进一步联系生产实践。

图样是指导生产的技术文件,绘制出的图样决不容许发生差错,读图时也不应产生误解,否则会发生"差之毫厘,谬以千里"的错误,给生产造成损失。因此,在学习过程中,必须养成严肃、认真、细致、踏实的工作作风。

第一章 制图的基本知识

§1-1 国家标准《机械制图》和《技术制图》中的一些规定

图样是工程上用以表达设计意图和交流技术思想的重要工具。因此,它的格式、内容、画法等都应当有统一的规定,这个统一的规定就是国家标准。我国于1959年首次颁布国家标准《机械制图》,尔后又多次作了修订。根据我国科学技术发展的需要,我国于1989年开始又制订了适用于各类技术图样的统一的国家标准《技术制图》。

国家标准的代号为"GB/T",GB/T系列标准是一套推荐性标准。"G"和"B"则分别表示"国标"两个字的汉语拼音的第一个字母,"T"是推荐一词的汉语拼音的第一个字母。例如"GB/T 17451—1998*",代号后面的两组数字分别表示标准的序号和标准发布的年份。

图样在国际上也有统一的标准,即ISO标准(International Standardization Organization的缩写),这个标准是由国际标准化组织制定的。我国从1978年参加国际标准化组织以后,国家标准的许多内容已经与ISO标准相同了。

本节仅介绍国家标准《机械制图》和《技术制图》中有关"图纸幅面和格式"、"比例"、"字体"、"图线"、"剖面符号"和"尺寸注法"等几项规定内容,其余内容将在以后各章中分别给予介绍。

一、图纸幅面和格式(GB/T 14689—1993)

1. 图纸幅面尺寸

图纸的基本幅面共有五种,其尺寸见表1-1所示。绘制图样时应优先采用这些图幅尺寸,必要时也允许采用加长幅面,这些加长幅面的尺寸是由基本幅面的短边成整数倍增加后得出的。

表1-1　　　　　　　　　　　　　　基本幅面及图框尺寸　　　　　　　　　　　　单位:mm

幅面代号	A0	A1	A2	A3	A4
$B \times L$	$841 \times 1\,189$	594×841	420×594	297×420	210×297
e	20			10	
c	10			5	
a	25				

---

*注:国家标准的属性(GB/T)已在《技术制图》目录上标明,年号用四位数字表示。鉴于部分国家标准是在国家标准清理整顿前出版的,现尚未修订,读者在使用这些国家标准时,其属性以《技术制图》目录上标明的为准。

上述基本幅面之间的关系是:将 A0 图纸的长边对折裁开,即可得两张 A1 图纸;将 A1 图纸的长边对折裁开,又可得两张 A2 图纸,依此类推可直至 A4 图纸。

2. 图框线

每张基本幅面的图纸在绘图前都必须先画图框线。图框线有两种格式,一种是用于需要装订的图纸(一般采用 A4 幅面竖装,或 A3 幅面横装),如图 1-1a)所示。另一种则用于不需要装订的图纸,也可有竖或横两种画法,如图 1-1b)所示。按国家标准规定,图框线应画成粗实线。

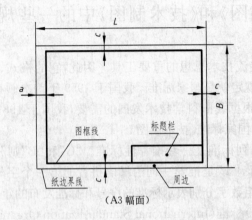
（A3 幅面）

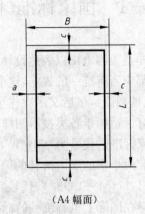
（A4 幅面）

a) 留有装订边图纸的图框格式

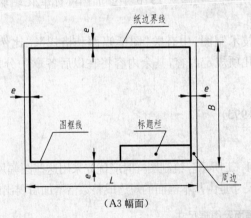
（A3 幅面）

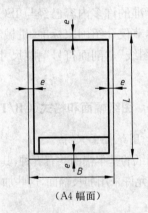
（A4 幅面）

b) 不留装订边图纸的图框格式

图 1-1 图框格式

3. 标题栏及其方位

每张图纸都必须具有标题栏,它通常位于图纸右下角紧贴图框线的位置上。标题栏的格式和内容在国家标准(GB/T 10609.1—1989)中已作出了详细的规定,如图 1-2 所示,它适用于工矿企业等各种生产用图纸。而一般在学校的制图作业中也可从简采用图 1-3 所示的标题栏格式和尺寸,但必须注意的是标题栏中文字的书写方向应为读图的方向。

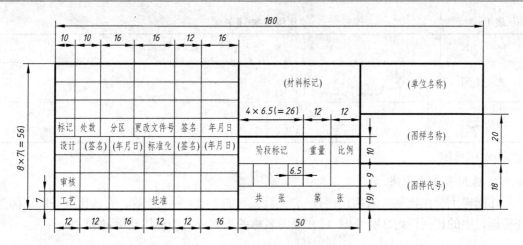

图 1-2 标题栏的格式和尺寸

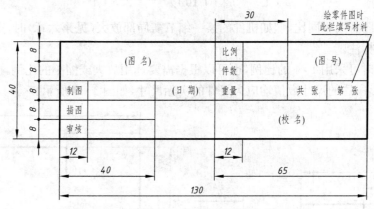

图 1-3 制图作业中采用的标题栏格式和尺寸

二、比例（GB/T 14690—1993）

1. 定义

图样中机件要素的线性尺寸与实际机件相应要素的线性尺寸之比称为比例。

必须注意的是角度尺寸与比例无关,即不论用何种比例绘图,角度均按实际大小绘制。绘制图样时应按国家标准《技术制图》中规定的比例系列中选取适当的比例,如表 1-2 所示。必要时也允许选用表 1-3 所示的比例。

表 1-2	比例系列（Ⅰ）		
种　　类	比　　　　　例		
原值比例	1 : 1		
放大比例	5 : 1	2 : 1	
	$5 \times 10^n : 1$	$2 \times 10^n : 1$	$1 \times 10^n : 1$
缩小比例	1 : 2	1 : 5	1 : 10
	$1 : 2 \times 10^n$	$1 : 5 \times 10^n$	$1 : 1 \times 10^n$

注: n 为正整数。

表 1-3　　　　　　　　　　　　　　　　　比例系数(Ⅱ)

种　类	比　例				
放大比例	4 : 1 $4 \times 10^n : 1$	2.5 : 1 $2.5 \times 10^n : 1$			
缩小比例	1 : 1.5 $1 : 1.5 \times 10^n$	1 : 2.5 $1 : 2.5 \times 10^n$	1 : 3 $1 : 3 \times 10^n$	1 : 4 $1 : 4 \times 10^n$	1 : 6 $1 : 6 \times 10^n$

注:n 为正整数。

2. 选用和表示方法

在图样上标注比例应采用比例符号"："表示,如 1:1,1:500 等。而该比例一般应标注在标题栏中的比例栏内。必要时,可在视图名称的下方或右侧标注比例,如下所示:

$$\frac{\text{Ⅰ}}{2:1} \qquad \frac{\text{A 向}}{1:100} \qquad \frac{\text{B—B}}{2.5:1}$$

当某个视图需用不同比例,如机件的某一细节需局部放大(见第六章)时,则必须在该放大图样旁另行标注。

绘制图样时可采用 1:1 的比例,也可以根据需要选用放大或缩小的比例,但是不论采用何种比例,图上所注的尺寸数值均应为机件的实际尺寸,如图 1-4 所示。

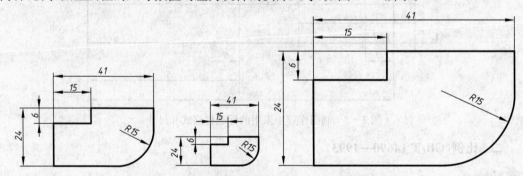

图 1-4　采用不同比例绘制同一图形时的尺寸标注

三、字体(GB/T 14691—1993)

字体包括汉字、数字、字母。

字体的高度(用 h 表示)其公称尺寸系列为:1.8,2.5,3.5,5,7,10,14,20;单位为 mm。例如,7 号字表示该字体高度为 7 mm。汉字的高度(h)不应小于 3.5 mm,其字宽一般为 $h/\sqrt{2}$。表 1-4 列出了字体大小,供书写时选用。

表 1-4　　　　　　　　　　　　　　　　字 体 大 小

字　　号	20 号	14 号	10 号	7 号	5 号	3.5 号	2.5 号	1.8 号
字高(h)	20	14	10	7	5	3.5	2.5	1.8
字宽($h/\sqrt{2}$)	≈14	≈10	≈7	≈5	≈3.5	≈2.5	≈1.8	≈1.3

注:单位为 mm。

1. 汉字

图样中使应用数字和文字来说明机件的大小和技术要求。国家标准中规定各种字体均必须做到：字体工整、笔画清楚、间隔均匀、排列整齐。汉字应写成长仿宋体字，并采用中华人民共和国国务院正式公布推行的《汉字简化方案》中规定的简化字。长仿宋体字的书写要领为：横平竖直、注意起落、结构匀称、填满方格。为了保证字体大小一致和整齐，书写时可先画格子或横线，然后写字。长仿宋体字的基本笔画如表1-5所示。

表1-5　　　　　　　　　　　　长仿宋体字的基本笔画

名称	点	横	竖	撇	捺	挑	折	勾
基本笔画及运笔法	尖点　垂点　撇点　上挑点	平横　斜横	平撇　斜撇　竖	斜捺　平捺　直撇	平挑　斜挑	左折　右折　斜折　双折	竖勾　左曲勾　右曲勾　平勾　竖弯勾　包勾　横折弯勾　竖折折勾
举例	方光心活	左七下代	十上	千月八床	术分建超	均公技线	凹居字人	与二仆子亅气

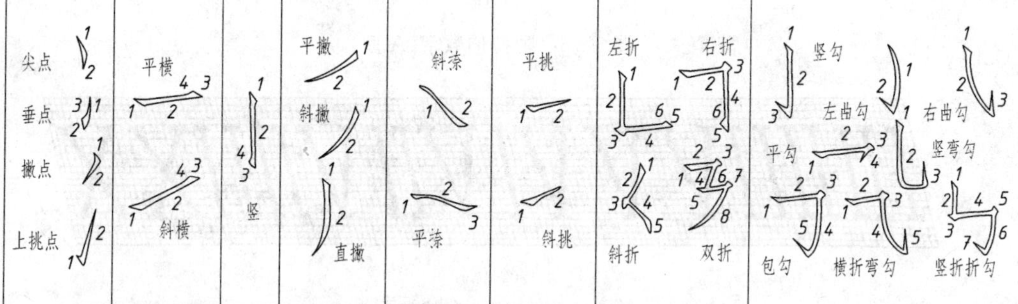

长仿宋体字的书写示例如下所示：

10号字

字体工整笔画清楚间隔均匀排列整齐

7号字

横平竖直注意起落结构均匀填满方格

5号字

技术制图机械电子汽车航空船舶土木建筑矿山井坑港口纺织服装

2. 数字

数字有阿拉伯数字和罗马数字两种，均有直体与斜体之分。常用的是斜体字，其字头向右倾斜，与水平线约成75°，如图1-5、图1-6所示。

（斜体）

（直体）

图 1-5　阿拉伯数字（A 型）

（斜体）

（直体）

图 1-6　罗马数字（A 型）

3. 字母

字母有拉丁字母和希腊字母两种，常用的是拉丁字母，我国的汉语拼音字母与它的写法一样，每种均有大写和小写、直体和斜体之分。写斜体字母时，通常字头向右倾斜与水平线约成 75°，如图 1-7 和图 1-8 所示。

注意：字母和数字分 A 型和 B 型，A 型字体的笔画宽度（d）为字高（h）的 1/14；B 型字体的笔画宽度（d）为字高（h）的 1/10。在同一图样上，只允许选用一种形式的字体。

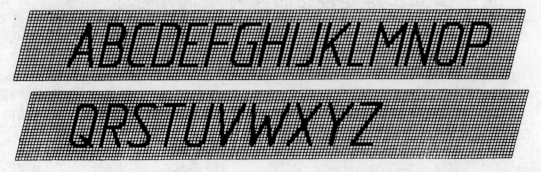

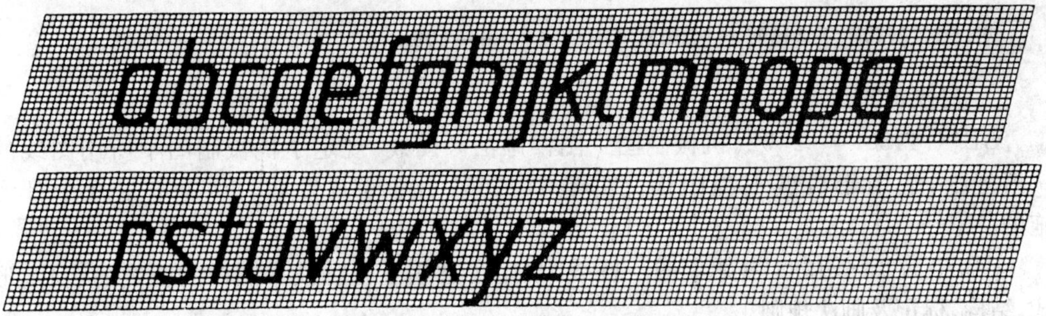

abcdefghijklmnopq

rstuvwxyz

图1-7　大小写斜体拉丁字母（A型）

αβγδεζηθϑικ

λμνξοπρστ

υφψχψω

图1-8　小写斜体希腊字母（A型）

4. 应用示例

用作分数极限偏差、注脚等的数字及字母一般均采用小一号的字体。应用示例如图1-9所示。

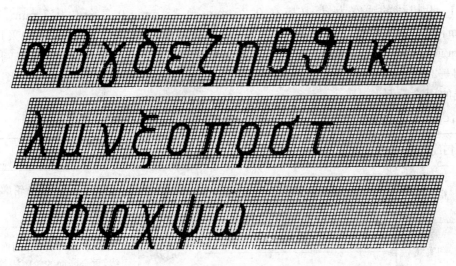

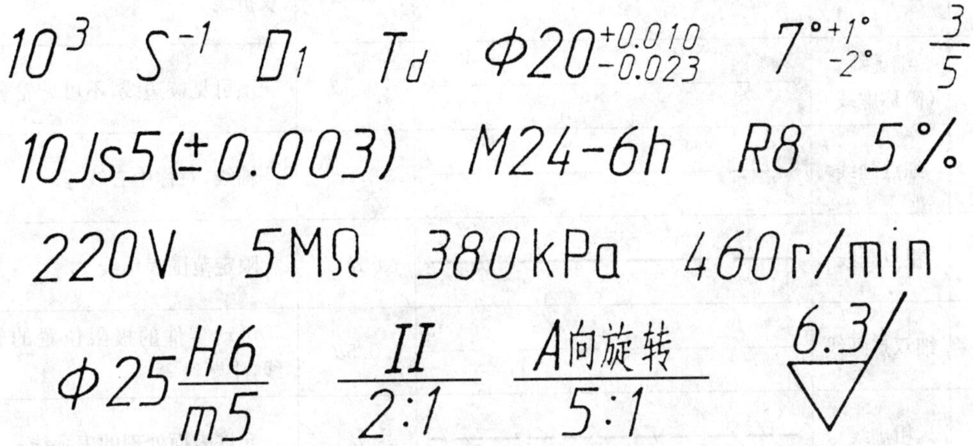

10^3　S^{-1}　D_1　T_d　$\phi20^{+0.010}_{-0.023}$　$7°^{+1°}_{-2°}$　$\dfrac{3}{5}$

$10Js5(\pm0.003)$　$M24-6h$　$R8$　5%

$220V$　$5M\Omega$　$380kPa$　$460r/min$

$\phi25\dfrac{H6}{m5}$　$\dfrac{II}{2:1}$　$\dfrac{A向旋转}{5:1}$　$\dfrac{6.3}{\nabla}$

图1-9　数字、字母及综合应用示例

四、图线(GB/T 4457.4—2002,GB/T 17450—1998)

1. 图线及其应用

GB/T 4457.4—2002《机械制图 图样画法 图线》规定了机械制图中所用图线的一般规则,适用于机械工程图样。它是 2002 年 9 月 6 日发布,2003 年 4 月 1 日实施的。

GB/T 17450—1998《技术制图 图线》规定了适用于各种技术图样的图线的名称、形式、结构、标记及画法规则。

按照 GB/T 4457.4—2002 规定,在机械图样中采用粗、细两种线宽,它们之间的比例为 2:1,设粗线的线宽为 d, d 应在 0.25 mm、0.35 mm、0.5 mm、0.7 mm、1 mm、1.4 mm 和 2 mm 中根据图样的类型、尺寸、比例和缩微复制的要求确定,优先采用 $d = $ 0.5 mm 或 0.7 mm。机械工程图样中,图线的代码、线型和一般应用场合,可查阅 GB/T 4457.4—2002;表1-6摘录了各种图线的名称、图线型式、图线宽度和一般应用,图 1-10 为图线的用途示例。

表 1-6   图线的名称及其应用

序号	图线名称	图线型式	图线宽度	一般应用
1	粗实线	——————	d	可见棱边线,可见轮廓线,可见相贯线等
2	细实线	——————	$0.5d$	尺寸线,尺寸界线,剖面线,指引线,重合断面的轮廓线等
3	波浪线	〜〜〜	$0.5d$	断裂处边界线,视图和剖视图的分界线。在一张图样上,一般采用一种线型,即采用波浪线或双折线
4	双折线	——∿——	$0.5d$	
5	细虚线(简称虚线)	- - - - - -	$0.5d$	不可见棱边线,不可见轮廓线
6	细点画线	—·—·—·—	$0.5d$	轴线,对称中心线等
7	粗点画线	—·—·—·—	d	限定范围表示线
8	细双点画线	—··—··—	$0.5d$	可动零件的极限位置的轮廓线,中断线等
9	粗虚线	▬ ▬ ▬ ▬	d	允许表面处理的表示线

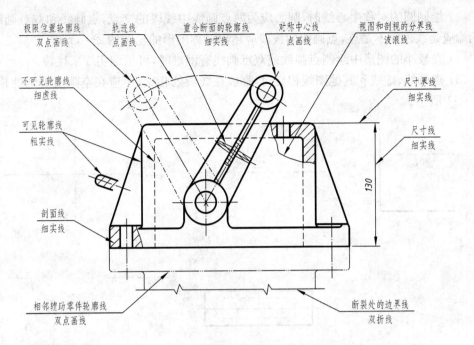

图 1-10 图线的用途示例

手工绘图时,线素的长度按表 1-7 的规定选用。

表 1-7 线素的长度

线 素	线 型 No.	长 度
点	04～07, 10～15	$\leqslant 0.5d$
短间隔	02, 04～15	$3d$
短画	08, 09	$6d$
画	02, 03, 10～15	$12d$
长画	04～06, 08, 09	$24d$
间隔	03	$18d$

注:1. 表中给出的长度对于半圆形和直角端图线的线素都是有效的。半圆形线素的长度与技术笔(带有管端和墨水)从该线素的起点到终点的距离相一致,每一种线素的总长度是表中长度加 d 的和。

2. d 表示图线宽度。

2. 图线画法

(1) 同一图样中同类图线的宽度应基本一致,虚线、点画线、双点画线的线段长度和间隔也应各自大致相同。

(2) 两条平行线(包括剖面线)之间的最小距离应不小于 0.7 mm。

（3）绘制圆的对称中心线时,圆心应为两点画线中线段的交点,点画线和双点画线的首末两端应是线段而不是点,点画线的线段应超出对称图形的轮廓约 2～5 mm。

（4）在较小的图形中绘制点画线或双点画线有困难时,可用细实线来代替。

（5）点画线、虚线和其他图线相交时,都应在线段处相交,不应在空隙或短画处相交,如图 1-11 所示。

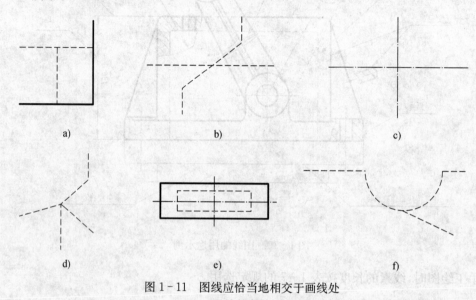

图 1-11　图线应恰当地相交于画线处

五、剖面符号（GB/T 17453—1998）

在画剖视图和断面图时,应根据机件的不同材料选用相应的剖面符号。当不需要在剖面区域中表示材料的类别时,均可采用通用剖面线表示,该剖面线就是用与水平线成 45°的细实线画出。同一机件的各剖视图中,剖面线的间隔和方向应一致。

当剖视图中的主要轮廓线或主要对称线相对于水平线倾斜时,则剖面线应与主要轮廓线或主要对称线成 45°。

若需要在剖面区域中表示材料的类别时,可采用特定的剖面符号表示,特定剖面符号由相应的标准确定,如表 1-8 所示。

表 1-8　　　　剖 面 符 号

说　明	图　例	说　明	图　例
金属材料/普通砖		木质胶合板 （不分层数）	
非金属材料(除普通砖外)		基础周围的泥土	

说　明	图　例	说　明	图　例
固体材料	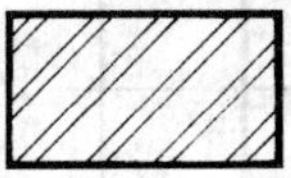	混凝土	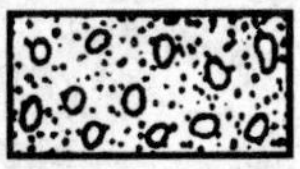
气体材料	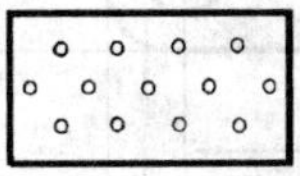	钢筋混凝土	
液体材料	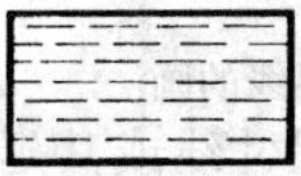	转子、电枢、变压器和电抗器等的叠钢片	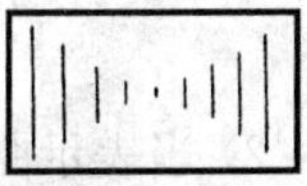
玻璃及供观察用的其他透明材料	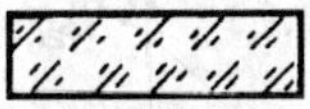	格　网（筛网、过滤网等）	
木材　纵剖面		线圈绕组元件	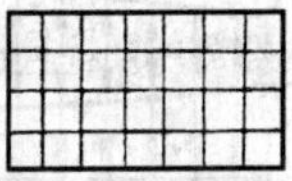
木材　横剖面		型砂、填砂、粉末冶金、砂轮、陶瓷及硬质合金刀片	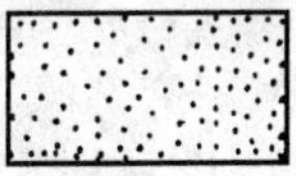

注：1. 剖面符号仅表示材料的类别，而材料的名称和代号必须另行注明。2. 叠钢片的剖面线方向，应与束装中叠钢片的方向一致。

六、尺寸注法（GB/T 4458.4—2003）

1. 基本规则

（1）机件的真实大小应以图样上所注的尺寸数值为依据，与图形的大小及绘图的准确度无关。

（2）图样中（包括技术要求和其他说明）的尺寸，以毫米为单位时，不需标注单位符号（或名称），如采用其他单位，则应注明相应的单位符号。

（3）图样中所标注的尺寸，为该图样所示机件的最后完工尺寸，否则应另加说明。

（4）机件的每一尺寸，一般只标注一次，并应标注在反映该结构最清晰的图形上。

2. 尺寸界线、尺寸线、尺寸数字

（1）尺寸界线

1）尺寸界线用细实线绘制，并应由图形的轮廓线、轴线或对称中心线处引出。也可利用轮廓线、轴线或对称中心线作尺寸界线，如图 1-12 和图 1-28 所示。

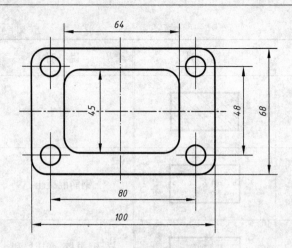

图 1-12　尺寸界线的画法

2）当表示曲线轮廓上各点的坐标时,可将尺寸线或其延长线作为尺寸界线,如图 1-13a)、b)所示。

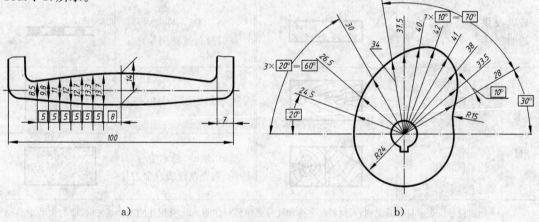

a)　　　　　　　　　　　　　　b)

图 1-13　曲线轮廓的尺寸注法

3）尺寸界线一般应与尺寸线垂直,必要时才允许倾斜,如图 1-14a)、b)所示。

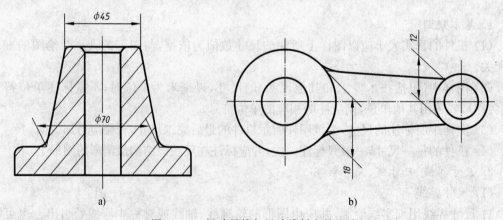

a)　　　　　　　　　　　　　　b)

图 1-14　尺寸界线与尺寸线斜交的注法

4) 在光滑过渡处标注尺寸时,应用细实线将轮廓线延长,从它们的交点处引出尺寸界线,如图 1-14 所示。

5) 标注角度的尺寸界线应沿径向引出,如图 1-15a)所示;标注弦长的尺寸界线应平行于该弦的垂直平分线,如图 1-15b)所示;标注弧长的尺寸界线应平行于该弧所对圆心角的角平分线,如图 1-16a)所示;但当弧度较大时,可沿径向引出,如图 1-16b)所示。

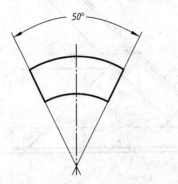

a) 标注角度的尺寸界线画法　　　　　　　　b) 标注弦长的尺寸界线画法

图 1-15　标注角度、弦长的尺寸界线画法

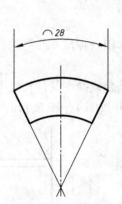

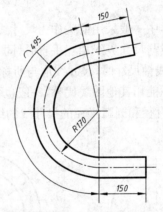

a) 弧长的尺寸注法　　　　　　　　　b) 弧度较大时的弧长注法

图 1-16　标注弧长的尺寸界线

(2) 尺寸线

1) 尺寸线用细实线绘制,其终端可以有下列两种形式:

① 箭头:箭头的形式如图 1-17a)所示,适用于各种类型的图样;

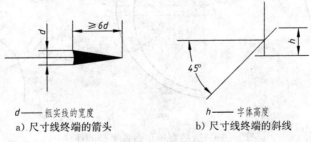

d——粗实线的宽度　　　　　　　　　　h——字体高度

a) 尺寸线终端的箭头　　　　　　　　b) 尺寸线终端的斜线

图 1-17　尺寸线终端的两种形式

② 斜线:斜线用细实线绘制,其方向和画法如图1-17b)所示。当尺寸线的终端采用斜线形式时,尺寸线与尺寸界线应相互垂直,如图1-18所示。

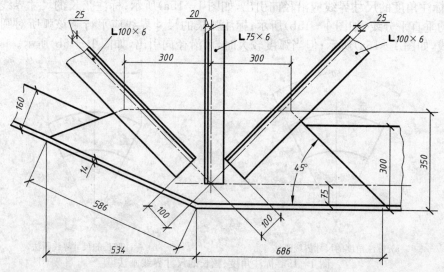

图1-18 尺寸线终端采用斜线形式时的尺寸注法

机械图样中一般采用箭头作为尺寸线的终端。

当尺寸线与尺寸界线相互垂直时,同一张图样中只能采用一种尺寸线终端的形式。

2) 标注线性尺寸时,尺寸线应与所标注的线段平行。

尺寸线不能用其他图线代替,一般也不得与其他图线重合或画在其延长线上。

3) 圆的直径和圆弧半径的尺寸线的终端应画成箭头,并按图1-19所示的方法标注。

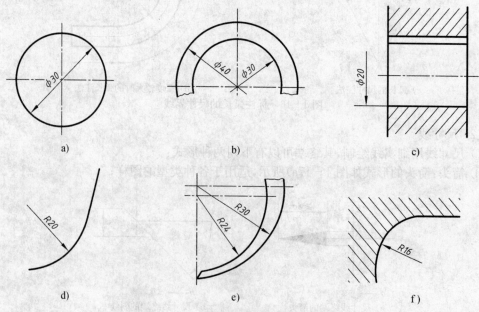

图1-19 圆的直径和圆弧半径的注法

当圆弧的半径过大或在图纸范围内无法标出其圆心位置时,可按图 1-20a)的形式标注。若不需要标出其圆心位置时,可按图 1-20b)的形式标注。

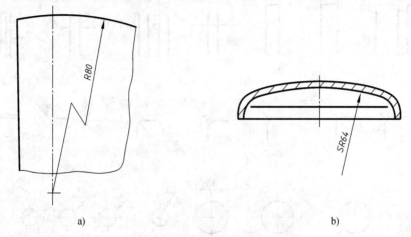

图 1-20　圆弧半径较大时的注法

4) 标注角度时,尺寸线应画成圆弧,其圆心是该角的顶点。

5) 当对称机件的图形只画出一半或略大于一半时,尺寸线应略超过对称中心线或断裂处的边界,此时仅在尺寸线的一端画出箭头,如图 1-21a)、b)所示。

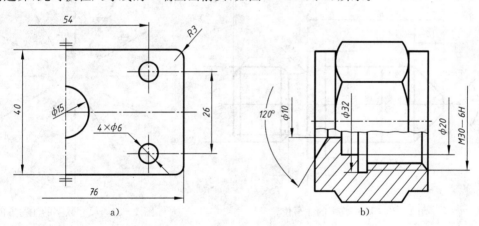

图 1-21　对称机件的尺寸线只画一个箭头的注法

6) 在没有足够的位置画箭头或注写数字时,可按图 1-22 所示的形式标注,此时,允许用圆点或斜线代替箭头。

(3) 尺寸数字

1) 线性尺寸的数字一般应注写在尺寸线的上方,也允许注写在尺寸线的中断处,如图 1-23 所示。

2) 线性尺寸数字的方向,有以下两种注写方法,一般应采用方法 1 注写;在不致引起误解时,也允许采用方法 2。但在一张图样中,应尽可能采用同一种方法。

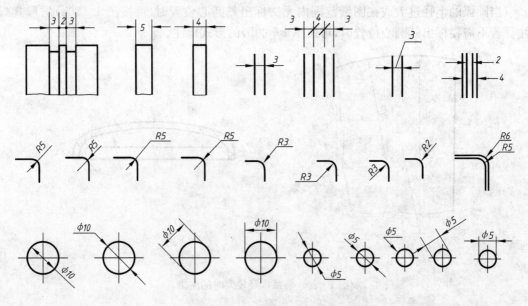

图 1-22　小尺寸的注法

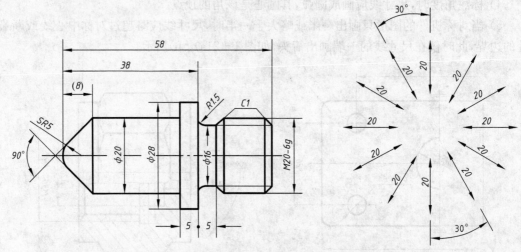

图 1-23　尺寸数字的注写位置

图 1-24　尺寸数字的注写方向

方法 1：数字应按图 1-24 所示的方向注写，并尽可能避免在图示 30°范围内标注尺寸，当无法避免时可按图 1-25 的形式标注。

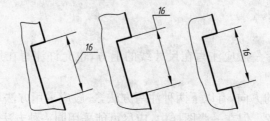

图 1-25　向左倾斜 30°范围内的尺寸数字的注写

方法2:对于非水平方向的尺寸,其数字可水平地注写在尺寸线的中断处,如图1-26a)、b)所示。

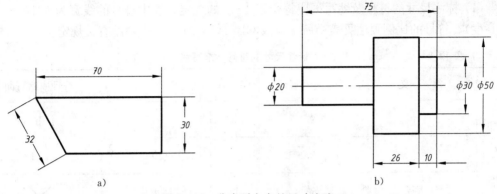

图1-26 非水平方向的尺寸注法

3) 角度的数字一律写成水平方向,一般注写在尺寸线的中断处,如图1-27a)所示。必要时也可按图1-27b)的形式标注。

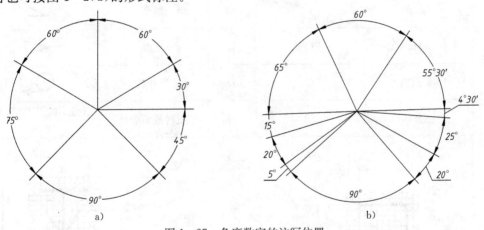

图1-27 角度数字的注写位置

4) 尺寸数字不可被任何图线所通过,否则应将该图线断开,如图1-28所示。

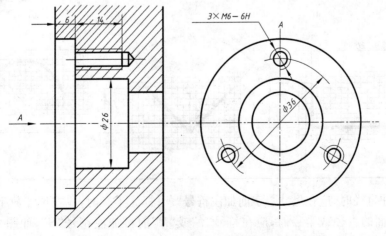

图1-28 尺寸数字不被任何图线通过的注法

3. 标注尺寸的符号及缩写词

(1) 标注尺寸的符号及缩写词应符合表 1-9 的规定。表中符号的线宽为 $h/10$（h 为字体高度）。符号的比例画法见表中所示以及 GB/T 18594—2001 中的有关规定。

表 1-9　　　　　　　　　　标注尺寸的符号及缩写词

序号	含　义	符号或缩写词	序　号	含　义	符号或缩写词
1	直径	ϕ	9	深度	↓
2	半径	R	10	沉孔或锪平	⊔
3	球直径	Sϕ	11	埋头孔	∨
4	球半径	SR	12	弧长	⌒
5	厚度	t	13	斜度	∠
6	均布	EQS	14	锥度	◁
7	45°倒角	C	15	展开长	 ↻
8	正方形	□	16	型材截面形状	(按 GB/T 4656.1—2000)

标注尺寸用符号的比例画法

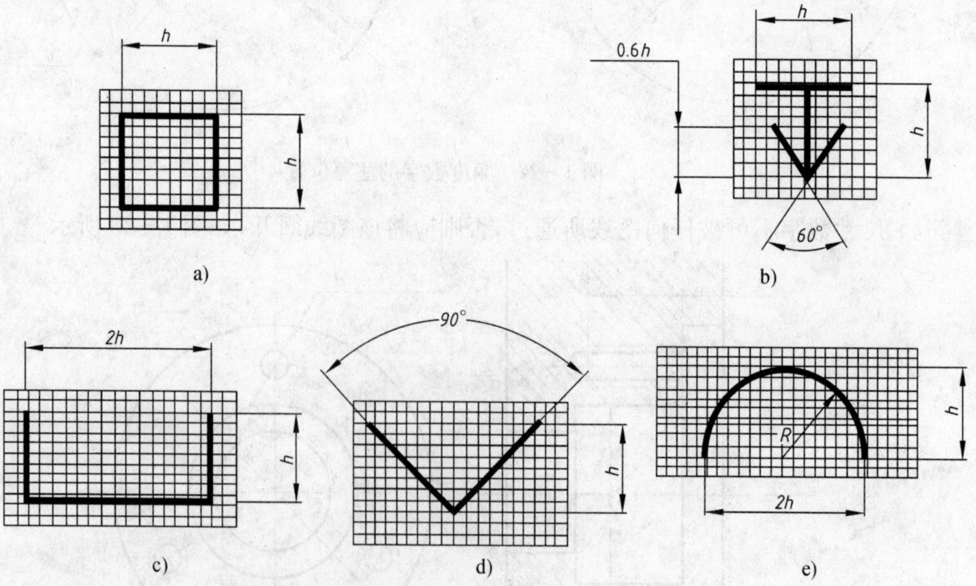

a) b) c) d) e)

(2) 标注直径时,应在尺寸数字前加注符号"ϕ";标注半径时,应在尺寸数字前加注符号"R";标注球面的直径或半径时,应在符号"ϕ"或"R"前再加注符号"S",如图 1-29a)、b)

所示。

对于轴、螺杆、铆钉以及手柄等的端部,在不致引起误解的情况下可省略符号"S",如图 1-29c)所示。

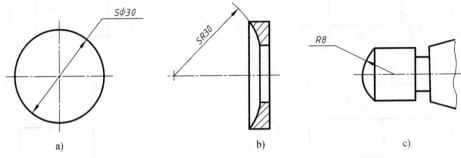

图 1-29　球面尺寸的注法

(3)标注弧长时,应在尺寸数字左方加注符号"⌒",如图 1-16a)所示。

(4)标注参考尺寸时,应将尺寸数字加上圆括弧,如图 1-30 所示。

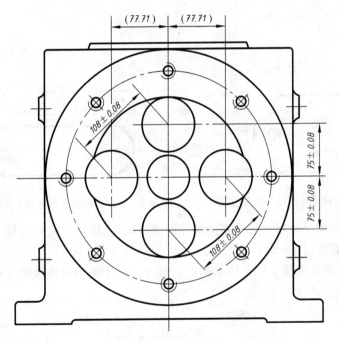

图 1-30　参考尺寸的注法

(5)标注剖面为正方形结构的尺寸时,可在正方形边长尺寸数字前加注符号"□",如图 1-31a)、c)所示;或用"$B \times B$"(B 为正方形的对边距离)注出,如图 1-31b)、d)所示。

(6)标注板状零件的厚度时,可在尺寸数字前加注符号"t",如图 1-32 所示。

21

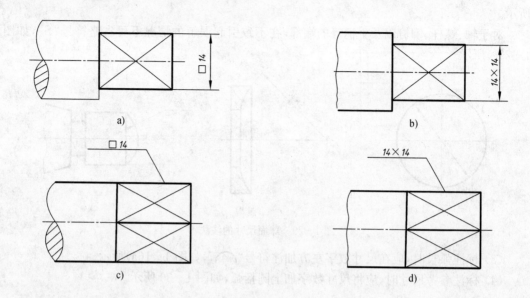

图 1-31 正方形结构的尺寸注法

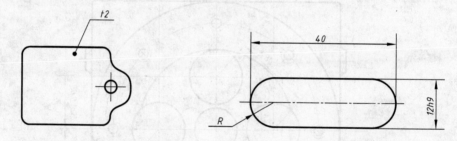

图 1-32 板状零件厚度的简化注法　　　图 1-33 半径尺寸有特殊要求时的注法

（7）当需要指明半径尺寸是由其他尺寸所确定时，应用尺寸线和符号"R"标出，但不要注写尺寸数字，如图 1-33 所示。

（8）45°的倒角可按图 1-34 所示的形式标注，非 45°的倒角应按图 1-35 所示的形式标注。

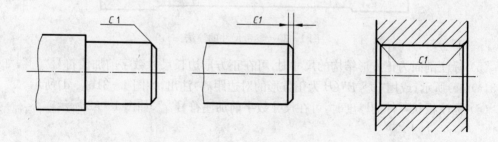

图 1-34 45°倒角的注法

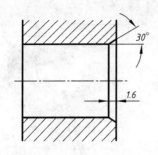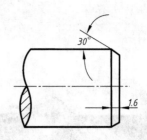

图 1-35　非 45°倒角的注法

4. 简化注法

尺寸的简化注法按 GB/T 16675.2,见本书附录五所示。

5. 未定义形状边的注法

需要确切地指定边的形状和给出极限尺寸要求时,应按 GB/T 19096/ISO 13715:2000 进行标注。

§1-2　绘图工具和仪器简介

要准确而又迅速地绘制图样,就必须掌握绘图工具的正确使用方法,常见的绘图工具有图板、丁字尺、三角板、比例尺、量角器、曲线板、擦图片、绘图机和计算机等。绘图仪器有圆规、点圆规、分规、直线笔等。此外,还有铅笔、橡皮、胶带纸、毛刷等用品。下面择要介绍一些常用的绘图工具和仪器。

一、绘图工具

1. 图板、丁字尺、三角板

(1) 图板用以铺放和固定图纸,它由板面和四周的边框组成,板面必须平整光滑。四周的边框要平整且互成直角,并应防止受潮。常用的图板有 0 号、1 号和 2 号图板。

(2) 丁字尺由尺头与尺身两部分组成,尺头的内侧和尺身的上边必须平直,且互成直角。画线时将丁字尺的尺头紧贴图板左侧的导边,并作上下移动即可画出一系列水平线,如图 1-36 所示。

(3) 一副三角板是由一块 45°和一块 30°—60°的三角板组成。三角板与丁字尺配合使用可画铅垂线,如图 1-37 所示。还可画 15°倍角的倾斜线,如图 1-38 所示。

画水平线时,使尺头内侧边紧靠绘图板左边,作上下移动;右手执笔,沿尺身上边自左向右画线

图 1-36　水平线的画法

三角板与丁字尺配合使用,可画出铅垂线和15°、30°、45°、60°、75°角的斜线

画铅垂线时,铅笔沿三角板的垂直边自下向上画线

图 1-37　铅垂线的画法

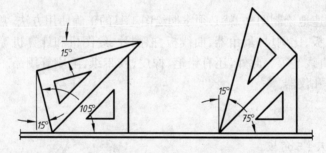

图 1-38　15°、75°、105°角倾斜线的画法

2. 比例尺、擦图片及曲线板

(1) 比例尺(又称三棱尺)是木制三棱柱形的,如图 1-39 所示。其三个棱面上刻有六种不同比例的刻度,例如,1:100,1:200,1:300,1:400,1:500,1:600。

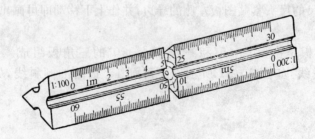

图 1-39　比　例　尺

比例尺的用法如下：

1) 棱面标记1：100的比例，可作1：1使用，尺面上每一小刻度为1 mm，若量20 mm的长度，由于1：100是缩小100倍，作1：1使用时需放大100倍，尺面2 m即可作为20 mm使用，如图1-40a)所示。

2) 棱面上1：200的比例可作1：2使用。若量20 mm的长度，在尺面上量取2 m即可，如图1-40b)所示。

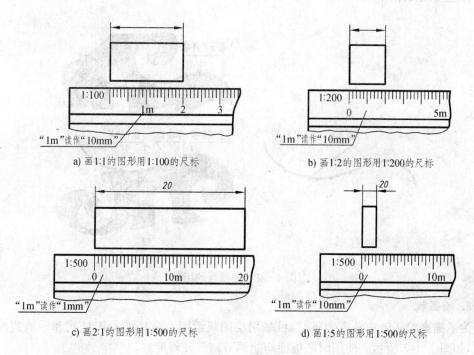

a) 画1:1的图形用1:100的尺标　　　　　　b) 画1:2的图形用1:200的尺标

c) 画2:1的图形用1:500的尺标　　　　　　d) 画1:5的图形用1:500的尺标

图1-40　比例尺用法示例

其他棱面上刻度的用法与此类似，如图1-40c)、d)所示。所谓比例是指图样上的尺寸和实际物体的尺寸之比，用比例尺来量取放大或缩小的尺寸，不必另行计算，可以加速绘图工作的进度。

(2) 擦图片是用来帮助擦掉多余线段或错画线条的工具，使用时将擦图片上的缺口对准要擦的线条用橡皮擦拭，这样可不影响图形中相邻的其他线条，如图1-41所示。

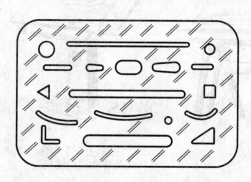

图1-41　擦图片

擦图片有金属的,也有透明塑料的,在选用时应注意,擦图片越薄使用效果越好。

(3) 曲线板上的曲线是由许多曲率半径不同的圆弧所组成,用以连接非圆曲线上的各点,使之成为圆滑曲线。使用曲线板时先徒手轻轻地将曲线上的各点连成一圆滑曲线,然后根据曲线的曲率选用曲线板上合适的曲线段与之吻合。每次至少应有四点吻合,但在线条描深时只能描三点,以便留一点作为下一段曲线的 4 个吻合点之首点,这样才能保证所描曲线圆滑连接无尖角产生。如图 1-42 所示。

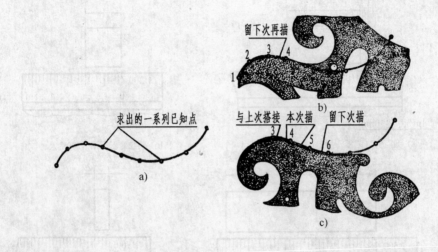

图 1-42　曲线板的用法

3. 绘图机

为了提高绘图效率及省力省时,可采用绘图机绘图。常用的有连杆式和导轨式两种绘图机,如图 1-43 所示。使用时图板面均能调节高低及斜度。

图 1-43　连杆式及导轨式绘图机

二、绘图仪器

1. 圆规、点圆规

（1）圆规是画圆及圆弧的工具，如图1-44所示。圆规的一条腿上装有钢针，另一条腿中间具有肘形关节，可以向里弯折，在其端部的槽孔内可安装插腿。插腿一般有三种，装上铅芯插腿时可以画铅笔线的圆及圆弧，装上墨线笔插腿时可以画墨线的圆及圆弧，装上钢针插腿时可以当作分规使用。

圆规的针两端形状不同，一端为锥形，另一端的针尖有"针底"，如图1-45a)所示。使用时，应当用有"针底"的一端，以免图纸上的圆心针孔刺扎得过大、过深。

圆规的铅芯也可磨削成约65°的斜面，如图1-45b)所示。

圆规在使用前应先调整针腿，使针尖略长于铅芯（或墨线笔头），如图1-45d)所示。

当用圆规画圆时，可用左手食指引导针尖扎向圆心，将圆规扎稳后按顺时针方向画圆，并沿圆规的运动方向稍微倾斜，如图1-46所示。

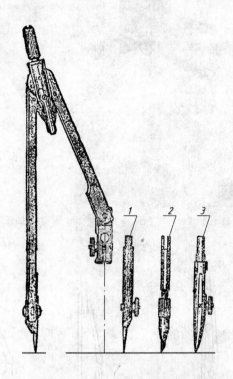

1—钢针插腿；2—铅笔插腿；3—墨线笔插腿

图1-44 圆规及其插腿

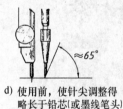

a) 针尖 b) 铅芯脚   c) 墨线笔头   d) 使用前，使针尖调整得   e) 不适当
                                     略长于铅芯（或墨线笔头)

图1-45 插腿的使用方法

画圆或圆弧时，可根据不同的直径或半径，将圆规的插腿部分适当地向里弯折，使铅芯、钢针尖或直线笔的两钢片均保持与纸面垂直，如图1-47所示。

当画大圆或圆弧时，可以接上一根延伸杆，如图1-48所示。并应用左手拇指和食指扶住延伸杆的关节，使圆规腿慢慢地按顺时针方向转动。

（2）点圆规用来画较小的圆，如图1-49所示。使用时先拧动螺钉，取得所需要的圆的半径距离后，提起带插腿的部件，将钢针固定在圆心上，然后放下插腿，沿顺时针方向画圆，画毕提起插腿，再将钢针移开即可。

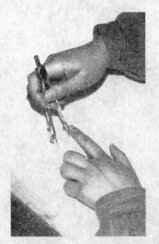 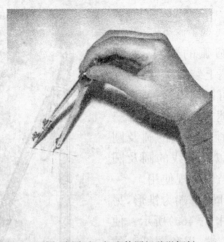 

a) 扎准圆心对准半径　　　　b) 画圆(或圆弧)时,应使圆规稍微倾斜　　　　c) 应从圆的中心线开始

图 1-46　用圆规画圆

  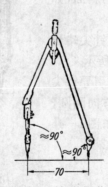 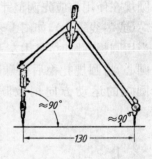

图 1-47　圆规的调节

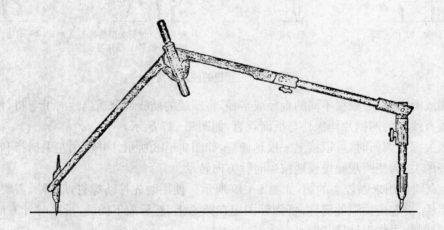

a)

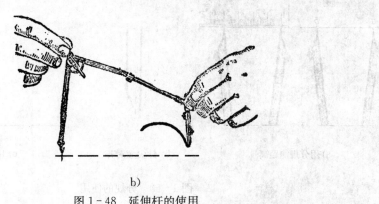

b)

图1-48 延伸杆的使用

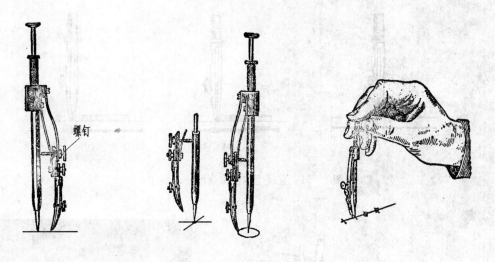

图1-49 点圆规的使用

2. 分规、直线笔

（1）分规是用于量取线段和等分线段的工具。用分规在图纸上量取尺寸时，针尖应垂直于纸面，刺孔要轻，以免孔刺得太大而影响图面。当分规和比例尺配合使用量取尺寸时，应使分规的针尖与尺面平行以免刺坏尺面，如图1-50所示。

（2）直线笔（又称鸭嘴笔）是用于上墨或描图时画直线的工具。使用前应将钢片的内外表面擦干净，然后在两钢片间注入墨汁，其高度约6～8 mm，如图1-51a)所示。若墨汁注得过多，则易淌下形成墨污，如图1-51b)所示；若墨汁注得太少，则不能一次将较长线段画完，如图1-51c)所示。

画墨线时应使直线笔两钢片与纸面垂直，并沿着直线笔运动方向倾斜5°～20°，使用直线笔的方法如图1-52所示。画线的速度要均匀适当，太快了墨线会变细，太慢了墨线会加粗，画线时中途不可停顿，否则在该处的墨线便不会均匀。

29

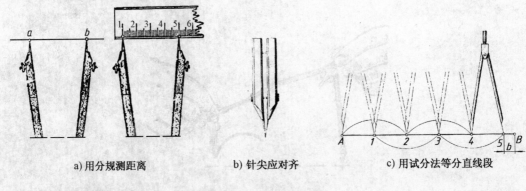

a) 用分规测距离　　　　b) 针尖应对齐　　　　c) 用试分法等分直线段

图 1-50　分规的使用

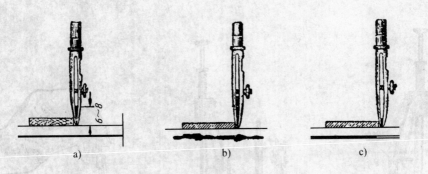

图 1-51　直线笔内应恰当地注入墨汁

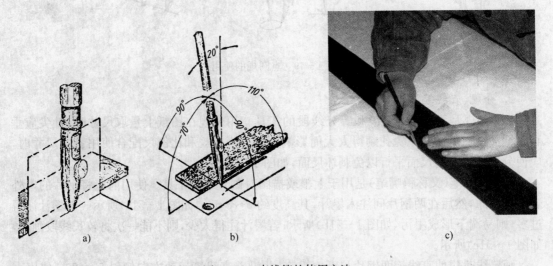

图 1-52　直线笔的使用方法

　　除了用直线笔画墨线外,还可以用针管绘图笔画墨线。针管绘图笔是具有吸水、储水装置的上墨工具,它的笔尖是一支细针管,可代替直线笔描图。其外形如图 1-53 所示。针管绘图笔的笔尖有 0.2 mm, 0.3 mm, 0.4 mm, 0.5 mm, 0.6 mm, 0.7 mm, 0.8 mm, 1.0 mm, 1.2 mm 9 种, 可供画不同粗细的各种线型时选用。

图 1-53　针管绘图笔

三、其他用品

制图的其他一般用品有: 绘图纸、铅笔、橡皮、修图刀片、墨汁、蘸水钢笔、胶带纸等。

1. 绘图纸、铅笔

(1) 绘图纸要保持纸面洁白, 使其不皱、不裂、不受潮。绘图时, 应将绘图纸放在图板的偏左上角, 使图板下方能够放得下丁字尺, 并用丁字尺测试绘图纸的水平边是否已放正, 如图 1-54 所示。

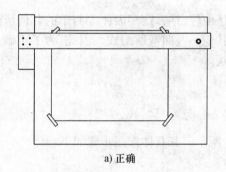
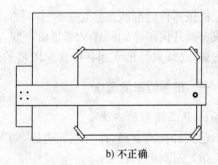

a) 正确　　　　　　　　　　　　　　　　　b) 不正确

图 1-54　绘图纸的固定方法

(2) 铅笔的铅芯有软硬之分, 这可根据铅笔头上的字母来辨认。字母 B 表示软铅, 字母 H 表示硬铅。软铅有: B, 2B~6B 6 种规格; 硬铅有: H, 2H~6H 6 种规格; HB 则表示铅芯软硬适中。在绘图时一般用 H 笔画底稿, HB 写字, B~2B 加深图线。

削铅笔时要采用正确的方法。一般将木头削去 25~30 mm, 使铅芯露出 6~8 mm, 然后再用细砂纸磨削铅芯成圆锥形或扁平矩形, 如图 1-55 所示。锥形铅芯通常用于画细线及写字, 也可用于加深粗线, 而扁平形铅芯则主要用于加深粗线。

2. 修图刀片

上墨线图时, 如发现错误可用刀片来修刮, 一般可以锋利的薄刀片(刮须刀)作修图刀片使用。修图时要在图纸下面垫上光滑的硬物(如三角板), 刀片应与纸面垂直, 修图时用力要适当, 应按一个方向刮动。当刮净墨线后, 可用橡皮擦去纸上毛头, 最好用图钉头部曲面或指甲将起毛的纸面压平磨光后再上墨线。

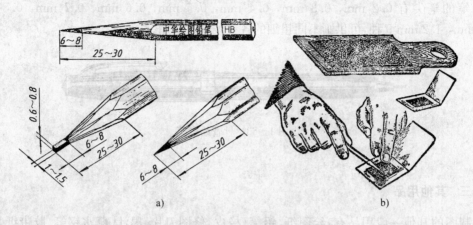

图 1-55 铅笔的磨削

§1-3 几何作图

机械零件的形状虽然是多种多样的,但却都是由柱、锥、球、多面体等简单的几何形体所组成。而几何形体的图样又都是由直线、圆弧和其他一些曲线所组成。因此,为了正确地画出图样,必须熟练地掌握各种几何图形的作图方法。

一、正多边形的画法

1. 正五边形的画法

已知外接圆直径,作一正五边形,如图 1-56 所示。其具体作图步骤如下:

(1) 先画出中心线;

(2) 定出水平半径 ON 的中点 M;

(3) 以 M 为圆心,MA 为半径作弧交水平直径于 H;

(4) 以 AH 为边长,在圆周上连续截取,即可作出圆内接正五边形。

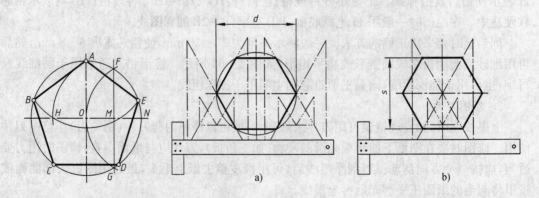

图 1-56 正五边形的画法

图 1-57 正六边形的两种画法

2. 正六边形的画法一

已知对角距离即外接圆直径 d,作正六边形,如图1-57a)所示。其具体作图步骤如下:

(1) 先画出正六边形中心线和外接圆;

(2) 用30°—60°三角板,过水平直径的两端点可作出正六边形的四条边;

(3) 再用丁字尺画上、下两条边即为所求。

3. 正六边形的画法二

已知对边距离即内切圆直径 s,作正六边形,如图1-57b)所示。其具体作图步骤如下:

(1) 先画出中心线;

(2) 量取对边距离 s,先画上下两边;

(3) 用30°—60°三角板的斜边通过正六边形的中心可得其两个顶点;

(4) 翻转三角板可得正六边形的另两个顶点;

(5) 再用30°—60°三角板和丁字尺画出各边即可完成正六边形。

4. 任意正多边形的画法

已知外接圆直径,作一正七边形,如图1-58所示。具体作图步骤如下:

(1) 先作出中心线;

(2) 将直径 CD 按等分数等分(本例为七等分),如图1-58a)所示;

(3) 以 D 为圆心,DC 为半径画弧,与直径 BA 的延长线相交于 E,如图1-58b)所示;

(4) 把点 E 与 CD 上每隔一等分的点连接,并延长该束直线至与圆周相交得 F、G、H 点,如图1-58c)所示;

(5) F、G、H 等点即为所求的正七边形顶点,依次连接 CF、FG、GH,它们即是圆内接正七边形的边长,再以此边长在圆上截取即可完成作图。如图1-58d)所示仅表示了所求的三条边长。

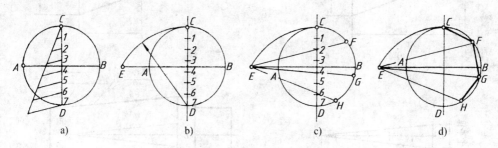

图1-58 任意正多边形的画法

二、斜度和锥度的画法

1. 斜度的画法

一直线对另一直线或平面,一平面对另一平面的倾斜程度称为斜度。其大小以它们间夹角的正切表示,如图1-59a)所示。即

$$斜度 = \tan\alpha = \frac{BC}{AB} = \frac{H}{L}$$

在图样上标注斜度时常把它们标注成 $1:n$ 的形式,然后在其前面加上符号"∠",并使此符号中的斜线方向与图上的斜度方向一致,如图 $1-59$c)所示。

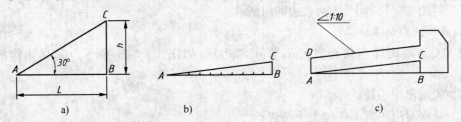

a)   b)   c)

图 b)在水平线上取 $AB = 10$ 个单位,
过 B 点作 $BC \perp AB$,并取 $BC = 1$ 个单位,
连接 AC 得 $1:10$ 的斜度

图 c)按规定尺寸作图定出 D 点,过 D
点作 AC 的平行线,即是所求的斜度线

图 $1-59$　斜度的画法和注法

2. 锥度的画法

正圆锥的底圆直径与高度之比称为锥度,如图 $1-60$ 所示。由于

$$锥度 = \frac{D}{L} = \frac{D-d}{L} = 2\tan\alpha$$

故此圆锥的锥度应等于其素线斜度的两倍。在图样上标注锥度时,通常也把它们标注成 $1:n$ 的形式,然后在其前面加上锥度的图形符号"▷",此符号的倾斜方向应与锥度方向一致。

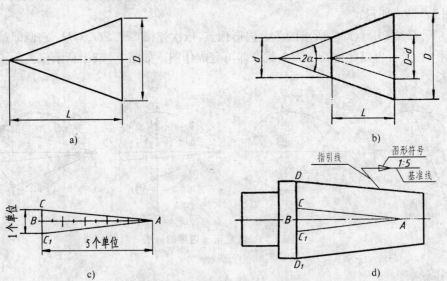

a)   b)

c)   d)

图 c)在水平线上取 $BA = 5$ 个单位,过 B
点作 $CC_1 \perp BA$,并取 $BC = BC_1 = \frac{1}{2}$ 个
单位,连接 AC 和 AC_1 得 $1:5$ 的锥度

图 d)按规定尺寸作图定出 D 和 D_1 点,过 D
和 D_1 点作 AC 和 AC_1 的平行线,即是所求的 $1:5$
的锥度

图 $1-60$　锥度画法和注法

三、常见平面曲线的画法

1. 四心近似椭圆的画法

已知椭圆的长短轴 ab 和 cd，用四心近似椭圆法作图的步骤，如图 1-61 所示。

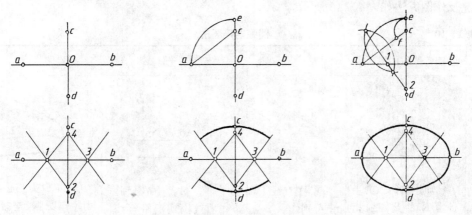

图 1-61　四心近似椭圆的画法

(1) 连接长短轴的端点 ac，以 o 为圆心，oa 为半径作弧交 oc 的延长线于 e；

(2) 再以 c 为圆心，ce 为半径作弧交 ca 于 f；

(3) 作 af 的中垂线，分别交长轴于点 1，交短轴于点 2，根据点 1、2 定出它们的对称点 3、4，则点 1、2、3、4 即为四心近似椭圆的四个圆心；

(4) 以点 2、点 4 分别为圆心，以 $2c$ 或 $4d$ 为半径作两个大圆弧；再以点 1、点 3 分别为圆心，以 $1a$ 或 $3b$ 为半径作两个小圆弧，即得所求的四心近似椭圆。

2. 渐开线的画法

如将切线绕圆周作连续无滑动的滚动，则切线上任一点的轨迹即是一渐开线，其作图步骤如图 1-62 所示。

(1) 作基圆，把圆周分成适当的等分，例如 12 等分；

(2) 过点 12 作圆的切线，使它等于基圆圆周之长 πD，并将它分为 12 等分；

(3) 再过圆周上各分点按同一方向依次作圆的切线，在第一条切线上取一个等分的长度，在第二条切线上取两个等分的长度，依次类推；

(4) 用曲线板光滑地连接Ⅰ，Ⅱ，Ⅲ，…各点，即得所求的渐开线。

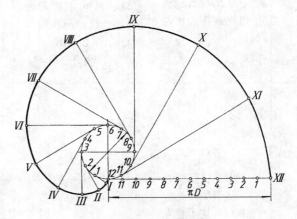

图 1-62　渐开线的画法

四、圆弧连接

绘图时常会遇到由一圆弧光滑连接线段的情况。这种光滑连接,在几何中称作相切,在制图中则通称连接。切点也称连接点,用于连接两线段的圆弧称为连接弧。常用的各种连接情况及作图方法如表 1-10 所示。

表 1-10　　　　　　　　　　　圆弧连接画法

名称	已知条件和作图要求	作 图 步 骤		
两直线间的圆弧连接	已知连接圆弧的半径为 R,将此圆弧相切于相交两直线 I、II	① 在直线 I 和 II 上分别任取 a 点及 b 点,自 a 和 b 作 aa' 垂直于直线 I,bb' 垂直于直线 II,并使 $aa'=bb'=R$	② 过 a' 及 b' 分别作直线 I 和 II 的平行线,两直线相交于 O;自 O 作 OA 垂直于直线 I,作 OB 垂直于直线 II,A 和 B 即为切点	③ 以 O 为圆心,R 为半径作圆弧,连接两直线于 A 和 B 即完成作图
直线和圆弧间的圆弧连接	已知连接圆弧的半径为 R,将此圆弧外切直线 I 和中心为 O_1、半径为 R_1 的圆弧	① 作直线 II 平行于直线 I(其间距离为 R);再作已知圆弧的同心圆(半径为 R_1+R),与直线 II 交于 O	② 作 OA 垂直于直线 I;连 OO_1 交已知圆弧于 B,A 和 B 即为切点	③ 以 O 为圆心,R 为半径作圆弧,连接直线 I 和圆弧 O_1 于 A 和 B 即完成作图
两圆弧间的圆弧连接	已知连接圆弧的半径为 R,将此圆弧同时外切中心为 O_1 和 O_2、半径为 R_1 和 R_2 的圆弧	① 分别以 (R_1+R) 及 (R_2+R) 为半径,O_1 和 O_2 为圆心,作同心圆弧相交于 O	② 连 OO_1 交已知圆弧于 A;连 OO_2 交已知圆弧于 B,A 和 B 即为切点	③ 以 O 为圆心,R 为半径作圆弧,连接两已知圆弧于 A 和 B 即完成作图

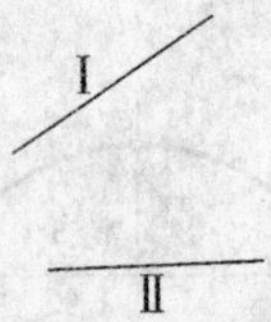

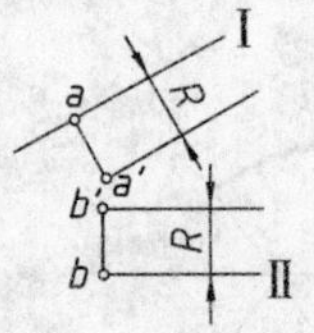

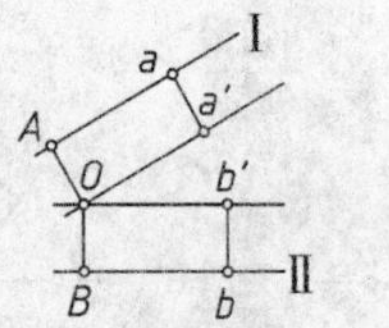

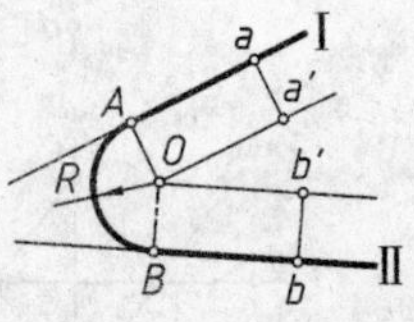

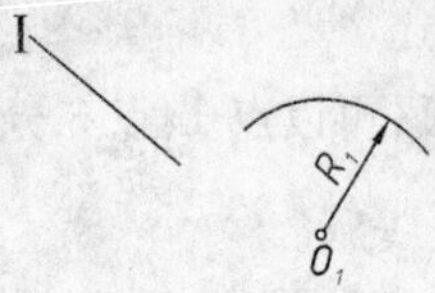

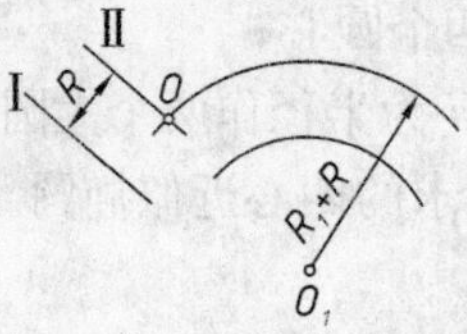

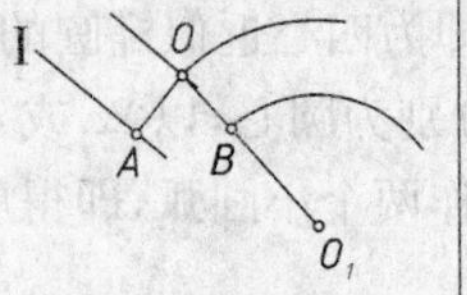

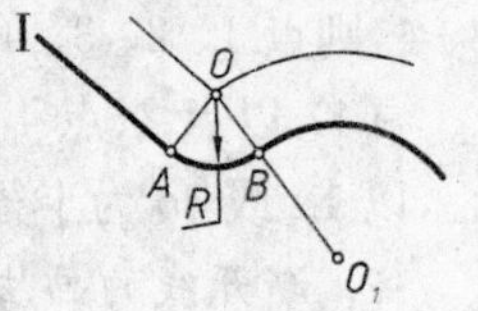

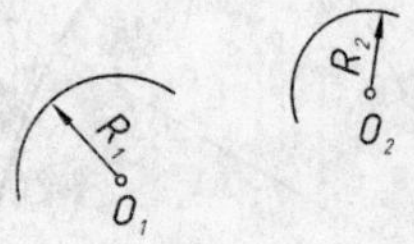

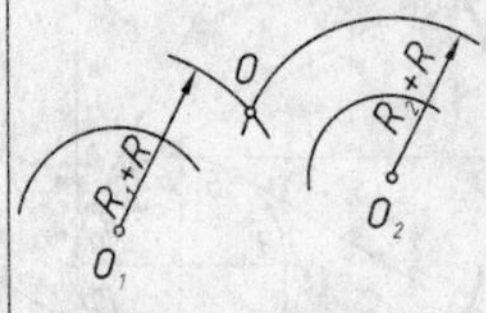

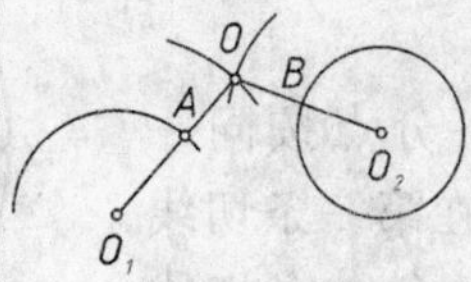

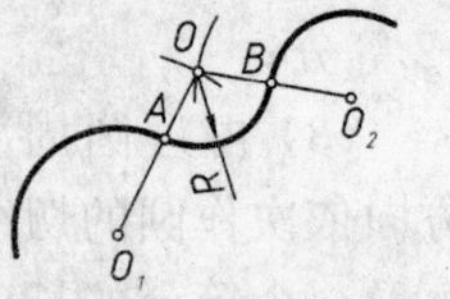

名称	已知条件和作图要求	作　图　步　骤		
两圆弧间的圆弧连接	已知连接圆弧的半径为 R,将此圆弧同时内切于中心为 O_1 和 O_2,半径为 R_1 和 R_2 的圆弧	① 分别以 $(R-R_1)$ 和 $(R-R_2)$ 为半径,O_1 和 O_2 为圆心,作同心圆弧相交于 O	② 连 OO_1 交已知圆弧于 A;连 OO_2 交已知圆弧于 B,A 和 B 即为切点	③ 以 O 为圆心,R 为半径作圆弧,连接两已知圆弧于 A 和 B 即完成作图
	已知连接圆弧的半径为 R,使此圆弧与中心为 O_1、半径为 R_1 的圆弧外切,与中心为 O_2、半径为 R_2 的圆弧内切	① 分别以 (R_1+R) 及 (R_2-R) 为半径,O_1 和 O_2 为圆心,作圆弧相交于 O	② 连 OO_1 交已知圆弧于 A;连 OO_2 交已知圆弧于 B,A 和 B 即为切点	③ 以 O 为圆心,R 为半径作圆弧,连接两已知圆弧于 A 和 B 即完成作图

§1-4　平面图形的画法和尺寸注法

任何机件的视图都是平面图形,而平面图形则又是由很多的直线段和曲线段连接而成的。因此,掌握平面图形的分析方法,对于正确而迅速地绘制图样起着决定性的作用。

一、平面图形的尺寸分析

根据平面图形中尺寸所起的作用,可分为定形尺寸与定位尺寸两大类。凡用以确定平面图形中各线段大小所需的尺寸,称为定形尺寸;凡用以确定线段间相对位置所需的尺寸,则称为定位尺寸;凡图样中标注尺寸的起始位置,则称为基准。定位尺寸应从基准出发标注,平面图形中常用的尺寸基准多为对称图形的对称线、较大圆的中心线或图形的轮廓边线等。

如图1-63所示,平面图形由一长方形及一圆组成。图中用以说明长方形边长的尺寸90,130以及说明圆大小的直径尺寸$\phi 20$均为定形尺寸,而尺寸25及30则是用以说明圆与长方形相对位置的尺寸,因此,它是定位尺寸。在绘制平面图形时,这两类尺寸必须具备,缺一不可。

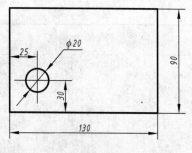

图1-63 平面图形的尺寸分析

二、平面图形的图形分析

平面图形必由一些线段即直线段或曲线段组成。其中,定形尺寸和定位尺寸都齐备的线段,称为已知线段。只有定形尺寸而缺少一个或两个定位尺寸的线段,称为连接线段。由于缺少定位尺寸会影响作图,因此平面图形的线段中,如缺少一个定位尺寸,必须同时补充一个连接条件;如缺少两个定位尺寸,则应同时补充两个连接条件,这样才能作图。

平面图形的作图步骤:

(1) 先画出各已知线段;

(2) 然后画出缺一定位尺寸、知一连接条件的连接线段;

(3) 最后画出缺两定位尺寸、知两连接条件的连接线段。

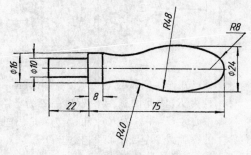

图1-64 手柄的图形分析

平面图形必须按此顺序,才能正确、顺利地绘制。在表1-11中,以图1-64所示的手柄为例说明其作图步骤。

表 1-11	手柄的作图步骤
1. 画中心线和已知线段的轮廓,以及相距为24的两条范围线 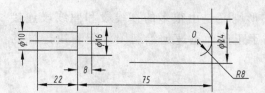	2. 确定连接圆弧$R48$的中心O_1及O_2 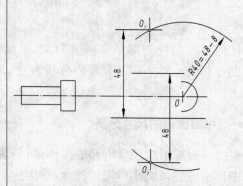

3. 确定连接圆弧 R48 和已知圆弧 R8 的切点 A 和 B,并以 R48 为半径画圆弧

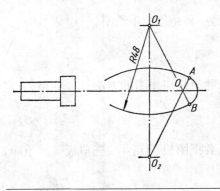

4. 确定连接圆弧 R40 的圆心 O′ 和 O″

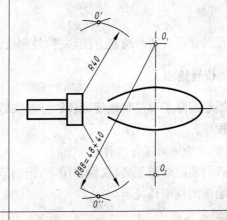

5. 确定 R40 和 R48 的切点 C 和 D

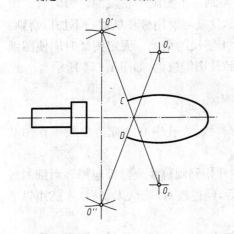

6. 以 O′ 和 O″ 为圆心,以 R40 为半径画圆弧,即完成作图

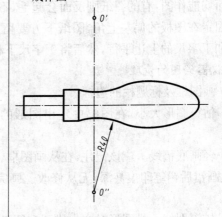

三、平面图形的尺寸注法

标注平面图形尺寸的要求是:正确、完整和清晰。

1. 正确

正确是指平面图形的尺寸要按国家标准的规定标注,符号、尺寸数字大小和方向等不能有错,尺寸数值也不应出现矛盾。

2. 完整

完整是指平面图形的尺寸要齐全,定形和定位尺寸都必不可少,要做到既不遗漏也不重复。特别是连接线段,若已有连接条件,就应省去相应的定位尺寸。

3. 清晰

清晰是指尺寸的位置要安排合理、布局恰当,尺寸数字要书写端正、清晰易辨,如图1-63所示。

§1-5　绘图的方法和步骤

工程图样可有两种绘制方法,一种是用仪器绘图,另一种是用徒手绘图。

一、仪器绘图

仪器绘图除了要正确地使用各种绘图仪器和工具、熟悉几何作图的方法外,还应有一定的绘图程序。

1. 做好绘图的准备工作

备齐所需的绘图工具、仪器和用品,把铅笔修磨好,并把图板、丁字尺、三角板等擦干净,布置好绘图的周围环境等。

2. 固定图纸

将所需的图纸固定到图板上,在固定图纸前应先鉴别一下图纸的正反面。因为有的图纸正反面均能作图,有的图纸则反面会起毛,不宜作图,这就需要用橡皮试擦一下加以辨别。图纸应固定在图板的偏左上角,图纸下方要留有安置丁字尺的余地。固定图纸时应使图纸的上边和丁字尺的上边平行,然后将丁字尺下移才不致使图纸放歪,如图1-54所示。

3. 仪器绘图的步骤

(1) 画图框及标题栏的边框。

(2) 估算图形大小,在图幅中定出图形的主要对称线、大孔中心线或边框线等作图基准线。

(3) 轻画底稿线。应该记住,在从画图框、标题栏开始到画稿线全部都应用轻而细的线条,以免画错后铅笔印痕甚深,无从修改。画完稿线后,经过校对,确认无误后,才能用铅笔描深。

(4) 描深图线。描图形时应先描圆和圆弧,然后描直线段,这样才能保证图形的连接正确。水平线应从左上方开始成批往下描,铅垂线应从左方开始成批往右描。当粗实线全部描完以后,再描虚线、点画线和其他细实线。故描绘的顺序可归结为:先粗后细、先曲后直、先上后下、先左后右、先实后虚。

(5) 画箭头注尺寸,加深图框线和标题栏,并填写标题栏。

二、徒手绘图

徒手绘制的图又称草图。在零部件测绘、维修及进行技术交流、讨论方案时常用这种图样。其最大的优点是作图快速简便。草图尽管是徒手绘制,但决不是潦草的图。因此,徒手绘图也应做到图线清晰、比例均匀、投影正确、字体工整。画草图的技巧,通常可通过下列基本训练来培养。

1. 直线的画法

画直线时要求执笔稳而有力,用小指靠住纸面,目光向画线终点方向缓慢移动,这样可保证线画得直。画直线时可以略转动纸张,使画线方向顺手,这也是徒手绘图与仪器绘图的区别。练习画直线时,宜画一系列水平线,铅垂线,45°、30°、60°的斜线。通常可用方格纸绘制草图,如果使水平和铅垂线与方格线上的线条重合,则更能保证图线的平直。画草图时对方格纸的方格数量进行估算,还能使所画的草图左右对称、比例匀称,如图1-65所示。

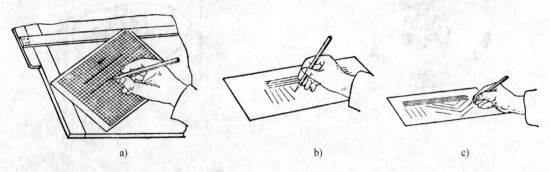

图1-65 直线的徒手画法

2. 圆的画法

画圆时应先画一对中心线,定出圆心位置。然后在铅垂及水平的中心线上定出四点,使它们分别等于圆的半径,过这四点作正方形,并作正方形的内切圆即为所求。如果所作的圆较大,取四点作圆不易画准时,可以在作水平和铅垂中心线后,再加作两条对角线,并在对角线上估算出圆半径大小,通过八点作圆,如图1-66所示。

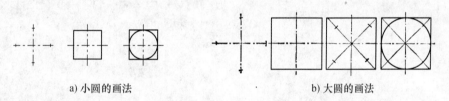

a) 小圆的画法　　　　　　　　　　b) 大圆的画法

图1-66 圆的徒手画法

3. 圆角、椭圆及各种平面曲线连接的画法

对圆角、椭圆、曲线等的画法也应尽量利用外切正方形、菱形等特点,如图1-67所示。

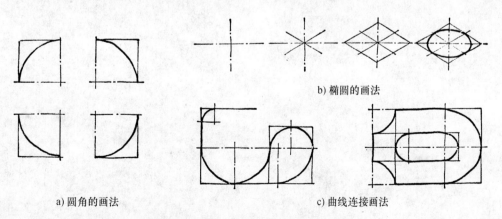

b) 椭圆的画法

a) 圆角的画法　　　　　　　c) 曲线连接画法

图1-67 各种圆角和曲线的徒手画法

4. 平面图形的拓印画法

对由曲线围成的平面图形的轮廓,可利用拓印的方法直接拓下其轮廓;然后,再分析其线段,找出连接关系,如图 1-68 所示。

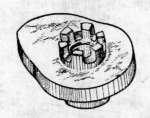 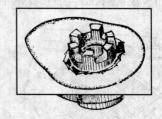

图 1-68 平面图形的拓印方法

第二章 点、直线和平面的投影

§2-1 投影的基本知识

在生产实践中,不论是制造机器还是建造厂房,都要以图样为依据,人们可以从图样中正确、充分地了解所画物体的形状、位置和大小。因此,要正确地掌握好这种图样的绘制方法,就必须了解投影的基本知识,以便准确地将空间形体表现在平面上,并且按图样上的图形,想像出物体的空间形体。通过对投影基本知识的学习,还可以培养和发展人们的空间想像力和严谨的思维方法。

一、投影法

投影法和其他科学方法一样,均来自生产实践。物体在光线的照射下就会在地面上产生影子,将这一现象加以抽象和提高即可得出投影法,常见的投影法有中心投影法和平行投影法两大类。

1. 中心投影法

假设投射线由一点出发,将空间形体投射到投影面上的方法,称为中心投影法。如图 2-1所示,$\triangle ABC$ 在由光源 S 出发的一系列光线的照射下,在投影面 P 上就得到了其投影 $\triangle abc$。在此投影体系内,P 称为投影面,S 称为投射中心,从 S 出发的一系列光线如 SA、SB、SC 等称为投射线,点 a、b、c 及线段 ab、bc、ca 分别为$\triangle ABC$ 的顶点 A、B、C 及边长 AB、BC、CA 的投影。用中心投影法所画的投影称为中心投影。所以,$\triangle abc$ 即为$\triangle ABC$ 在投影面 P 上的中心投影。

由图 2-1可见,随着投射中心 S、投影面 P 与$\triangle ABC$ 的相位位置的不同,$\triangle ABC$ 的投影$\triangle abc$ 的形状和大小也不同。由于中心投影不能反映$\triangle ABC$ 的实形,且度量性差、作图也较复杂,所以在机械图中很少采用。

2. 平行投影法

若将中心投影法中的投射中心 S 移至距投影面 P 无穷远处,则投射线 SA、SB、SC 等将交于无穷远,也即投射线 Aa、Bb、Cc 相互平行,这种投射线都互相平行的投影方法,就称为平行投影法。

平行投影法又可分为正投影法和斜投影法两大类。如果一系列平行的投射线 Aa、Bb、Cc 等与投影面 P 垂直就是正投影,如图 2-2a)所示。如果一系列平行的投射线 Aa、Bb、Cc 等与投影面 P 倾斜,则称为斜投影,如图 2-2b)所示。

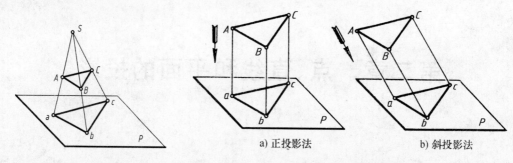

图2-1 中心投影法

图2-2 平行投影法

a) 正投影法　　b) 斜投影法

在机械图中,绝大多数都是按正投影法绘制的,本书除斜轴测投影外,都采用正投影法。

二、正投影的基本特性

1. 直线的投影在一般情况下仍是一直线,点在线上则点的投影必在直线的同面投影上

如图2-3所示,BC的投影bc一般仍为直线段,D如在BC上,则其投影d必在BC的投影bc上。

2. 直线上两线段长度之比等于其投影长度之比

如图2-3所示,D点将BC分成两段BD和DC,其投影分别为bd和dc。因为$Bb \parallel Dd \parallel Cc$,所以$BD:DC = bd:dc$。

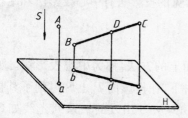

图2-3 直线的投影

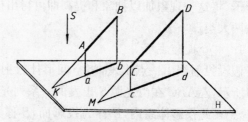

图2-4 两平行线段的投影

3. 空间两平行线的投影必相互平行,且该平行线段长度之比等于其投影长度之比

如图2-4所示,设把AB和CD分别延长至与H面相交于K及M,则$\triangle BKb$及$\triangle DMd$相似。因为$KB:Kb = MD:Md$,且$KB:Kb = AB:ab$,$MD:Md = CD:cd$,所以$AB:CD = ab:cd$。

4. 当直线或平面垂直于投影面时,则直线、平面在投影面上的投影分别积聚成一点或一直线

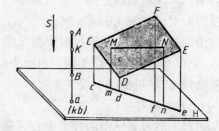

图2-5 垂直于投影面的直线和平面的投影

上述的这种性质通常称为积聚性,如图2-5所示,AB在H面上的投影积聚成点$a(b)$,□$CDEF$则积聚成直线$cdef$。需表明可见性时可把不可见点写在括号内。

5. 当直线或平面平行于投影面时,则直线、平面在投影面上的投影分别反映其实长和实形。

如图 2-6 所示,因为 AB ∥ H 面,所以 ab ∥ AB,$ab = AB$,反映实长。又因为 △CDE 平行于 H 面,所以,△cde ≌ △CDE,反映实形。

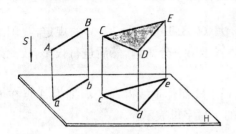

图 2-6 平行于投影面的直线和平面的投影

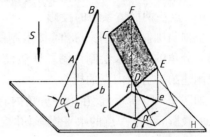

图 2-7 倾斜于投影面的直线和平面的投影

6. 当直线倾斜于投影面时,则该直线的投影必短于实长。当平面图形倾斜于投影面时,则该平面图形的投影面积必小于实形,而且必为与该平面实形类似的平面图形

如图 2-7 所示,ab 必小于 AB。□$cdef$ 则与 □$CDEF$ 类似,但 □$cdef$ 面积小于 □$CDEF$。

§2-2 点 的 投 影

一、点在两投影面体系中的投影

1. 点的一个投影不能确定它在空间的位置

如图 2-3 所示,过空间一点 A 向投影面 P 作垂线得垂足 a,则点 a 即为 A 点在 P 面上的正投影。显而易见,若仅知点 A 的投影 a,空间点 A 的位置就不能唯一确定(见图 2-8)。因为在投射线 Aa 上还可有无穷多的点,如 A_0 点的投影也和 a 重合。

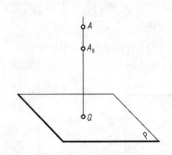

图 2-8 点的一个投影不能确定它在空间的位置

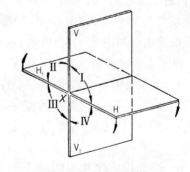

图 2-9 两投影面体系

2. 点在两投影面体系中的投影

(1) V 面和 H 面两投影面体系的建立

如图 2-9 所示,设在空间有两个相互垂直的投影面,其中直立的面称为正投影面,规定用字母 V 表示。水平的面则称为水平投影面,规定以字母 H 表示。V 面和 H 面所组成的

体系就称为两投影面体系,它们的交线 X 轴称为投影轴。V、H 两投影面把整个空间分成四个相等的部分,每一部分称为分角,分别以Ⅰ,Ⅱ,Ⅲ,Ⅳ表示。

(2) 点在两面体系中的投影

根据我国制图的国家标准《技术制图——投影法》(GB/T14692—1993)的规定,我国采用第一分角的画法来绘制视图。即假设将空间形体置于第一分角内,然后进行投影,故此处也只阐述第一分角内点的投影。

如图 2-10 所示,设在第一分角内有点 A,过 A 向 H 面作垂线得垂足 a,即为 A 点在 H 面上的投影,称为 A 点的水平投影,并规定以相应的小写字母表示。

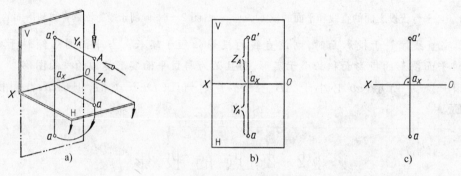

图 2-10　点的两面投影

同时,过 A 向 V 面作垂线得垂足 a',即 A 点在 V 面上的投影,称为 A 点的正面投影,并规定以相应的小写字母加上一撇表示。如果 A 点的两投影 a' 及 a 已知,则通过作垂线 a'A 及 aA,A 点在空间的位置就可以唯一确定,这就是建立空间两投影面体系的必要性。

但 A 点的两投影 a' 和 a 分别处于 V 和 H 两投影面上,而在生产实践中人们所作的投影图是在同一张纸面上画出的。因此,必须再规定投影面旋转的规则,使 V 面和 H 面两面重合,这时就能在同一平面上得到 V 面和 H 面两投影。现规定 V 面保持不动,H 面绕 X 轴向下旋转与 V 面重合,如图 2-10b)所示。由于投影面可以无穷扩展、且无边界;因此,可省去投影面的边框如图 2-10c)所示,这就是通常所使用的投影图。

从图 2-10 中可知,点 A 在 V、H 两投影面体系中的投影存在着下列规律:

1) 正面投影 a' 与水平投影 a 的连线必垂直于投影轴 X;

2) a' 到 X 轴之距离即为点 A 至 H 面之距离,a 到 X 轴之距离即为点 A 至 V 面之距离;

3) 位于投影面和投影轴上的点,其投影必位于投影面或投影轴上,如图 2-11 所示。位于投影面上的点,其一投影必和空间点本身重合,另一投影必位于轴上;而位于投影轴上的点,其两投影则必均位于轴上。

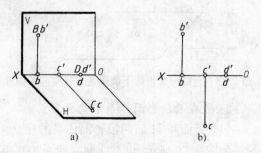

图 2-11　位于投影面和投影轴上的点的投影

二、点在三投影面体系中的投影

1. 三投影面体系的建立及其必要性

点的两投影虽能确定它在空间的位置,但点只是最简单的几何元素,对于复杂的空间形体仅用其两投影来表达往往还嫌不够,故常需要采用三个或更多的投影。

假想在 V 和 H 两投影面体系的基础上,再加一侧立的投影面,并规定以 W 来表示。如图2-12所示,则此三个相互垂直的投影面 V、H、W 就组成了空间的三投影面体系。其中 V 面仍称为正投影面,H 面仍称为水平投影面,而 W 面则称为侧投影面。此三投影面之间的三条交线均称为投影轴,其中 V 面和 H 面的交线为 X 轴;V 面和 W 面的交线为 Z 轴;H 面和 W 面的交线 Y 轴。此三轴的交点,则为原点并以 O 表示。

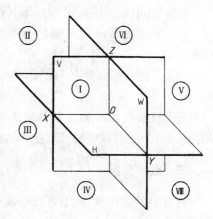

图2-12 三投影面体系

V、H、W 三投影面体系将整个空间分成八个部分,每一部分仍称分角。八分角的名称依次为第Ⅰ分角、第Ⅱ分角等,如图 2-12 所示。按我国制图标准规定,我们以研究第一分角中几何元素的各种投影规律为主。

2. 点在三面体系中的投影

如图 2-13 所示,设在第一分角内有一点 A,过 A 向 V 面作垂线得垂足 a′,即为 A 点在 V 面上的投影。过 A 向 H 面作垂线得垂足 a,即为 A 在 H 面上的投影。过 A 向 W 面作垂线得垂足 a″,即为 A 点在 W 面上的投影(规定以带二撇的相应小写字母表示几何元素的侧面投影)。因此,空间点在三投影面体系中就可以有三个投影。与两面体系相仿,点在三面体系中的三个投影,分别处于 V 面、H 面、W 面三个面上。要使它们重合成一个面,则必须将投影面按规定的旋转方向加以展开。现规定 V 面保持不动,H 面绕 X 轴向下旋转,W 面则绕 Z 轴向右旋转,投影面旋转展开后的情况如图 2-13b)所示。

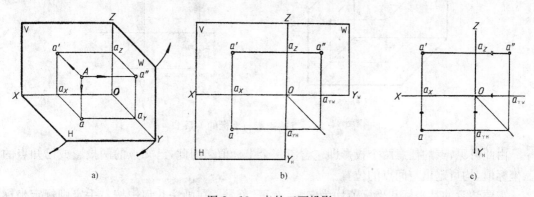

a)   b)   c)

图2-13 点的三面投影

在投影面展开的过程中,Y 轴先随 H 面往下旋转,又随 W 面向右旋转;为了便于在投影图中加以标记,我们分别用 Y_H 及 Y_W 来表示。需要注意的是把 Y 轴分写成 Y_H 和 Y_W,这仅仅是投影图上便于标记,空间的 Y 轴应该只有一根,在省去投影面的边框后,即得图 2-13c) 所示的 A 点的三面投影图。

从图 2-13 中可知,点在 V 面、H 面、W 面三投影面体系中的投影,存在着下列规律:

（1）V 面投影 a' 和 H 面投影 a 的连线垂直于投影轴 X;

（2）V 面投影 a' 和 W 面投影 a'' 的连线垂直于投影轴 Z;

（3）V 面投影 a' 到 X 轴的距离等于 W 面投影 a'' 到 Y_W 轴的距离,均反映 A 点到 H 面的距离;

（4）V 面投影 a' 到 Z 轴的距离等于 H 面投影 a 到 Y_H 轴的距离,均反映 A 点到 W 面的距离;

（5）H 面投影 a 到 X 轴的距离等于 W 面投影 a'' 到 Z 轴的距离,均反映 A 点到 V 面的距离。为保证此两线段相等,在作图时可以画一条 45° 的辅助线而获得,如图 2-13c)所示。

三、点的坐标

点在空间的位置,除了可以用该点至各投影面的距离来确定外,还可以用空间直角坐标值来确定。

如果把空间的三投影面 V 面、H 面和 W 面作为坐标面,把投影轴看作坐标轴,则空间点的 x 坐标即为点至 W 面的距离,y 坐标即为点至 V 面的距离,z 坐标即为点至 H 面的距离。三轴的公共点 O 称为坐标原点。

由图 2-14 可见,点的投影和坐标间存在着如下的联系:A 点的 V 面投影 a' 在 V 面上,它至 V 面的距离为零,故 y 坐标为零,即 $a'(x, 0, z)$;A 点的 H 面投影 a 在 H 面上,它至 H 面的距离为零,故 z 坐标为零,即 $a(x, y, 0)$;A 点的 W 面投影 a'' 在 W 面上,它至 W 面的距离为零,故 x 坐标等于零,即 $a''(0, y, z)$。

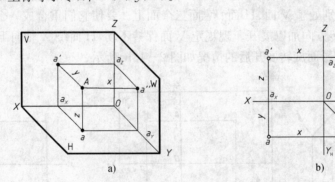

图 2-14　点的投影与坐标的关系

由此可见,点的任意两个投影即包含了三个坐标值。因此,已知点的两投影或已知点的三坐标值,均可定出空间点的位置。

需要注意的是坐标和坐标值均为向量,有正、负号。在画法几何中按右手定则规定坐标的正方向,即 X 轴向左,Y 轴向前和 Z 轴向上为正方向。故第一分角内的点的三个坐标也必为正值。

[**例2-1**] 已知A点的坐标为(20，10，15)，作A点的三面投影。

[**作法**]

（1）先画出三面体系的投影，也即画出X、Y及Z轴；根据x坐标，自O向左量20 mm得a_x，如图2-15a)所示。

（2）过a_x作线⊥X轴，则a'和a''必在此垂线上；在此垂线上自a_x向上量取15 mm得a'，向下量取10 mm得a，如图2-15b)所示。

（3）根据点的三投影间的投影规律$a'a''$⊥Z轴，可知a''必在过a'所作Z轴的垂线上；再根据a到X轴之距离等于a''到Z轴之距离，因此通过45°辅助线即可定出a''的位置，如图2-15c)所示。

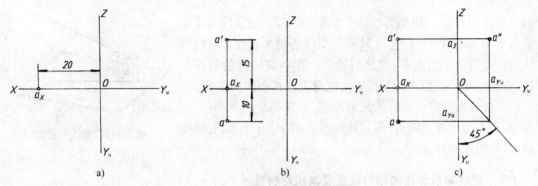

图2-15 由点的坐标求作其投影

[**例2-2**] 已知点B和点C的两投影，如图2-16a)所示，求作其第三投影。

[**作法**]（见图2-16b)）

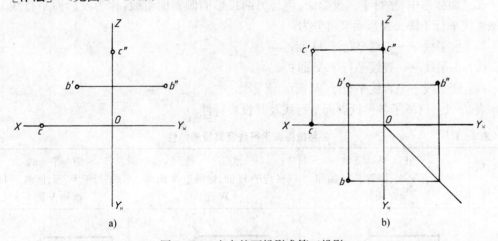

图2-16 由点的两投影求第三投影

（1）根据点的三投影间的投影规律bb'⊥X轴，过b'作垂线⊥X轴，则b必在此线上；再根据b到X轴之距离等于b''到Z轴之距离则可求出b。

（2）根据点的投影规律，如点的一投影位于轴上，则此点应位于某一投影面上，且cc'⊥X轴，$c'c''$⊥Z轴。故过c和c''分别作X和Z轴的垂线其交点即为c'，显而易见，该空间点位于V面上。

§2-3　直线的投影

在理解和掌握了点的投影规律的基础上,学习直线的投影就比较方便了。本节主要阐述如何作出直线段的投影图,并反映它在空间的位置和长度,如何掌握点与直线的相对位置、两直线的相对位置等的投影规律,以便为学习以后的内容打下基础。

一、直线的投影

直线的投影一般仍为直线。如图 2-17 所示,过 AB 作垂直于 H 面的平面,则它与 H 面的交线必仍为直线。直线可认为由无数多个点组成,因此与确定点在空间位置的条件一样,直线也同样需要由两个投影才能确定其在空间的位置。

根据两点确定一直线的几何原理,欲求 AB 在 H 面上的投影,只需求出线上两点(例如两端点 A 和 B)在 H 面上的投影,然后相连即可。

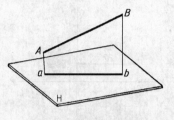

图 2-17　直线的投影

二、直线对投影面的相对位置及其投影特性

在三面体系中,空间直线对于一个投影面所处的位置,可分为平行、垂直、倾斜三种情况。

1. 投影面平行线

在三面体系中,平行于一投影面,但与另两投影面倾斜的直线,称为投影面平行线。根据该直线平行于哪一投影面又可分为:

(1)水平线——直线平行于 H 面;
(2)正平线——直线平行于 V 面;
(3)侧平线——直线平行于 W 面。

表 2-1 列举了各种投影面平行线及其投影特性。

表 2-1			各种投影面平行线及其投影特性	
平行线名称	正 平 线 (平行于 V 面、倾斜于 H 面和 W 面)		水 平 线 (平行于 H 面、倾斜于 V 面和 W 面)	侧 平 线 (平行于 W 面、倾斜于 H 面和 V 面)
立体图				

平行线 名称	正 平 线 (平行于 V 面、倾斜于 H 面和 W 面)	水 平 线 (平行于 H 面、倾斜于 V 面和 W 面)	侧 平 线 (平行于 W 面、倾斜于 H 面和 V 面)
投影图			
投影特性	① $a'b'$ 反映实长。$a'b'$ 与 X 和 Z 轴的夹角分别反映 α、γ 角 ② ab∥X 轴，$a''b''$∥Z 轴，ab 和 $a''b''$ 均小于实长	① ab 反映实长。ab 与 X 和 Y_H 轴的夹角分别反映 β、γ 角 ② $a'b'$∥X 轴，$a''b''$∥Y_W 轴，$a'b'$ 和 $a''b''$ 均小于实长	① $a''b''$ 反映实长。$a''b''$ 与 Y_W 和 Z 轴的夹角分别反映 α、β 角 ② $a'b'$∥Z 轴，ab∥Y_H 轴，$a'b'$ 和 ab 均小于实长

2. 投影面垂直线

在三面体系中,垂直于一投影面且必平行另两投影面的直线称为投影面垂直线。根据该直线垂直于哪一个投影面又可分为:

(1) 铅垂线——直线垂直于 H 面;

(2) 正垂线——直线垂直于 V 面;

(3) 侧垂线——直线垂直于 W 面。

表2-2列举了各种投影面垂直线及其投影特性。

表2-2　　　　　　　　各种投影面垂直线及其投影特性

垂直线 名 称	正 垂 线 (垂直于 V 面)	铅 垂 线 (垂直于 H 面)	侧 垂 线 (垂直于 W 面)
立体图			
投影图			

垂直线 名 称	正 垂 线 （垂直于 V 面）	铅 垂 线 （垂直于 H 面）	侧 垂 线 （垂直于 W 面）
投影特性	① $a'(b')$ 重影为一点 ② $ab \perp X$ 轴，$a''b'' \perp Z$ 轴，ab 和 $a''b''$ 均反映实长	① $a(b)$ 重影为一点 ② $a'b' \perp X$ 轴，$a''b'' \perp Y_W$ 轴，$a'b'$ 和 $a''b''$ 均反映实长	① $a''(b'')$ 重影为一点 ② $a'b' \perp Z$ 轴，$ab \perp Y_H$ 轴，$a'b'$ 和 ab 均反映实长

3. 投影面倾斜线

在三面体系中既不平行也不垂直于任一投影面的直线，称为投影面倾斜线。

如图 2-18 所示，投影面倾斜线 SB 的投影特性可归纳如下：

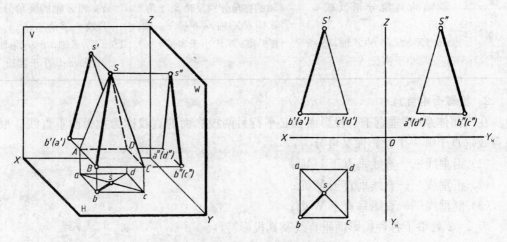

图 2-18　投影面倾斜线的投影特性

（1）SB 的三投影 $s'b'$、sb、$s''b''$ 均倾斜于各投影轴。

（2）$s'b'$、sb、$s''b''$ 均短于实长 SB。

（3）$s'b'$ 与 OX，sb 与 OX 及 $s''b''$ 与 OY 所成之角均不反映 SB 与 H 面、V 面、W 面所组成的 α 角、β 角、γ 角的实形。

三、两直线的相对位置及其投影特性

空间两直线的相对位置有三种情况，即平行、相交和交叉。

1. 平行两直线

根据正投影的基本特性可知，如果两直线平行，如 $AB \parallel CD$，则它们的同面投影也应平行，即 $ab \parallel cd$，$a'b' \parallel c'd'$，$a''b'' \parallel c''d''$；且 AB 与 CD 之比分别等于 ab 与 cd，$a'b'$ 与 $c'd'$ 及 $a''b''$ 与 $c''d''$ 之比。

当空间两平行线均为投影面倾斜线时，根据其在 V 面和 H 面上的两投影是否平行，可立即判别其是否平行，如图 2-19 所示。

但若平行两直线为两侧平线时，则除了 V 面和 H 面两面投影外，还应检查其 W 面投影

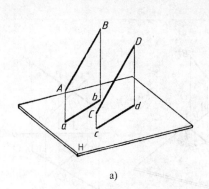

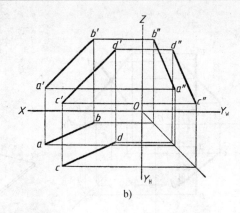

图 2-19 两平行线的投影

是否平行(也可用两平行线段之比等于它们的同面投影之比来判别),如图2-20所示。

2. 相交两直线

如图 2-21a)所示,设 AB、CD 两直线交于 K 点,则 K 点必为两直线之共有点。因为 K 在 AB 上,则 k' 应在 $a'b'$ 上,K 又同时在 CD 上,则 k' 又应在 $c'd'$ 上,故 k' 应位于 $a'b'$ 与 $c'd'$ 的相交处。同理,k 应在 ab、cd 的相交处,且 K 点的两面投影的连线 $k'k$ 还应垂直于 X 轴,如图2-21b)所示。

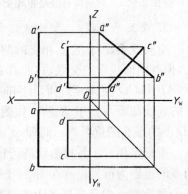

图 2-20 判别两侧平线是否平行

与平行两直线的情况相仿,当两相交直线均为投影面倾斜线时,则只须判断其 V 面和 H 面两投影是否分别相交,且交点的两面投影是否符合投影规律即可。而当相交两直线之一为侧平线时(见图2-22),则除了 V 面和 H 面两投影外,还应检查它们的 W 面投影是否相交,以及交点的三面投影是否符合点的投影规律,根据这一判断可知图 2-22 表示的是相交两直线。

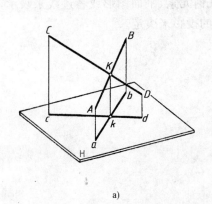

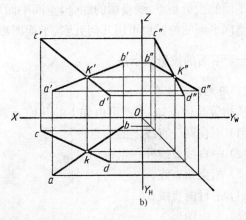

图 2-21 相交两直线的投影

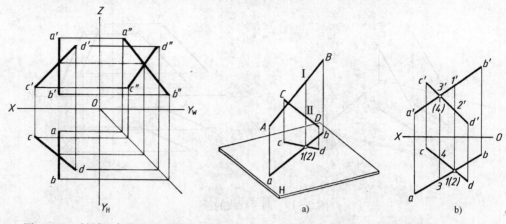

图 2-22 判别两直线是否相交　　　　　　图 2-23 交叉两直线的投影

3. 交叉两直线

空间既不平行、也不相交的两直线称为交叉两直线。交叉两直线的各同面投影可以相交,但各同面投影的交点,并非真正空间交点的投影,而是重影点的投影。如图 2-23a)所示,AB 和 CD 交叉,当它们分别向 V 面和 H 面投影时,同面投影虽然相交,但两同面投影交点的连线却不垂直于 X 轴。如图 2-23b)所示,ab 和 cd 的交点实际上是 AB 上的点 I 和 CD 上的点 II 的重影点。同理,a'b' 和 c'd' 的交点则是 AB 上的点 III 与 CD 上的点 IV 的重影点。重影点相对于各投影面均可区分其可见性,其中,在 V 面上的重影点应以 Y 坐标最大的点的投影为可见。故在图 2-23b)中,3' 可见,4' 则加括号写成(4')表示不可见。同理,在 H 面的重影点中 Z 坐标最大的点的投影为可见,故重影点 1 可见,而(2)不可见。如欲判断点侧面投影中重影点的可见性,则应取 X 坐标最大的那点为可见。

§2-4 平面的投影

平面的投影是点、线投影的综合,空间平面可以用几何元素、平面图形或者迹线来表示,所以空间平面的位置也可用几何元素、平面图形或迹线的投影来决定。

一、平面的投影表示法

1. 用几何元素表示
从初等几何可知,平面可由如下的几何元素来表示。
(1) 不在同一直线上的三点;
(2) 一直线及线外一点;
(3) 相交两直线;
(4) 平行两直线;
(5) 平面图形。

分别作出这些几何元素的投影,即可表示一平面,如图2-24所示。

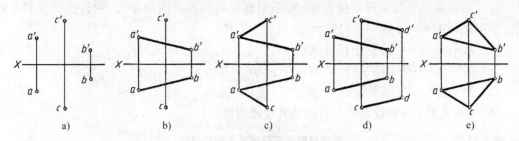

图2-24 平面用几何元素表示

2. 平面除用几何元素表示外还可用它们的迹线表示

在两或三投影面体系中,假设将该平面无限扩展,则它和相应的投影面必有交线,这种交线就称为该平面的迹线。图2-25分别表示了投影面倾斜面、铅垂面、正垂面和水平面等各平面的立体图和投影图。

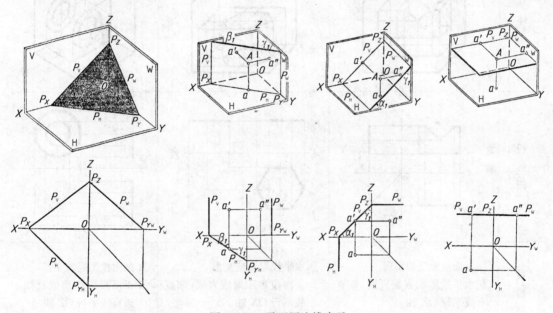

图2-25 平面用迹线表示

如果平面为 P ,则 P 面和 V 面的交线就称为 P 面的正面迹线,规定以 P_V 表示; P 面和 H 面的交线称为 P 面的水平迹线,规定以 P_H 表示;而 P 面和 W 面的交线则称为 P 面的侧面迹线,规定以 P_W 表示。由图2-25可见, P_V 、 P_H 、 P_W 分别为平面 P 与 V 面、 H 面、 W 面的交线。因 P_V 在 V 面上,故其另两投影必然和 X 轴、 Z 轴重合,规定不必另加标记。同理, P_H 和 P_W 的另两投影也分别和投影轴重合,按规定不必另加标记。

二、平面对投影面的相对位置及其投影特性

在三面体系中,平面对投影面的相对位置可分为三种,分述如下:

1. 投影面的平行面

在三面体系中平行于任一投影面,且必垂直于另两投影面的平面,称为投影面的平行面。根据该平面平行于哪一个投影面,又可分为三种。

(1) 水平面——平面平行于 H 面;

(2) 正平面——平面平行于 V 面;

(3) 侧平面——平面平行于 W 面。

表 2-3 列举了各种投影面平行面及其投影特性。

表 2-3　　　　　　　　　　　各种投影面平行面及其投影特性

平行面名称	正平面（平行于 V 面）	水平面（平行于 H 面）	侧平面（平行于 W 面）
立体图	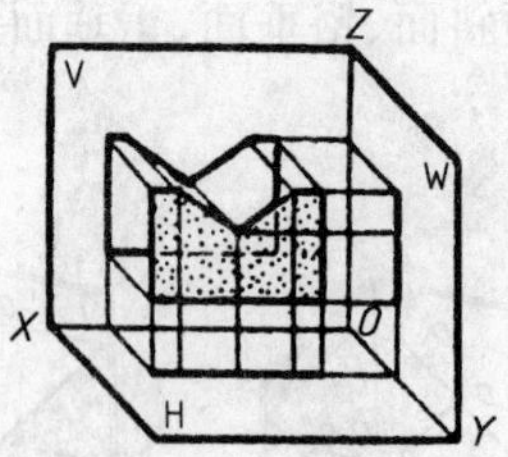	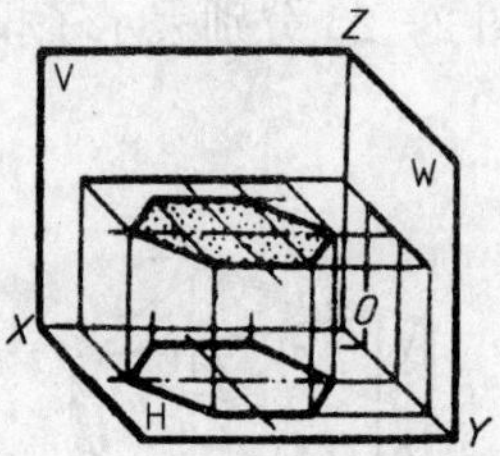	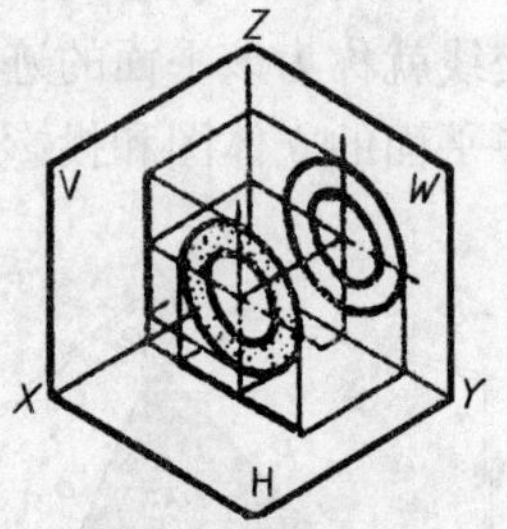
投影图	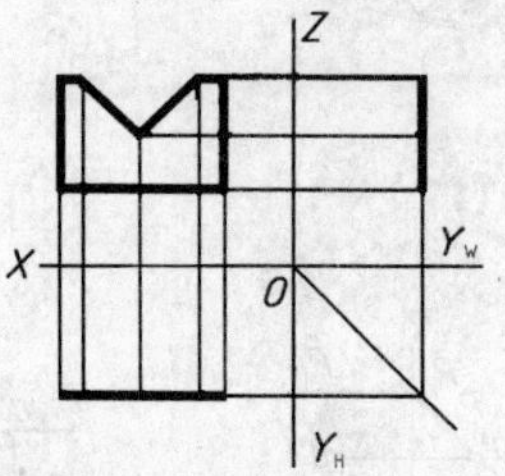	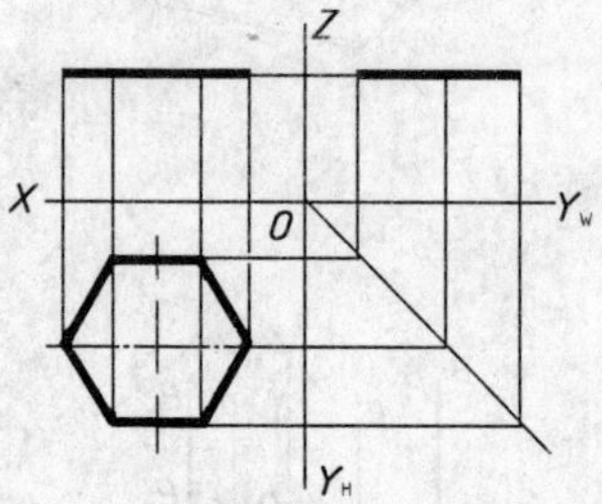	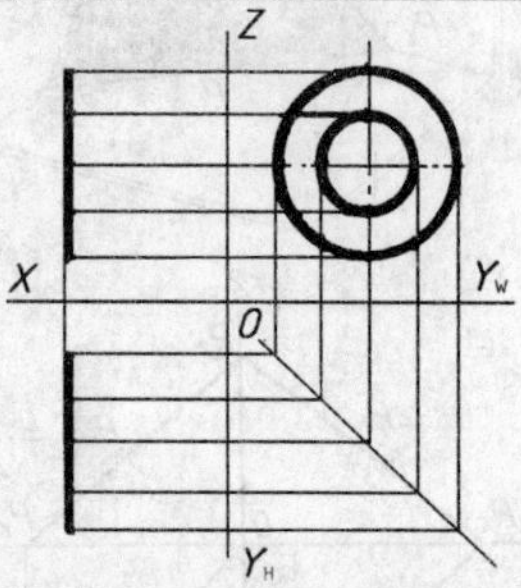
投影特性	① 正面投影反映实形 ② 水平投影积聚成直线,该直线平行 OX 轴 ③ 侧面投影积聚成直线,该直线平行 OZ 轴	① 水平投影反映实形 ② 正面投影积聚成直线,该直线平行 OX 轴 ③ 侧面投影积聚成直线,该直线平行 OY_W 轴	① 侧面投影反映实形 ② 正面投影积聚成直线,该直线平行 OZ 轴 ③ 水平投影积聚成直线,该直线平行 OY_H 轴

2. 投影面的垂直面

在三面体系中垂直于任一投影面,而与另两投影面倾斜的平面,称为投影面的垂直面。根据该平面垂直于哪一投影面,又可分为三种。

(1) 正垂面——平面垂直于 V 面;

(2) 铅垂面——平面垂直于 H 面;

(3) 侧垂面——平面垂直于 W 面。

表 2-4 例举了各种投影面垂直面及其投影特性。

表 2-4　　　　　　　　　　　　　　　　各种投影面垂直面及其投影特性

垂直面名称	正垂面（垂直于V面）	铅垂面（垂直于H面）	侧垂面（垂直于W面）
立体图			
投影图			
投影特性	① 正面投影积聚成直线,正面投影可反映与 H, W 所成之角 α, γ ② 其他两投影不反映实形,而是实形的类似形	① 水平投影积聚成直线,水平投影可反映与 V, W 所成之角 β, γ ② 其他两投影不反映实形,而是实形的类似形	① 侧面投影积聚成直线,侧面投影可反映与 V, H 所成之角 β, α ② 其他两投影不反映实形,而是实形的类似形

3. 投影面的倾斜面

在三面体系中,既不平行也不垂直于任一投影面的平面,称为投影面的倾斜面。如图 2-26a)所示的三棱锥中,两棱面 SAB 和 SBC 均为投影面的倾斜面,而棱面 SCA 则为侧垂面。

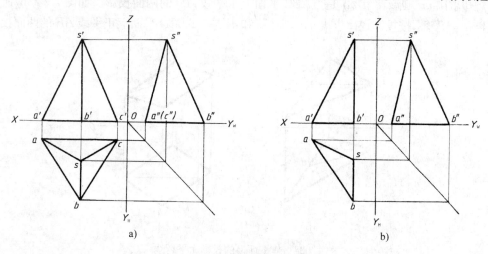

a)　　　　　　　　　　　　　　　b)

图 2-26　投影面倾斜面的投影

如图 2-26b)所示的投影面倾斜面 SAB,它具有如下的投影特性:

(1) 三面投影 $\triangle s'a'b'$,$\triangle sab$,$\triangle s''a''b''$ 均为 $\triangle SAB$ 实形的类似形,即都是三角形。

(2) $\triangle s'a'b'$,$\triangle s''a''b''$,$\triangle sab$ 均不反映实形,且面积均小于 $\triangle SAB$。

三、平面上的点和直线

1. 平面上的直线必经过平面上的两点,或经过平面上的一点,且平行于平面上的一条已知直线

如图 2-27a)所示,平面由相交两直线 AB 和 BC 所确定,若 D 为直线 AB 上的一点,E 为直线 BC 上的一点,则 DE 必为平面 ABC 上的一条直线。

再如图 2-27b)所示,D 为平面 ABC 上一已知点,其两面投影分别为 d' 在 $b'c'$ 上,d 在 bc 上且 $d'd \perp OX$ 轴;过 D 点作平面上直线 AB 的平行线 DE,只需过 d' 作 $d'e' /\!/ a'b'$,过 d 作 $de /\!/ ab$,则所作的直线 DE 必在平面 ABC 上。

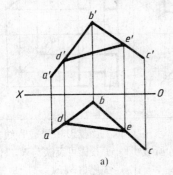 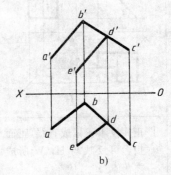

图 2-27 平面上的直线

[**例 2-3**] 在已知平面 ABC 内作一条水平线 AD;在已知平面 $ABCD$ 中,作一条正平线 AL。

[**作法**] 在平面上的无数条直线中,必有与相应投影面平行的直线;它既符合投影面平行线的投影特性,又具备属于平面上直线的投影特性。如图 2-28a)所示,过 a' 作 $a'd' /\!/ X$ 轴,按投影规律求出 ad,则 $a'd'$ 和 ad 是 $\triangle ABC$ 平面上水平线 AD 的两面投影。如图 2-28b)所示,过 a 作 $ae /\!/ X$ 轴,按投影规律求出 $a'e'$,则 $a'e'$ 和 ae 是 $\square ABCD$ 平面上正平线 AE 的两面投影。

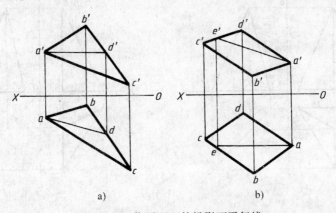

图 2-28 作平面上的投影面平行线

2. 点在平面内的一条已知直线上,则此点必在该平面上

如图 2-29 所示,已知△ABC 及其 D 点的 V 面投影 d′,要作出 D 点的 H 面投影时,可先在△ABC 的 V 面投影中过 d′作一辅助直线 b′d′交 a′c′于 e′,然后在 ac 上作出 e,连接 be,则 d 点可在 be 上求得,这就是常用的在平面上取点的方法,即辅助直线法。

3. 当平面为投影面垂直面时,平面上的点和线必有一个投影与平面的积聚性投影相重合

如图 2-30a)所示,D 点为△ABC 平面上的一点,平面 ABC 为铅垂面,则 D 点的 H 面投影 d 必然重合在平面的积聚性投影 abc 上。又如图 2-30b)所示,直线 AB 在△CDE 平面内,因△CDE 为正垂面,故直线 AB 的 V 面投影 a′b′必然重合在平面的积聚性投影 c′d′e′上。

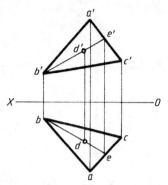

图 2-29 在平面上取点

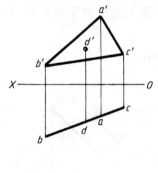

a)

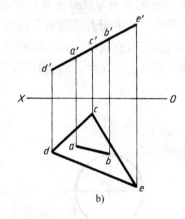

b)

图 2-30 投影面垂直面上的点和线

4. 过已知点或已知直线作平面

如图 2-31a)所示,过已知点 A 求作正垂面 P。作图时,可过 a′先作出此平面有积聚性的正面迹线 P_V,再过 P_X 点作水平迹线 $P_H \perp X$ 轴,则 P_V 和 P_H 表示正垂面 P 的两面投影。显而易见,过 a′可作出无数条 P_V 迹线,因此过 A 点可作无数个正垂面,图中所作的仅是其中的一个。又如图 2-31b)所示,要过已知点 A 作正平面 Q。作图时只需过 a 作平行于 x 轴的 Q 面有积聚性的水平迹线 Q_H 即可。

如图 2-32a)所示,过已知直线 AB 求作正垂面 P。此时,可先过 a′b′作 P_V,再过 P_X 点作 $P_H \perp X$ 轴,则迹线 P_V 和 P_H 表示正垂面 P。如图 2-32b)所示,过已知直线 AB 作铅垂面 Q。作图时,可先过 ab 作 Q_H,再过 Q_X 点作 $Q_V \perp X$ 轴,则迹线 Q_V 和 Q_H 表示铅垂面 Q。

由于在垂直面的三面投影中只有一条迹线有积聚性,其另两投影则必然垂直于相应的投影轴。今后为作图方便起见,可将无积聚性的迹线省略不画。因此,在图 2-31 中可省画 P_H,在图 2-32 中可省画 P_H 及 Q_V。

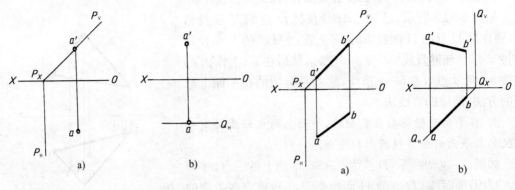

图2-31 过已知点作平面　　　　图2-32 过已知直线作平面

四、平面上的圆

1. 圆所在的平面与投影面平行时的投影特性

如果圆所在的平面为投影面平行面时,则圆在该投影面上的投影反映实形,即仍为圆;另两投影则积聚为直线,且与投影轴平行。

当圆平面为正平面时,圆的两面投影如图2-33a)所示。

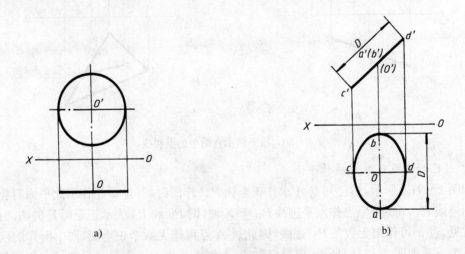

图2-33 圆的投影

2. 圆所在的平面与投影面垂直时的投影特性

如果圆所在的平面为投影面垂直面,则圆在该投影面上的投影积聚成一长度等于圆直径的倾斜直线,其另一投影则为椭圆。椭圆的长轴平行于该投影面,反映圆直径实长,短轴与长轴垂直,长度由投影确定。

如图2-33b)所示,圆平面为正垂面,故其 V 面投影积聚为直线 $c'd'$,且反映直径 D 的实长。其 H 面投影为椭圆,长轴为正垂线 AB 的投影 ab,反映了直径 D 的实长,短轴 cd 与 ab 垂直,长度按投影规律由 $c'd'$ 确定。圆平面为铅垂面或侧垂面的情况与此类似,可自行分析。

§2-5　直线与平面、平面与平面的相对位置

直线与平面、平面与平面的相对位置有三种情况,即平行、相交和垂直。

一、平行

1. 如果直线与平面上的一已知直线平行,则该直线与平面平行;如果一平面上的两相交直线平行于另一平面内的两相交直线,则该两平面平行

如图 2-34a)所示,过已知点 E 作一条水平线 EF,使 EF 平行于已知平面 ABC。作图时,可先作出平面 ABC 内一条水平线 CD 的两面投影,再过 e 和 e' 分别作 $ef /\!/ cd$ 和 $e'f' /\!/ c'd'$,则 ef 和 $e'f'$ 即为所求水平线 EF 的两面投影。

如图 2-34b)所示,过已知点 F 求作一平面平行于已知 $\triangle ABC$。作图时,可过 F 点作两条相交直线分别与三角形的两条边对应平行,如 $f'd' /\!/ b'c'$,$fd /\!/ bc$ 和 $f'e' /\!/ a'c'$,$fe /\!/ ac$,则相交两直线 FD 和 FE 所组成的平面必平行于 $\triangle ABC$ 平面。

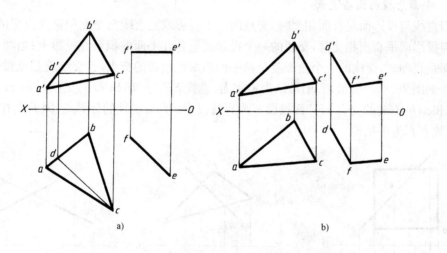

图 2-34　过已知点作直线和平面与已知平面平行

2. 当平面为投影面垂直面时,则与它平行的直线必有一投影与该平面的积聚性投影平行,且反映出线与面、面与面之间的真实距离

如图 2-35a)所示,$\triangle ABC$ 为铅垂面,如直线 DE 平行于 $\triangle ABC$,则在 H 面投影上必然是 $de /\!/ abc$,且它们间的距离反映了线面间的真实距离,可用 L 表示。再如图 2-35b)所示,$\triangle ABC$ 与 $\triangle DEF$ 平行,且均为正垂面,则在 V 面投影中 $a'b'c' /\!/ d'e'f'$,且它们间的距离反映了两平面之间的真实距离 L。

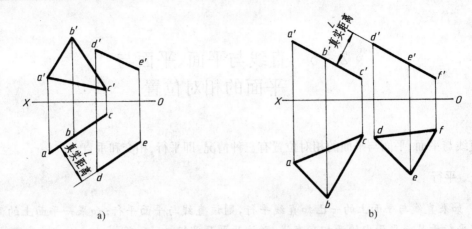

图 2-35 直线、平面与投影面垂直面平行

二、相交

直线和平面相交、交点既在直线上又在平面上,是直线和平面的共有点,也是线面交点中直线上可见与不可见的分界点。平面与平面的交线则是两平面的共有线,也是两面交线中平面上投影中可见与不可见的分界线。

1. 平面为投影面垂直面

当直线与投影面垂直面相交时,交点的一个投影就是直线与平面积聚性投影的交点;当平面与投影面垂直面相交时,交线的一个投影就重合在平面的积聚性投影上;当两平面均为投影面垂直面时,交线的一个投影就是两平面积聚性投影的交点,且交线就是该投影面的垂直线。如图 2-36a)所示,□ABCD 为铅垂面,直线 EF 与□ABCD 的交点 K 的 H 面投影即为 ef 和 a(b)d(c) 的交点 k,V 面投影 k' 为直线投影 e'f' 可见性的分界点,因 F 点在□ABCD 之前,故 k'f' 为可见段。

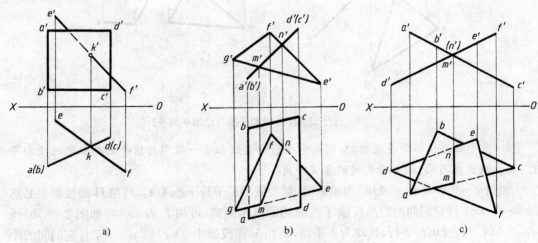

图 2-36 直线、平面与投影面垂直面相交

如图 2-36b)所示,正垂面 ABCD 和倾斜面△EFG 相交,两平面交线 MN 的 V 面投影

$m'n'$即在$a'(b')d'(c')$上,其 H 面投影为两平面投影可见性的分界线,由 V 面投影可知,$MNGF$部分在平面$ABCD$的上方,故其 H 面投影$mngf$部分为可见,其余部分的可见性可由此进一步确定。

如图 2-36c)所示,两正垂面ABC和DEF相交,交线为一正垂线,其 V 面投影$m'n'$积聚成点,即为$a'b'c'$和$d'e'f'$的交点,H 面投影mn在两平面投影的公共范围内。由 V 面投影可知,$ABMN$部分在DEF平面的上方,故其 H 面投影$abmn$部分为可见,其余部分的可见性可由此进一步确定。

2. 直线为投影面垂直线

当投影面垂直线与平面相交时,交点的一个投影与直线的积聚性投影相重合,可利用平面上取点的方法求出交点的另一投影。

如图 2-37 所示,正垂线EF与$\triangle ABC$相交,交点K的 V 面投影k'与$e'f'$重合,过a'、k'作辅助线的 V 面投影$a'k'$并延长交$b'c'$于d',则交点的 H 面投影k必在辅助线的 H 面投影ad上,由 V 面投影可知,EK高于平面ABC的AC边,故ke为可见段。

3. 直线为投影面倾斜线、平面为投影面倾斜面

此时,需采用辅助平面法求交点和交线。投影面倾斜线与投影面倾斜面相交时,作图步骤为:

(1) 包含已知直线作一辅助平面。为易于作图,通常作有积聚性的平面;

(2) 求出已知平面与辅助平面的交线;

(3) 交线与已知直线的交点即为直线与平面的交点。

图 2-38a)所示即为辅助平面法求交点的立体图。

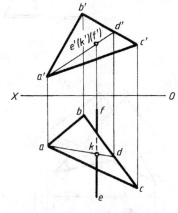

图 2-37 投影面垂直线与平面相交

图 2-38b)则为求交点k的作图过程,具体说明如下:先包含直线DE作辅助铅垂面P,其 H 面的积聚性投影用迹线P_H表示,P_H必与de重合,设P面和$\triangle ABC$的交线为MN,其两投影分别为mn和$m'n'$,交线MN与已知直线DE的交点K的两面投影k'和k即为所求。

图 2-38c)表示利用重影点判明投影可见性的过程。H 面投影的可见性可利用直线DE和$\triangle ABC$上AC边交叉的重影点 1(2)来确定,因直线$d'e'$上的$1'$点高于三角形$a'c'$边上的$2'$点,故直线上含有 1 点的ke段为可见。同理,利用 V 面投影重影点$3'(4')$,分析Ⅲ和Ⅳ点的前后位置可确定 V 面投影的可见性。

求两个投影面倾斜面交线的方法,可利用求直线与平面交点的方法来作图。即在一个平面内任取两条直线,分别求出它们与另一平面的交点,则交点的连线即为所求的交线。

如图 2-39a)所示,两倾斜面$\triangle ABC$和$\triangle DEF$相交,可如图 2-39b)所示求出直线DE,DF与$\triangle ABC$的交点K和J,连线KJ即为两平面的交线。如图 2-39c)所示,其可见性仍利用重影点进行判别。利用 H 面投影中重影点 3(4),分析点Ⅲ,Ⅳ的高低位置,即可确定$efjk$为可见部分,并进一步判明其余部分的可见性。利用 V 面投影的重影点$1'(2')$,分析Ⅰ和Ⅱ点的前后位置,即可确定$e'f'j'k'$为可见部分,并进一步判明其余部分的可见性。

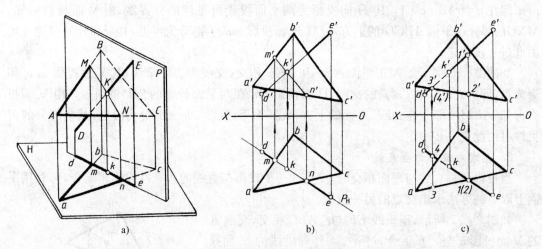

图 2-38　投影面倾斜线与投影面倾斜面相交

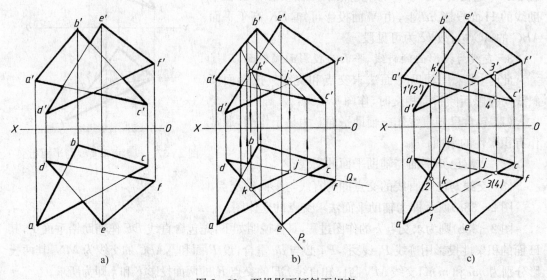

图 2-39　两投影面倾斜面相交

三、垂直

垂直是相交的特殊情况,此处只讨论线、面与投影面垂直面相垂直的问题。

1. 直线与投影面垂直面互相垂直

此时,直线必为投影面的平行线且直线的一个投影垂直于平面的积聚性投影。

如图 2-40 所示,直线 DE 垂直于铅垂面 $\triangle ABC$,则 DE 必为水平线。因为 $de \perp abc$,且 $d'e' // X$ 轴,则 E 点必为垂足。

2. 两投影面垂直面互相垂直

当两个互相垂直的平面同时垂直于某一投影面时,交线必是该投影面的垂直线,且两平面的积聚性投影必然互相垂直。

　　如图 2-41 所示,两个铅垂面□ABCD 和□ABEF 互相垂直,则它们的 H 面积聚性投影互相垂直,交线 AB 必为铅垂线。

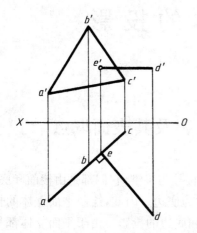

图 2-40　直线与投影面垂直面互相垂直

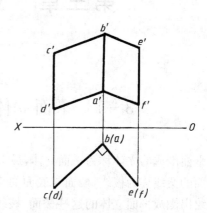

图 2-41　两投影面垂直面互相垂直

第三章 立体的投影

§3-1 平面立体的投影及其表面取点

由平面围成的立体称为平面立体,最常见的是棱柱与棱锥,它们都是由棱面和底面所组成。棱面的交线称为棱线,棱面与底面的交线则称为底边。因此,绘制平面立体的投影,实质上是绘出围成平面立体的这些棱面、棱线、底面和底边的投影。由于平面立体都是实体,其上的棱面、棱线等相对于投影面都有可见性。因此,规定把可见的线画成粗实线,而不可见的线则画成虚线。

一、棱柱

1. 棱柱由底面和棱面围成,且其各棱线均相互平行

图 3-1a)所示是一正六棱柱,其上下底面均是水平面,故其 H 面投影反映实形,V 面和 W 面两投影均积聚成平行于投影轴的直线。在六棱柱的六个棱面中,前后两棱面均为正平面,另四个棱面则均为铅垂面。

作图时可以先画出六棱柱的 H 面投影——正六边形,然后,根据投影规律作出其 V 面投影。在 V 面投影中,上、下底面均积聚成线,位于六棱柱最左和最右的两条棱线的 V 面投影成为最外轮廓线,位于前面的两条棱线与后面的两条棱线重合,因此均画实线。由于六棱柱离各投影面的远近并不影响棱柱上各面和各线投影之间的相对位置与形状,所以,如果我们只研究立体的形状大小,则投影轴也可省去。故在作六棱柱的 V 面投影时,可选在离 H 面投影适当的任意位置处。在作出六棱柱的 V 面投影后,即可继续作出其 W 面投影。在根据 V 面、H 面两投影求 W 面投影时,就需要量取 Y 坐标的大小;为使量度方便起见,可以利用一与水平线成 45°的辅助线,此辅助线的位置可以任意确定,因 V 面、W 面两投影间的距离可以任意适当地确定。

通常,为使图形匀称起见,可以将 45°辅助线定在使 V 面和 H 面间之距离等于 V 面和 W 面之距离处。然后,根据三投影间的规律,即可迅速作出其 W 面投影,需指出的是今后侧面投影的求法往往省去此 45°辅助作图线,而根据 $a_{Y_H} = a''_{Y_W}$ 的原理直接从 H 面投影中量取距离而作出 W 面投影。应当注意的是从六棱柱的 V 面投影中可反映出其三个棱面的投影。而 W 面投影则只能反映其两个棱面的投影,前面和后面均积聚成线,如图 3-1b)所示。

2. 棱柱表面上取点

棱柱由平面围成,在棱柱表面取点的方法和在平面上取点的方法相同;即在平面上先作

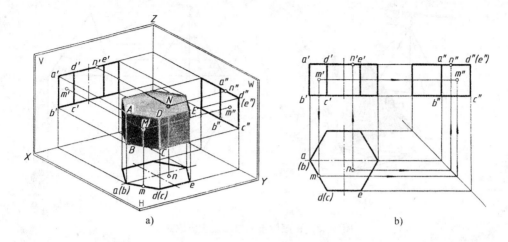

图 3-1 正六棱柱的投影及表面取点

一条辅助线,然后在辅助线上取点则此点必在面上。在棱柱面上作线,最简单的方法是作与棱线平行的线条,由于本例的棱柱是一正六棱柱,其六条棱线均为铅垂线,与棱线平行的辅助线也均为铅垂线,故它们的投影必然都积聚成点;而正六棱柱的六个棱面均与 H 面垂直,则在 H 面投影中均积聚成线而构成一正六边形。所以,在正六棱柱表面上取点时,该点的 H 面投影也必积聚在正六边形的边上。

例如,已知 M 点在六棱柱表面上,已给出其 V 面投影 m',欲求 m 和 m'' 时,只需把 m' 投影到 H 面投影正六边形的边上即可得 m。然后,根据 m' 和 m 即可得到 m'',如图 3-1b) 所示。

必须注意的是立体表面相对于各投影面有可见性,因此,立体表面上的点也有可见性。图 3-1b) 所示 M 点的 V 面投影 m' 不带括弧,说明它在 V 面投影中位于可见的棱面上,相对于 V 面可见。因此,它的 H 面投影必位于前半个正六棱柱的棱面上。反之,若已知点的 V 面投影是带有括弧的,则其相应的 H 面投影应位于后半个正六棱柱的棱面上。同理,M 点的 W 面投影也同样有可见性的问题,本题 m'' 为可见。

二、棱锥

1. 棱锥是由底面和棱面围成的,棱锥的各棱线相交于锥顶

图 3-2a) 所示是一正三棱锥,其底面 △ABC 是一水平面,故其水平投影反映实形,V 面、W 面两投影均积聚成平行于投影轴的直线。在正三棱锥的三个棱面中,其左右两棱面 △SAB 和 △SBC 均为投影面的倾斜面,故其三投影均为实形的类似形。正三棱锥的后棱面 △SAC 是一侧垂面,它包含垂直于侧面的直线 AC,故其 V 面、H 面的两投影均为实形的类似形,而其 W 面投影则积聚成线。

作图时可以先画出正三棱锥底面的 H 面投影——正三角形及其 V 面和 W 面投影,然后作出锥顶 S 的三投影。再将锥顶与 △ABC 的各顶点相连,即得正三棱锥的投影,如图 3-2b) 所示。

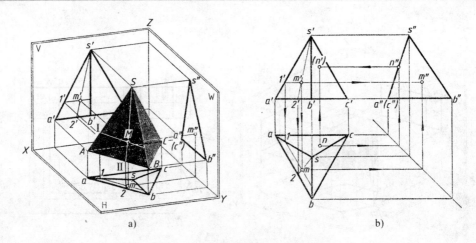

图3-2 正三棱锥的投影及表面取点

2. 在棱锥表面上取点

棱锥表面上取点的方法和棱柱相同,即在棱锥面上先作辅助线,然后在线上取点,则此点必在棱锥面上,在棱锥面上作线的最简单的方法是过锥顶和锥底相连的辅助线或作底边的平行线。如图3-2b)所示,设 M 为正三棱锥表面上的点,且已知其 V 面投影 m',欲求 m 和 m'' 时,可以作 $s'm'$ 的连线并延长至与锥底交于 $2'$,则 $s'2'$ 即为棱锥面上过 M 点的辅助线 SⅡ 的 V 面投影。根据投影规律作出 SⅡ 的 H 面和 W 面投影 $s2$ 和 $s''2''$ 后,便能在其上作出 M 点相应的投影 m 和 m''。

与棱柱一样,正三棱锥的各棱面相对于各投影面也均有可见性。如图3-2b)所示,正三棱锥上三个棱面的 V 面投影中,$s'b'c'$ 和 $s'a'b'$ 可见,而 $s'a'c'$ 不可见。正三棱锥的三棱个面在 H 面投影中均可见。在 W 面投影中,$s''a''c''$ 积聚成线,一般不再判别可见性;$s''a''b''$ 为可见,而 $s''b''c''$ 则不可见。因 M 点的 V 面投影 m' 可见,故 M 点应位于 SAB 面上,其 H 面和 W 面投影的 m 和 m'' 也均可见。

§3-2 曲面立体的投影及其表面取点

由平面和曲面或全部由曲面围成的立体称为曲面立体,最常见的有圆柱、圆锥、球和环,它们均可看作为一线段(直线或曲线)绕轴回转而成的回转体。形成回转体表面的动线称为母线,母线在回转体面上的任一位置称为素线。例如,圆柱、圆锥的母线均为直线,而球和环的母线则为圆。绘制曲面立体时应把组成曲面立体的曲面和平面表示出来,并判别其可见性;在回转体的投影中还必须画出其回转轴,若投影为圆则必须画出圆的中心线。

一、圆柱体

1. 圆柱体的形成

直母线绕一与它平行的轴回转一周即形成一圆柱面,若再加上、下两底面,则形成一圆柱体。

图 3-3a)所示,即为一轴线垂直于 W 面的水平圆柱体,它由圆柱面和左右两底面围成。由于此圆柱体是一正圆柱体,它的轴线和各素线均垂直于 W 面,故它的 W 面投影积聚成一圆。此圆既是圆柱面的积聚性投影,又是其左右两底面的投影。在圆柱体的 V 面和 H 面投影中,左右两底面都积聚成直线,而圆柱面的投影则以其投影的外形轮廓线表示。在 V 面投影中,外形轮廓线为最上、最下两素线 AA 与 BB,其投影为 $a'a'$ 及 $b'b'$;在 H 面投影中,外形轮廓线为最前、最后两素线 CC 与 DD,其投影为 cc 和 dd。在圆柱的 V 面投影中,素线 AA 和 BB 又是投影可见性的分界线,在 AA 和 BB 前半部圆柱面上的点和线,其 V 面投影均可见,而后半部则不可见。素线 CC 和 DD 则是圆柱 H 面投影可见性的分界线,在 CC 和 DD 上半部圆柱面上的点和线,其 H 面投影均可见,而下半部则不可见。

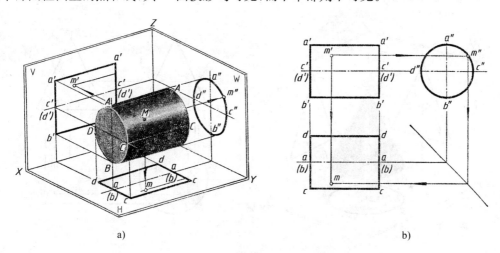

a)　　　　　　　　　　　　　b)

图 3-3　圆柱体的投影及其表面取点

作图时可以先画出 W 面圆的投影,然后再画出 V 面、H 面的投影,如图 3-3b)所示。

2. 圆柱体表面上取点

圆柱体和正棱柱体一样,其表面也有积聚性,故在圆柱体表面上取点时,可利用积聚性投影。如图 3-3b)所示,已知 M 点在圆柱体的表面上,且其 V 面投影 m' 已知,欲求其 H 面投影 m 和 W 面投影 m″ 时,可将 m′ 直接投影到 W 面投影的圆上而得出 m″,然后根据 m′ 和 m″ 即可得出 m。

作图时应注意可见性问题,由于所给 M 点的 V 面投影 m′ 可见,它必然在前半个圆柱面上,所以在向 W 面投影时应投影到圆的右半侧。同理,因已知 M 点位于上半个圆柱面上,故其 H 面投影 m 也是可见的,因此不必加括弧,如图 3-3b)所示。

二、圆锥体

1. 圆锥体的形成

直母线绕一与它相交的轴回转一周即形成一圆锥面,母线与轴的交点即为锥顶,再加上底面则形成一圆锥体。如图 3-4a)所示,即为一轴线垂直于 H 面的圆锥体。它由圆锥面和底面围成,由于底面是平行于 H 面的圆,故其 H 面投影反映圆的实形,其 V 面、W 面投影分别积聚成线且平行于投影轴。

圆锥体投影的画法与圆柱体一样,也应画出其各个投影的外形轮廓线。在 V 面投影中,其外形轮廓线为最左最右两素线 SA 及 SB 的 V 面投影 s'a' 及 s'b';在 W 面投影中,其外形轮廓线则为最前最后两素线 SC 及 SD 的 W 面投影 s″c″ 及 s″d″;对圆锥投影来说,上述的外形轮廓线也是投影可见性的分界线。在 V 面投影中,SA 和 SB 两素线前的半个锥面上的点和线均属可见,而后半个锥面上的点和线则不可见;在 W 面投影中,SC 和 SD 两素线左边的半个锥面上的点和线均属可见,而右边半个锥面上的点和线则不可见;在 H 面投影中,整个锥面均为可见。

作图时可以先画出 H 面投影圆的投影,然后再画出 V 面和 W 面两投影,如图 3 - 4b)所示。

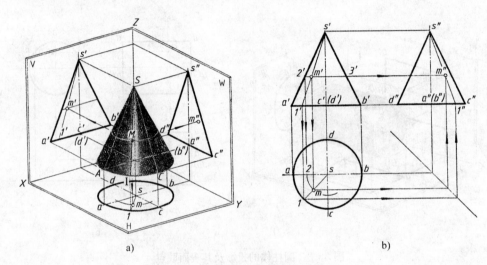

图 3 - 4　圆锥体的投影及其表面取点

2. 圆锥体表面上取点

锥面没有积聚性,故在圆锥体表面取点时可采用以下两种方法作出。

(1)辅助素线法

和棱锥的情况相仿,在圆锥上取点时,也可以加过锥顶的辅助线。此辅助线即圆锥面的素线,故称为辅助素线法。如图 3 - 4b)所示,设 M 点在圆锥面上,且其 V 面投影 m' 已知,欲求 m″ 及 m 时,可以先连 m's' 并把它延长到与锥底交于 1',则 SⅠ 即为过 M 点的锥面上的素线。作出 SⅠ 的 H 面、W 面两投影 s1 及 s″1″,再将 m' 进行投影即得 m 及 m″,如图 3 - 4b)所示。

(2)辅助圆法

凡回转体都能和一与轴线垂直的平面交于圆。因此,用平行于底面圆的平面来截切圆锥,即可在圆锥面上得到大大小小的一系列圆。根据这一原理,我们可以在圆锥面上过已知点 M 画一辅助圆。此辅助圆的 V 面、W 面两投影分别积聚成线,而其 H 面投影则为半径小于底圆的圆。作出此辅助圆的两投影,即可得出 m 和 m″。如图 3 - 4b)所示,辅助圆的直径为 2'3',在 H 面投影上以 s2 为半径画圆,即可由 m' 得出 m;然后由 m'm 得出 m″,如图

3-4b)所示。

应当注意圆锥体表面上的点和线的投影相对于投影面也有可见性。在图3-4中,点 M 位于圆锥的前半部和左半部,因此其 V 面、W 面投影 m' 及 m'' 可见,又因锥面的 H 面投影都可见,故 m 也可见。

三、球

1. 球的形成

球面的母线是圆,圆绕其直径回转一周即形成一球体。如图3-5a)所示,球体向 V 面、H 面、W 面分别作正投影,其三面投影是直径等大的三个圆。其中过球心的正平面与球所交得的大圆,即为球 V 面投影的外形轮廓线;过球心的水平面与球交得的大圆,即为球的 H 面投影的外形轮廓线;过球心的侧平面与球交得的大圆,即为球的 W 面投影的外形轮廓线。作图时只需画出这等大的三个圆,即得球的投影,如图3-5b)所示。

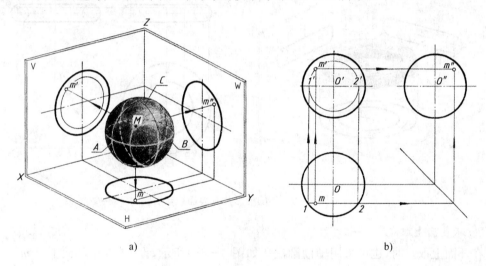

图3-5 球体的投影及其表面取点

2. 球表面取点

由于球面的母线是曲线,所以在其表面取点时,不能用辅助直线法而只能用辅助圆法求得。

如图3-5b)所示,设 M 为球面上的点,且其 H 面投影 m 为已知。欲求 m' 及 m'' 时,可以过 M 点在球面上画一平行于正面的圆,此圆的 H 面投影积聚在直线 12 上,W 面投影也积聚成线,但 V 面投影则是以 12 为直径的圆。将 m 投影到圆上得 m',再根据 m、m' 可得出 m''。

球表面在各投影面上也均有可见性。在图3-5中相对于 V 面来看,前半球上的点和线均属可见,后半球表面则不可见;相对于 H 面来看,上半球的点和线均属可见,下半球的表面则不可见;相对 W 面来看,左半球的点和线均属可见,右半球表面则不可见。由于 M 点的 H 面投影 m 可见,M 点必位于上半球上;因 M 点位于前半球,故 m' 可见。又因 M 点位于左半球,故 m'' 也可见。

四、环

1. 环的形成

环面的母线是圆,将母线围绕同一平面内但不相交的轴回转一周即形成环,环也是常见的回转体。在回转体表面上垂直于轴线的各个圆均称纬圆,其中最小的纬圆称喉圆,最大的纬圆称为赤道圆。

如图 3-6a)所示,在作环的 H 面投影时,除了须画出最大和最小的圆外,还应用点画线画出环母线圆心回转时形成轨迹的中心线圆。在圆环的 V 面和 W 面投影中,均应分别画出其最左、最右的素线圆及最前、最后素线圆的投影,并应加画上下两条投影的外形轮廓线,如图 3-6b)所示。

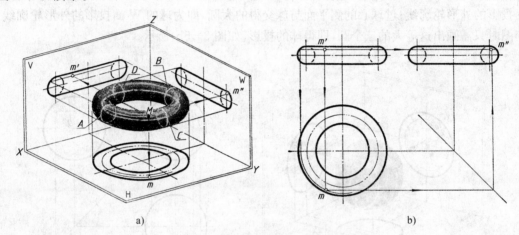

a)   b)

图 3-6　环的投影及其表面取点

2. 环表面上取点

在环面上取点时,也可采用辅助圆法。如图 3-6b)所示,设 M 点在环面上且 m' 已知,欲求 m 和 m'' 时,可以过 m' 在环面上作辅助纬圆,其 V 面投影和 W 面投影分别积聚成与回转轴垂直的直线,而 H 面投影则反映圆的实形。先画出此圆的 H 面投影,把 m' 投影到圆上得 m(在从 m' 投影时应同时考虑 m' 为可见的点)。然后,根据 m' 和 m 即可求得 m''。

需要注意的是,环和救生圈的形状一样,中间部分是空的。因此,相对于 V 面而言,只有前半环面的外侧部分表面是可见的。同理,相对于 W 面而言,只有其左半环面的外侧部分是可见的。相对于 H 面而言,则环内外侧的上半部表面均可见,而下半部表面则不可见。由于图中所给的 M 点位于环的上半部表面,故其 V 面投影 m 可见,又由于 M 点位于环前半部的外侧和左半部的外侧,故其 V 面、W 面投影 m'、m'' 也均可见,如图3-6b)所示。

五、回转体

回转体是由任一曲母线绕轴回转形成的回转面及两底面围成的立体,如图 3-7 所示。

作图时,在 V 面和 W 面投影中,分别画出最左、最右素线及最前、最后素线的投影,并加画上、下底的积聚性投影;在 H 面投影中,则只需画出上、下底圆的实形及其中心线即可。

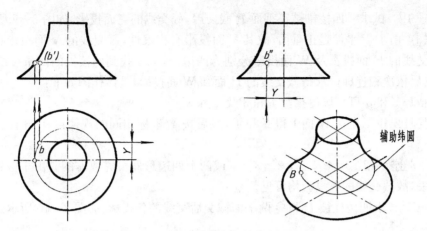

辅助纬圆

图3-7 回转体的投影及其表面取点

在回转体表面上取点时,也可采用辅助纬圆法,同时也应考虑可见性。其作法如图3-7所示,此处不再赘述。

§3-3 平面与立体相交

在平面与立体相交的情况下,用以截切立体的平面称为截平面。截平面与立体表面的交线则称为截交线,截交线所围成的图形称为断面图或简称断面,如图3-8所示。根据立体类型的不同,平面与立体相交可分为平面与平面立体相交、平面与曲面立体相交两大类。

一、平面与平面立体相交

平面立体是由各平面图形围成的。如用一平面与其截交,如图3-8所示,则所得截交线围成的图形必为一封闭的平面多边形。截交线可有两种求法:一种是依次求出平面立体各棱面与截平面的交线;另一种则是求出平面立体上各棱线与截平面的交点,然后依次相连。

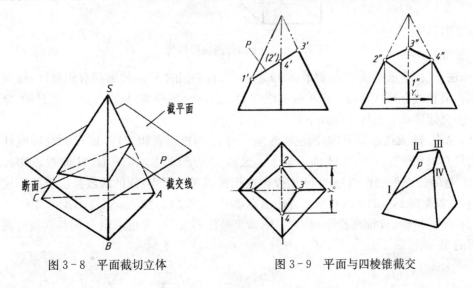

图3-8 平面截切立体   图3-9 平面与四棱锥截交

[例3-1]　试求一四棱锥被正垂面 P 截切后,截交线的三面投影,如图3-9所示。

[作法]　由于 P 平面是正垂面,故其 V 面投影有积聚性,截交线的 V 面投影也积聚在其上。截交线的 H 面投影及 W 面投影分别为四边形,只要找到四棱锥的四条棱线与 P 面的交点,然后依次相连即可求得截交线的 H 面和 W 面投影,具体作图如下:

(1)根据 $1'$ 和 $3'$ 可直接得投影 1 和 3 及 $1''$ 和 $3''$。

(2)根据 $2'$ 和 $4'$ 先在 W 面上得 $2''$ 和 $4''$,然后按 Y 坐标相同的规律可在 H 面投影中得 2 和 4。

(3)分别连 1,2,3,4 及 $1''$,$2''$,$3''$,$4''$ 成两个四边形即可完成作图。由于棱锥的顶部已假想切去,故截交线的各投影均可见。

[例3-2]　求四棱柱被 P 和 Q 两平面截交后交线的各投影,如图3-10所示。

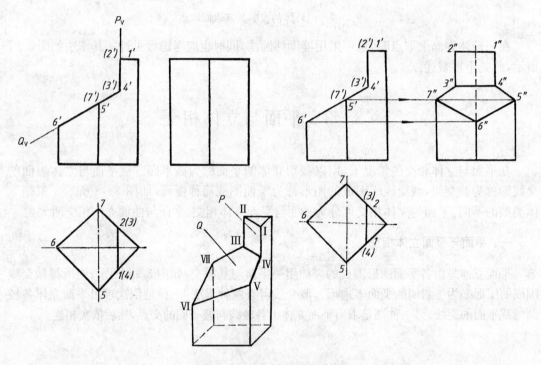

图3-10　平面与四棱柱截交

[作法]　由于截平面 P 是侧平面,Q 是正垂面,它们的 V 面投影都有积聚性,故截交线也分别积聚在线上形成切口。欲求截交线的 H 面、W 面的投影,只需分别求出 P 面、Q 面与四棱柱的交线即可。具体作图如下:

(1)先从 H 面投影着手,因四棱柱各棱面的 H 面投影有积聚性,故 Q 面与四棱柱截交线五边形必也积聚在棱柱的 H 面投影上。又因 P 为侧平面,其 V 面、H 面投影均有积聚性,故 P 与棱柱交得的四边形的 H 面投影也积聚成平行于 W 面的线段且应位于四棱柱棱面的范围内即 1,2,(3),(4),据此可作出点 1,(4),2,(3)和 $1'$,$(2')$,$(3)'$,$4'$。

(2)根据 V 面、H 面两投影,从 $1'$,$2'$,$3'$,$4'$ 及 1,2,3,4 可求出 P 面与四棱柱截交线四边形的 W 面投影 $1''$,$2''$,$3''$,$4''$。

（3）根据 5′，6′，7′及 5，6，7 可求得 W 面投影 5″，6″，7″，连接已求得的 3″和 4″即可得出 Q 面与四棱柱截交线五边形的 W 面投影。

（4）由于四棱柱被 P 和 Q 两平面截切后，切去部分已取走，故截交线的 H 面、W 面两投影均可见。

［例 3-3］ 求作带有四棱柱穿孔的六棱柱的各投影，如图 3-11 所示。

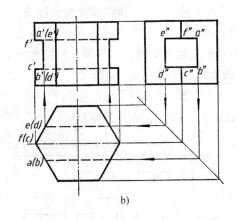

a)　　　　　　　　　　b)

图 3-11　穿孔六棱柱的投影

［作法］ 穿孔是由两水平面和两正平面组成的四棱柱孔，且棱线垂直于侧面，故截交线的 W 面投影必积聚成四边形，如图 3-11b)所示。

由于六棱柱的 H 面投影有积聚性，而穿孔两正平面的 H 面投影也有积聚性，故截交线的 H 面投影 $efa(b)(c)(d)$ 就积聚在六边形上，组成四棱柱孔的各截平面之间的交线均为侧垂线，H 面投影积聚在穿孔的两正平面的虚线上。因此，只需求截交线的 V 面投影。具体作图如下：

（1）求出组成穿孔的两正平面与六棱柱表面的截交线。左侧截交线的 V 面投影为 $a'b'c'd'e'f'$，且前后重合；右侧的截交线与左侧对称，两正平面在六棱柱内部的投影为虚线。

（2）由于六棱柱的左右最外侧棱线被孔穿通后，在穿孔范围内棱线 CF 段已不复存在，故在 c' 与 f' 之间的一段外轮廓线应当中断，右侧的情况与此相同。

（3）求出组成穿孔的两水平面与六棱柱表面的交线为 AFE 和 BCD，两水平面在六棱柱内部的投影为虚线，故它的 V 面投影中的两水平虚线既可看作穿孔上、下底面的投影，也可看作是穿孔两底面与两正平面的交线的投影。

归纳上述作图过程可知，带有切口或带有穿孔的几何体，都可以看作是求平面与立体截交线的问题。作图时应先分别求出组成切口或穿孔的各平面与立体表面的截交线，然后再求出组成切口或穿孔的各截平面间相互的交线，最后再判别其可见性即完成作图。

二、平面与曲面立体相交

平面与曲面立体相交，其截交线一般是封闭的平面曲线。特殊情况下可以是平面曲线与直线的组合或平面多边形。

1. 平面和圆柱相交

平面和圆柱相交其截交线有三种情况,如表3-1所示。

(1) 当截平面平行于柱轴时,截交线为矩形(与圆柱面交于两条素线);

(2) 当截平面垂直于柱轴时,截交线为圆;

(3) 当截平面倾斜于柱轴时,截交线为椭圆。

2. 平面和球相交

平面和球相交其截交线总是为圆。若用水平面 P 截球,则截交线的 V 面投影积聚成水平线,H 面投影则反映圆的实形,如表3-1所示。

如用垂直面截球,则其截交线的空间形状虽然仍是圆,但在 V 面、H 面两投影中,一个投影积聚成线,另一投影则成为椭圆,详见[例3-5]。

表3-1   平面与圆柱、球的截交线

截平面的位置	截平面与圆柱轴线平行	截平面与圆柱轴线倾斜
立体图和视图	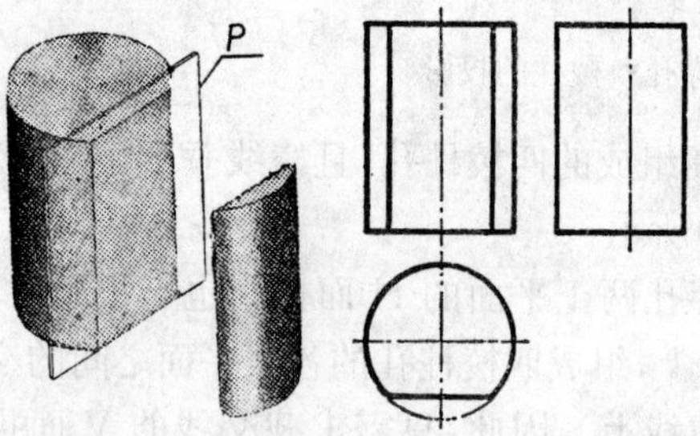	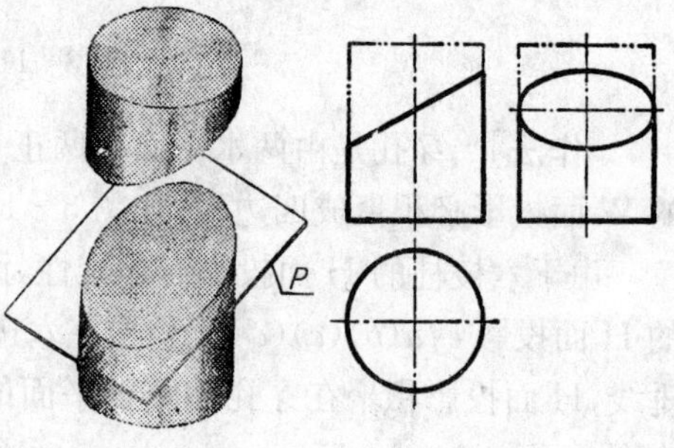
截交线	矩形(两条素线)	椭 圆

截平面的位置	截平面与圆柱轴线垂直	截平面截在球上任意位置
立体图和视图	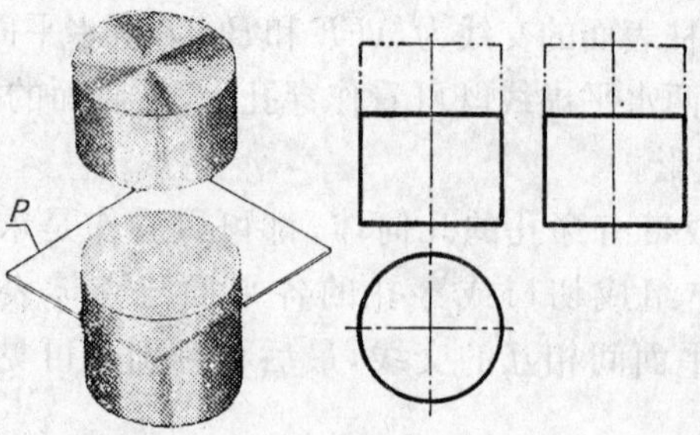	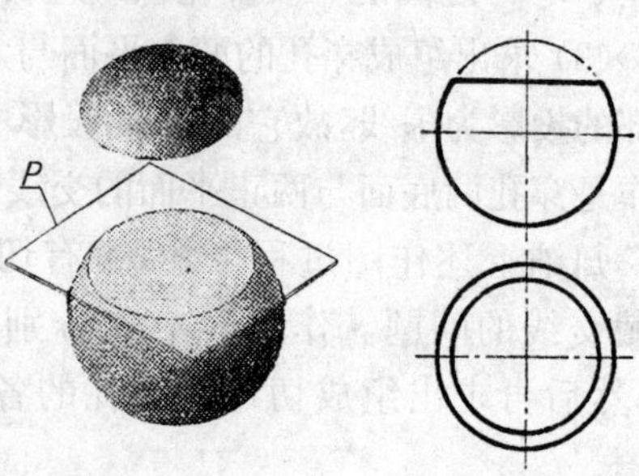
截交线	圆	圆

[例3-4] 求圆柱被正垂面P截切后截交线的三投影,如图3-12所示。

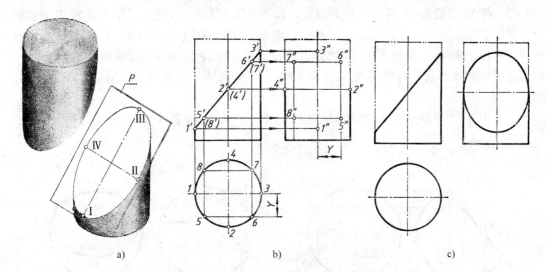

图3-12 平面和圆柱相交

[作法] 由于截平面P是正垂面,P_V有积聚性,故截交线的V面投影积聚在P_V上成为直线。又由于圆柱面的H面投影有积聚性,截交线的H面投影积聚在圆上,故三面投影中只有截交线的W面投影是需另求的。截交线在W面投影中应是一椭圆,此椭圆可以通过求出其上一系列的点而得出,具体作图如下:

(1) 应用立体表面取点的方法,从已知的两投影可求出第三投影。Ⅰ和Ⅲ是椭圆的长轴,与之垂直平分的Ⅱ和Ⅳ则为椭圆短轴,它等于圆柱的直径。椭圆的长短轴在W面投影中也分别成为椭圆投影的长短轴。需要注意的是长轴和短轴是由截平面的倾斜位置所决定的。

(2) 中间点的求法,可在截平面上任取一些点如5′和8′以及6′和7′。为使作图方便和清晰起见,可将5和6以及7和8在圆周上取成对称,然后根据两投影即可求出第三投影5″,6″,7″,8″。

(3) 依次连接相邻各点成光滑曲线,即得W面投影中的椭圆。由于圆柱被截切后顶部已取走,故截交线的椭圆投影全部可见,如图3-12c)所示。

[例3-5] 求球被正垂面P截切后截交线的各投影,如图3-13所示。

[作法] 球被正垂面截切后其截交线在空间为圆。在三面投影中,V面积聚成线,而H面及W面则投影成椭圆,可以作出其上一系列的点来绘出;椭圆的长轴必平行于该投影面,等于截交线圆的直径,短轴与长轴垂直。具体作图如下:

(1) 根据V面投影大圆上的点1′和5′可求出其H面投影1和5及W面投影1″和5″。再根据4′和6′以及2′和8′可分别找出位于H面投影和W面投影大圆上的点的投影4和6以及2和8,4″和6″以及2″和8″,如图3-13a)所示。

(2) 在H面投影中1和5为椭圆的短轴,长轴与之垂直平分应位于3和7处。欲求3和7两点可以先过1′和5′的中点定出3′和7′,然后过3′和7′作辅助圆即可在其H面投影上定出3和7两点的位置。根据H面投影中短轴端点1和5,长轴端点3和7及大圆上的点

4，6，2，8 等八点，即可作出椭圆，如图 3－13b)所示。

（3）在 W 面投影中，根据 3′和 7′以及 3 和 7 可作出 3″和 7″，则点 3″和 7″即为 W 面投影中椭圆的长轴端点。由于短轴端点 1″和 5″已求出，大圆上的点 4″，6″，2″，8″也已求出，则过此八点可作出椭圆，也如图 3－13b)所示。作投影椭圆时，若以上八点连接精度不够时，还可以利用辅助圆法再求一些中间点，如Ⅸ和Ⅹ点的 H 面和 W 面投影 9 和 10 以及 9″和 10″，如图 3－13b)所示。

（4）由于球被截切后顶部已取走，故其 H 面、W 面投影中的截交线均可见，如图 3－13b)所示。

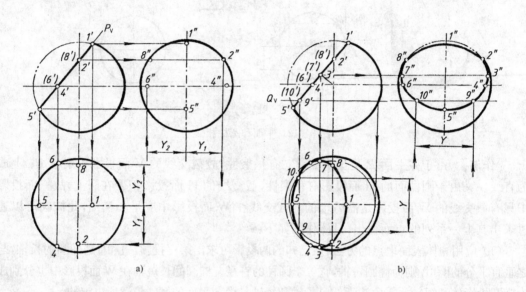

图 3－13　平面和球相交

3. 平面和圆锥相交

平面和圆锥相交其截交线有五种，见表 3－2 所示。

表 3－2　　　　　　　　平面与圆锥的交线

截平面的位置	截平面与圆锥轴线垂直	截平面过圆锥锥顶
立体图和视图		
截交线	圆	三角形（两条素线）

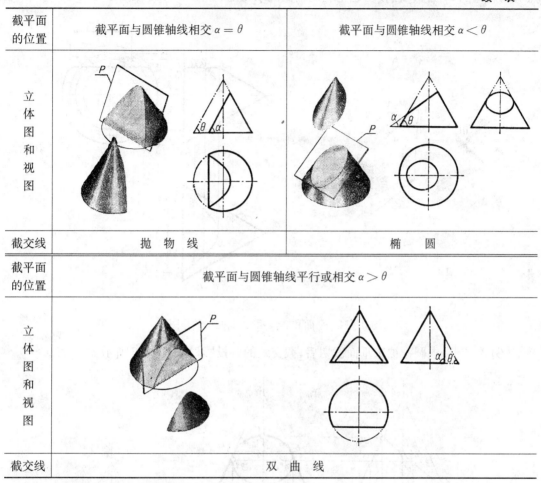

截平面的位置	截平面与圆锥轴线相交 $\alpha = \theta$	截平面与圆锥轴线相交 $\alpha < \theta$
立体图和视图		
截交线	抛　物　线	椭　圆

截平面的位置	截平面与圆锥轴线平行或相交 $\alpha > \theta$
立体图和视图	
截交线	双　曲　线

(1) 当截平面垂直锥轴时截交线为圆；

(2) 当截平面过锥顶时,则截交线为过锥顶之三角形(与圆锥面交于两条素线)；

(3) 当截平面倾斜于锥轴时,则根据 α 和 θ 角的大小(见表 3-2 所示)可分为以下三种：

1) 当 $\alpha = \theta$ 时为抛物线；

2) 当 $\alpha < \theta$ 时为椭圆；

3) 当 $\alpha > \theta$ 时为双曲线。

[例 3-6] 求圆锥被水平面 P 截切后截交线的两投影,如图 3-14 所示。

[作法] 根据表 3-2 进行分析,可知本例截交线应为双曲线。因双曲线位于水平面上,故其 V 面、W 面投影均积聚成线,只有反映双曲线实形的 H 面投影是需求的。具体作图如下：

(1) 圆锥素线上的点Ⅲ是双曲线的顶点,而位于锥底上的点Ⅰ和Ⅴ则为双曲线的最右点。3 可由 3′ 投影直接得出,1 和 5 则可根据 W 面投影中的 Y 坐标而得出。

(2) 欲求双曲线上的中间点,可在截平面的 V 面投影上任取中间点 2′ 和 4′,然后过 2′ 和 4′ 以 $a'b'$ 为直径作辅助圆,先求出 W 面投影中的点 2″ 及 4″,再求出 H 面投影中的点 2 及 4。

点Ⅵ和点Ⅶ的 H 面、W 面投影也是利用辅助圆求得的,如图 3－14b)所示。

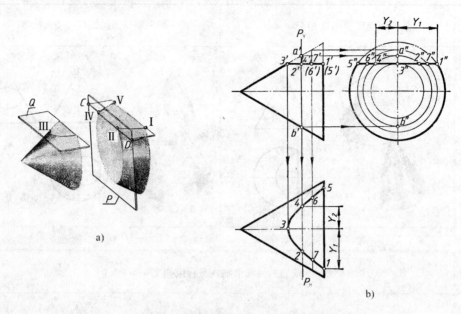

图 3－14 平面和圆锥相交(双曲线的作图)

[例3－7] 求圆锥被正垂面截切后,截交线的各投影,如图 3-15 所示。

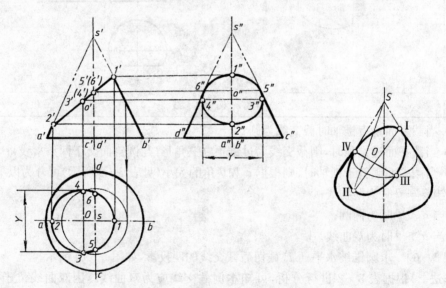

图 3-15 平面和圆锥相交(椭圆的作图)

[作法] 根据表 3-2 进行分析,可知本例的截交线应为椭圆。椭圆的 V 面投影积聚成线,反映空间椭圆长轴长度,短轴积聚在长轴中点上,而其 H 面、W 面投影仍为椭圆,只需找出椭圆上一系列的点即可完成作图。作图时除椭圆的长短轴外,还应求出圆锥各投影中外形轮廓线上的点,具体作图如下:

（1）过圆锥 V 面投影外形轮廓线上的点 1′和 2′向 H 面、W 面投影，分别得到在 H 面上椭圆的长轴 1 和 2 以及在 W 面上椭圆的短轴 1″和 2″。

（2）过 1′和 2′的中点 3′和 4′用辅助圆法可求得 H 面投影椭圆的短轴 3 和 4 以及 W 面投影椭圆的长轴 3″和 4″。

（3）点 V 和 VI 的 W 面投影 5″和 6″位于圆锥 W 面投影的外形轮廓线上。根据 5″和 6″的 Y 坐标可求出 H 面投影 5 和 6。

（4）顺次连接以上六点，则得 H 面、W 面上椭圆的投影，如图 3-15 所示。为提高精度还可利用辅助圆法增求一些中间点。

三、截交线在工程上的应用示例

机器零件的表面上常有各种交线，其中截交线是常见的交线类型之一，现举例分析说明如下。

[例 3-8]　分析并作出冲模切刀头部的截交线，如图 3-16 所示。

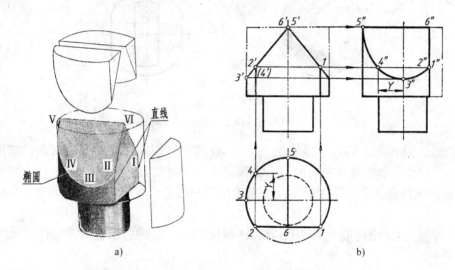

图 3-16　冲模切刀头部截交线的画法

[作法]　如图 3-16a)所示，冲模切刀的头部可看作圆柱被三个平面截切而成。其中两个为正垂面，分别在圆柱面上截交出部分椭圆；另一截平面则为正平面，它与圆柱面的截交线为两条素线。分别作出这些截交线即可完成切刀头部的投影，具体作图如下：

（1）左右两正垂面与圆柱交于部分椭圆，它们的 V 面投影积聚成线，H 面投影积聚于圆上，只有 W 面投影是需求的。因此，用圆柱表面取点的方法作出此椭圆。应该注意的是 W 面的椭圆前部只能画到截切的正平面的 W 面投影为止，其余部分已被正平面切去。

（2）求正平面与圆柱面截交所得素线的投影，它们的 H 面投影积聚在该正平面的 H 面投影上，W 面投影积聚在该正平面的 W 面投影上，只需在 V 面投影中分别过 1′及 2′作出此两素线即可。

（3）在分别求得各截平面与圆柱的交线后，还应求出各截平面间交线的投影。由于两正垂面的交线为正垂线Ⅴ和Ⅵ，故在H面和W面投影中，分别为过点5及5″的直线5和6以及5″和6″，而正平截面与正垂截面的交线则分别为正平线Ⅰ和Ⅵ以及Ⅱ和Ⅵ，故其H面、W面投影与截平面积聚不需另画，如图3-16b)所示。

[例3-9] 分析并作出球阀阀芯的截交线，如图3-17所示。

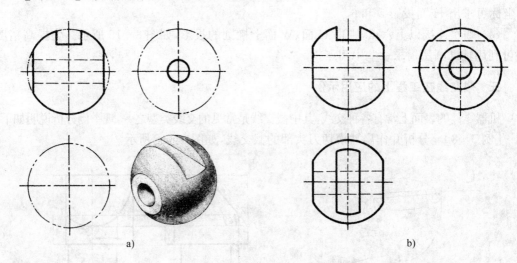

a)   b)

图3-17 球阀阀芯上截交线的画法

[作法] 球阀阀芯的基本形体是一个球，在其上经切割开孔即形成阀芯。其形体分析如图3-17a)所示。球被左右两侧平面截交并在此两截面上加工一通孔，再在球的顶端加工一槽即成球阀阀芯。作图时只需分别求出这些截平面与球的截交线即可。具体作图如下：

（1）球被左右两侧平面所截，其V面、H面投影分别积聚成线，而其W面投影则反映截交线圆的实形。

（2）在两侧平面间开一圆柱孔，因圆柱孔的轴线垂直W面，故W面投影积聚成圆；V面、H面投影因不可见，故分别画成虚线。

（3）顶端槽又由两侧平面和一水平面组成，在V面投影中三个平面积聚成槽形，而在H面、W面投影中则应分别画出此三平面与球截交线相应的投影。

在H面投影中，两侧平面的H面投影均积聚成线，而槽底水平面的H面投影则反映一段截交线圆弧的实形。

在W面投影中，两侧平面与球截交所得的圆弧反映实形，而槽底的水平面则积聚成线，中间一段不可见故画成虚线，如图3-17b)所示。

[例3-10] 分析并作出一联轴节接头的截交线，如图3-18所示。

[作法] 如图3-18所示，此联轴节接头表面系由圆柱、圆锥和球等回转体所组成，并经平面截切与穿孔而形成。其中圆柱部分表面未被截交，其余的圆锥和球表面则经平面截交而产生截交线，其具体作图如下：

（1）根据水平投影可知，参与截交的平面共有五个，其中两个为铅垂面，两个为正平面，

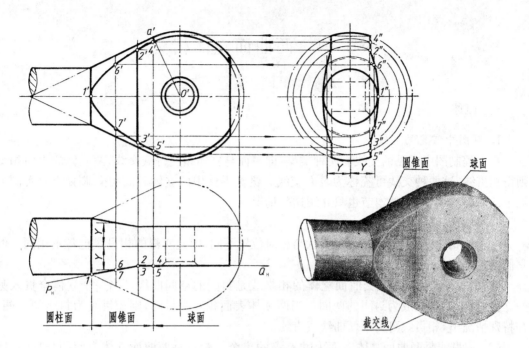

图 3-18 联轴节接头上截交线的分析和画法

另一个则为侧平面。只需分别求出这些平面与组合回转体上各相应表面的交线，即可完成截交线的作图。

（2）由表 3-2 可知圆锥表面被铅垂面 P 截交时，因 $\alpha>\theta$ 故截交线应为双曲线。在 V 面投影中双曲线的顶点 $1'$ 可由 H 面投影中 P_H 与圆锥外形素线的交点 1 投影而得；双曲线最右的端点则应为点 $2'$ 与 $3'$。点 $2'$ 与 $3'$ 的作图可通过辅助圆的方法求得，即在 H 面投影中 P_H 与 Q_H 的交点 2 和 3 处作辅助侧平面在锥面上截得纬圆，此圆的侧面投影反映实形并用细实线画出，然后用两正平面间的 Y 坐标在侧面的纬圆上截取，即可得点 $2''$ 和 $3''$，由 $2''$ 和 $3''$ 向 V 面投影即可求得点 $2'$ 与 $3'$，此两点也即铅垂面 P 与圆锥截交线双曲线的两最右端点。

（3）正平面 Q 和组合回转体中的部分锥面和球面均相交。根据表 3-2 可知 Q 面和锥面的交线也是双曲线。此段双曲线与 P 面所截得的双曲线相邻，故点 Ⅱ 及 Ⅲ 即为结合点。在 V 面投影中 $2'$ 和 $3'$ 为此段双曲线最左的两端点，而 $4'$ 和 $5'$ 则为最右的两端点。点 $4'$ 和 $5'$ 的求法和上述的点 $2'$ 和 $3'$ 一样，即通过作纬圆并借助于侧面投影先求得 $4''$ 和 $5''$，再投影到 V 面得点 $4'$ 和 $5'$。

（4）正平面 Q 和球面截交得圆弧，其 V 面投影反映圆弧实形。此段圆弧左面与点 $4'$ 和 $5'$ 相连，右面则画到侧平面的 V 面投影为止。

（5）W 面投影中，连点的次序和 V 面投影完全一样，两正平面的 W 面投影积聚成线，不可见部分画成虚线。侧平面截球的交线为圆弧，其 W 面投影不可见，也画成虚线。

（6）H 面投影中，因五个截面均有积聚性，故截交线分别积聚在它们的迹线上，不需另求截交线的投影，具体作图如图 3-18 所示。

§3-4 两曲面立体相交

一、概述

1. 制图中常见的交线

在工程制图中常见的交线有两种类型:即平面与立体相交得截交线,两立体的表面相交则得相贯线,这两种交线可统称为表面交线。机械零件中两立体表面相交求交线的实例多见于两曲面立体相交,故本节也只介绍这一情况。

2. 相贯线的形成

由于两相交曲面立体的大小、形状与相对位置不同,因此所得的相贯线也各不相同。但它们通常都有如下的基本性质。

(1)一般情况下,两相交曲面立体的相贯线是封闭的空间曲线。当一个立体全贯入另一立体时,则相贯线成为封闭的两圈。当两立体表面相互交贯时,则相贯线为封闭的一圈。在特殊情况下,相贯线可为平面曲线或直线。

(2)相贯线是两曲面立体表面上共有点的集合。它也是两曲面立体表面的分界线,所以绘出相贯线即可区分出两立体的表面。

(3)若相贯的是两回转体,它们的轴线相交、且公切于一球面时,则相贯线必为平面曲线。

(4)回转体与球相交,且该回转体的轴线通过球心时,则相贯线必为与回转轴线垂直的圆。

3. 相贯线的求法

求相贯线的关键在于求出两相贯体表面上一系列的共有点,然后连点成线并判别其可见性。

(1)共有点的求法

1)一般情况下,采用辅助面法作出相贯线上一系列的点。

2)当两相贯体之一的表面有积聚性时,也可用在立体表面取点的方法求出相贯线上一系列的点。

(2)连点的原则

在立体表面上相邻两素线上的点可连,且应连成圆滑曲线。

(3)可见性判别

由于立体表面相对于投影面有其可见性,因此,相贯线的投影也有可见性。可见性的判别原则为:只有当某一段相贯线同时位于两立体投影的可见表面上时,此段相贯线才是可见的,否则就不可见。

下面举例分析一些常见相贯线的画法。

二、两圆柱相交

1. 辅助面法求交点的原理

两圆柱相交在其表面形成的相贯线,一般仍为空间曲线。欲求此曲线上一系列的点,可采用辅助平面法求得。如图3-19所示,图a)为两相贯体的立体图,图b)、图c)则介绍了辅助面法的原理。如用一平行于两柱轴线的平面作为辅助面与两柱同时相交,如图3-19b)所示,则此辅助面与水平圆柱交得两条素线Ⅰ-Ⅰ及Ⅱ-Ⅱ;而与直立的圆柱交得两素线Ⅲ-Ⅲ及Ⅳ-Ⅳ。由于Ⅰ-Ⅰ,Ⅱ-Ⅱ,Ⅲ-Ⅲ,Ⅳ-Ⅳ位于同一辅助面内,故它们必两两相交于4个点。此4点为辅助面、直立圆柱面与水平圆柱面三面所共有。因此,它们必为两相交圆柱表面上的共有点,即为相贯线上的点。若作更多的辅助面,如图3-19c)所示,则可得到相贯线上更多的点。

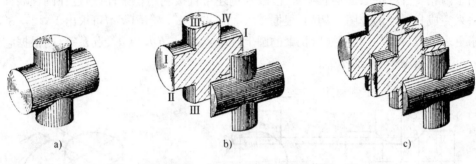

图3-19 用辅助面法求交点的作图

2. 辅助面的选择

由图3-19可见,相贯线上一系列的点,是由一系列辅助面分别与两立体截交后的交点。因此,辅助面的选择原则应使所作的辅助面与两相交立体所得截交线的作图为最方便,如直线或圆。

3. 求圆柱的相贯线

求两轴线相交的圆柱相贯线,如图3-20所示。

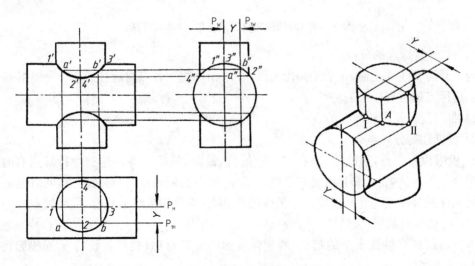

图3-20 两圆柱相贯线的作图一(辅助平面法)

(1)用辅助平面法求相贯线

由于所给两圆柱的H面和W面投影均分别有积聚性,因此,相贯线的H面与W面投影分别积聚在圆上,不需另求。欲求 V 面投影中相贯线的投影,可以利用辅助平面法。

如图 3-20 所示,过两圆柱轴线作正平面 P,则它与两圆柱分别交得在 V 面投影中成为外形轮廓线的四条素线,素线的交点 I 和 III 即为所求的两个点。如在偏离中心 Y 处,再作一辅助面 P_1,则又可得四条素线。它们的交点 A 和 B 即为所求的另两个点,依次类推可求得一系列的点而完成作图。

（2）用积聚性法求相贯线

由于两相交圆柱的表面均有积聚性,故本例还可直接利用积聚性、通过在圆柱表面取点的方法来完成相贯线的作图。例如,根据 1,2,3,4 及 $1''$,$2''$,$3''$,$4''$ 可求出 $1'$,$2'$,$3'$,$4'$。如欲求更多的点,可以在相贯线所积聚的圆上任取点 a、点 b 及点 a''、点 b'' 等,则根据它们可求出 a' 和 b',如图 3-21 所示。

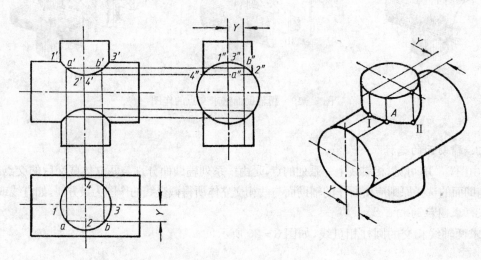

图 3-21　两圆柱相贯线的作图二(积聚性法)

（3）特殊点的分析

为了弄清交线的走向,正确地画出交线,在求相贯线上各点时应注意求出一些特殊位置的点。这种点通常有以下三种:

1）曲面投影外形轮廓上的点;

2）可见性的分界点;

3）极限位置的点,如最左、最右、最高、最低、最前、最后点等。这三种特殊点有时可能相互重合。如本例中,I 和 III 既是相贯线上最左、最右的极限点,也是最高点,同时也是 V 面投影可见性的分界点。II 和 IV 则是相贯线的最低点,也是相贯线上最前、最后的点。

（4）可见性的判别

本例因属圆柱轴线正交的相贯,两立体表面的位置对称,故相贯线的 V 面投影前后重合,均为可见。

（5）对两轴线正交圆柱相贯线的进一步分析

1）由图 3-21 可知,轴线正交的两相交圆柱,其相贯线投影所形成的曲线必由小圆柱凹向大圆柱。

2) 由图3-22a)可知,因水平圆柱小于直立圆柱,故相贯线应凹向大圆柱。设想如果直立大圆柱的直径不变,但逐步放大水平圆柱的直径,则相贯线的下凹点将逐步接近大圆柱轴线。如果再放大使水平圆柱与直立圆柱的直径相等,即成了等径相贯的情况。此时,相贯线由空间曲线蜕化为两椭圆;相贯线的V面投影积聚成两直线。这就是两曲面立体同时与一公共球相切时交线成为平面曲线的情况,如图3-22b)所示。

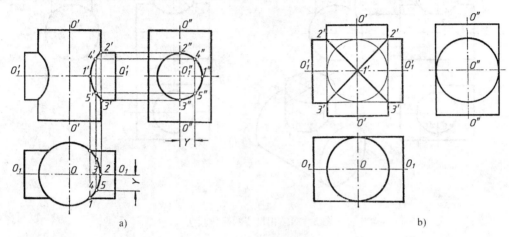

图3-22 直径变化对正交圆柱相贯线的影响

3) 两轴线正交的圆柱的相贯线,根据其表面的情况又可分三种情况。

第一种如图3-23a)所示,是两立体的外表面相交。

第二种如图3-23b)所示,设想把直立圆柱抽去,相当于在水平圆柱上钻孔的情况,此时是水平圆柱的外表面与孔(直立圆柱)的内表面相交。

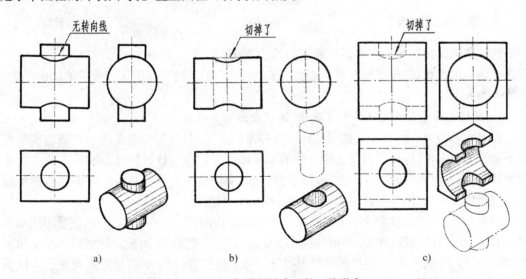

图3-23 两相贯圆柱表面的三种形式

第三种如图3-23c)所示,在四棱柱内开两个孔,一为水平圆柱孔,一为直立圆柱孔,则在它们的内壁上也有相贯线,这就是两圆柱孔内表面的相交。

4）相贯线的近似画法，由于两轴线正交的圆柱相贯是工程上最常见、最典型的一种相贯，为了作图方便起见，可采用简化画法求出三点连成曲线即可，如图3-24a)所示。也可更简单地以大圆柱半径作圆弧代替相贯线，如图3-24b)所示。

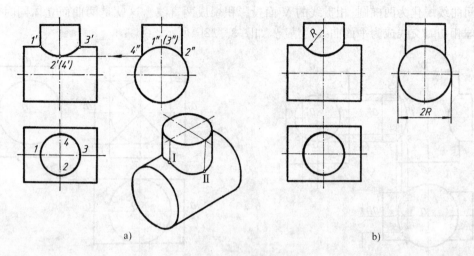

图3-24 相贯线的简化画法

5）过渡线的画法，机械制图中铸件或锻件的两表面相交处常用小圆角过渡，因此相贯线就不那么明显，此时的表面交线称作过渡线。过渡线只画到两立体表面理论相交处为止，如图3-25所示。

三、圆柱和圆锥相交

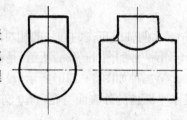

图3-25 过渡线的画法

圆柱和圆锥相交与上述两圆柱相交的情况相仿，求相贯线可分为求共有点、连点和判别可见性三步。而求点的关键又在于选择合适的辅助平面，具体作图如下。

1. 用投影面平行面为辅助面求圆锥、圆柱表面的共有点

如图3-26a)所示，因相交的圆柱和圆锥都是回转体，故首先考虑采用与它们轴线垂直的平面为辅助面，这样可得到截交线为圆的简单图形。但在与柱锥轴线分别垂直的两类平面中，只有水平面是可取的，因它交圆锥于圆，同时交圆柱于素线。而与柱轴垂直的侧平面虽然与圆柱交于圆，但与圆锥却交于双曲线，因而不可取。

图3-26a)中的立体图说明了采用水平面为辅助面的情况。图3-26b)则说明了用辅助面法求交点的作图过程，即 P_1 平面与圆柱交于两素线，它们的 W 面投影分别积聚在 a'' 和 b'' 处，根据坐标 Y_1 值可在 H 面投影中得出素线 a 和 b 的位置。P_1 平面与圆锥则交于半径为 R_1 的圆，其 H 面投影反映圆的实形。在 H 面投影中，素线与圆的交点 1，2，3，4 即为相贯线上四点的 H 面投影。它们的 V 面投影必位于 P_{1V} 上，W 面投影必积聚在圆上 a'' 和 b'' 处；同理，可求出其他的点。

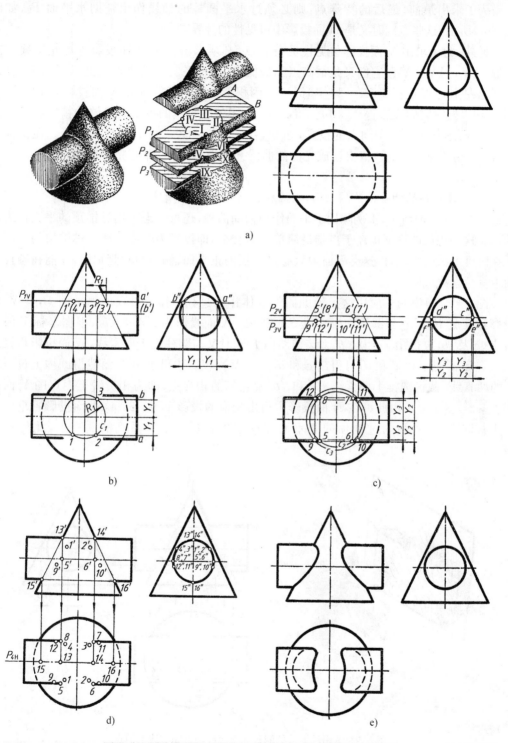

图 3-26 用投影面平行面作辅助面,求柱锥相贯线上的点

为了求出最前、最后的特殊点,则必须过水平圆柱的轴线作出辅助水平面 P_2,如图 3-26c)所示,这些点同时又是 H 面投影中可见性的分界点。

另外,为了求出 V 面投影可见性的分界点,必须求出位于 V 面投影外形轮廓线上的点 XIII,XIV,XV,XVI,它们又是最高点和最低点,过水平圆柱轴线作辅助正平面 P_4 可以求得这些点。W 面投影 13″,14″,15″,16″因积聚在圆上不需另求,V 面投影为 13′,14′,15′,16′,再由它们投影得 13,14,15,16。为了使相贯线的投影有足够的精度还可如图 3-26c)所示作出一些中间点的投影,如 9′,10′,11′,12′,9,10,11,12 等。在得到相贯线上一系列的点以后,依次连成光滑的曲线并考虑可见性,即可完成作图,如图3-26e)所示。

2. 用过锥顶的侧垂面为辅助面,求圆柱、圆锥表面的共有点

如图 3-27a)所示,本例除用水平面作为辅助面外,还可考虑采用过锥顶的平面作为辅助面。这一想法的依据仍在于得到最简单的截交线,即投影为圆或直线。过锥顶的平面均可在圆锥上截得素线,但这类平面中只有过锥顶的正平面、侧平面和侧垂面,才能在圆柱表面上截得素线或圆。

图 3-27b)说明了应用这类辅助面的具体作图过程。作过锥顶的侧垂面 P,其 W 面投影积聚成 P_W。它与圆锥交于素线 SA 和 SB,W 面投影为 $s''a''$ 及 $s''b''$,根据坐标 Y 值可得出 sa 及 sb,再得出 $s'a'$ 及 $s'b'$。该辅助面 P 同时又与圆柱交于两素线,W 面投影积聚在圆上 c'' 和 d'' 处。由 c'' 和 d'' 可得出 c' 和 d'。在 V 面投影中可画出 P 面截得圆柱上过 c' 和 d' 的两素线,截得圆锥上两素线 $s'a'$ 和 $s'd'$ 及它们的相交点,即为相贯线上四点的 V 面投影 1′,2′,3′,4′。由此可在 H 面投影中得出相应的投影 1,2,3,4,W 面投影则重合于圆上。同理,作一系列过锥顶的侧垂面即可求出相贯线上一系列的共有点,此处不再赘述。

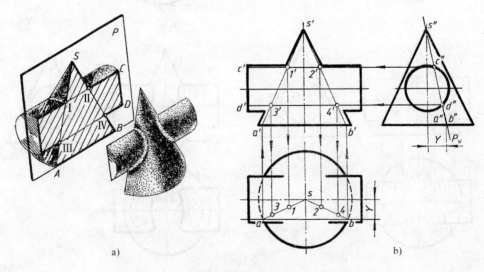

图 3-27 用过锥顶的侧垂面求圆柱圆锥相贯线上的点

应注意的是为了求出相贯线上的特殊点,有三个过锥顶的平面是必须作的,第一个

是过锥顶的正平面,由它可以求出 V 面投影中圆柱、圆锥外形轮廓线上的点;第二个平面是在 W 面投影中过锥顶与圆相切的侧垂面,由此可求出相贯线投影的极限点;第三个则是 W 面投影中过锥顶及圆的水平直径两端点处的侧垂面,由此可得出 H 面投影中圆柱、圆锥相贯线上可见性的分界点。读者可自行完成全部作图。

四、相贯线在工程上的应用举例

机器零件上除截交线外还常遇到相贯线的作图。现举例分析说明如下:

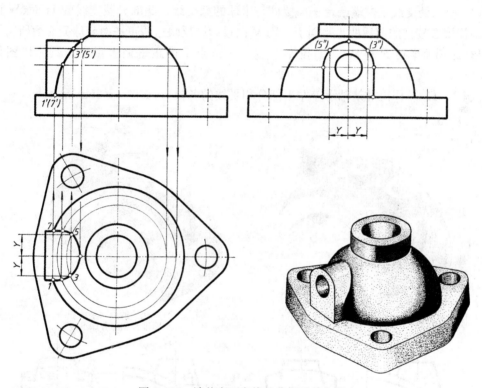

图 3-28 端盖表面交线的分析及其作图

[**例 3-11**] 分析端盖零件中表面交线的性质及其求法,如图 3-28 所示。
[**作法**]

(1) 分析端盖的形体可将其分解成四个基本形体,其顶部为一空心圆柱,轴线为铅垂线。中间部分为一半球,球心位于柱轴上。半球左端为一由半圆柱和棱柱组成的凸台,半球下部则为一有三穿孔凸耳的柱形底板。通过上述分析,可知在端盖上存在三处交线,下面逐个分析其特性和画法。

(2) 第一处相贯线是顶端的圆柱和球相贯。由于球心位于柱轴上,因此相贯线为圆。圆所在平面垂直于柱轴,故 V 面投影和 W 面投影分别积聚成水平线,而 H 面投影则积聚在圆柱投影所成的圆上。

(3) 第二处为左端凸台上部半圆柱与半球的相贯线。此部分相贯线的 W 面投影积聚在半圆柱的投影上,而 V 面投影及 H 面投影均应通过作辅助平面、求一系列共有点而得出。

根据这两立体的表面性质可采用投影面平行面即正平面、水平面或侧平面作为辅助面,使两立体表面均得出最简单的截交线,而使作图最方便。

如图3-28所示,图中采用水平面为辅助面,它与球的截交线为圆,在H面投影中反映圆的实形。它与凸台半圆柱面交于两素线,它们的侧面投影积聚在3″及5″处,根据Y坐标在H面投影中可得到过3和5点处的两条素线,两素线与圆的相交处即可得到点3和点5。它们是凸台半圆柱和半球相贯线上点Ⅲ及Ⅴ的H面投影,并由此可得出其V面投影3′及5′。

(4)第三处交线是左端凸台下部棱柱与半球的截交线。此部分截交线的H面、W面投影分别积聚在棱柱的前后两正平面上。而V面投影则反映这两正平面与球截交后所得圆弧的实形,此圆弧半径R可从H面投影中过点1或点7的正平面上量得。具体作图如图3-28所示。

[例3-12] 作出滑动轴承盖左半部分相贯线的各投影,如图3-29c)所示。

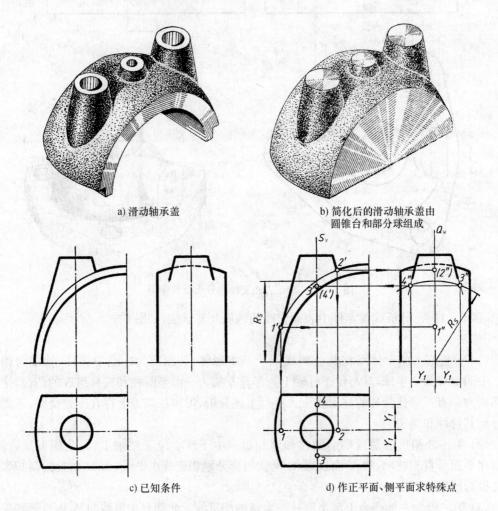

a) 滑动轴承盖

b) 简化后的滑动轴承盖由
圆锥台和部分球组成

c) 已知条件

d) 作正平面、侧平面求特殊点

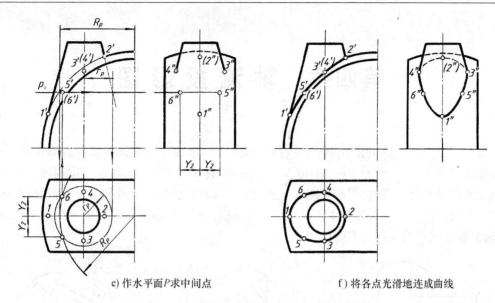

e) 作水平面P求中间点   f) 将各点光滑地连成曲线

图 3-29 滑动轴承盖上相贯线的分析及其画法

[作法]

(1) 滑动轴承盖是常见的机械零件之一,图 3-29a)是它的立体图;图 3-29b)是对其简化仅保持外形而去掉各孔后用作几何分析的立体图;图 3-29c)是简化后左半部分的投影图,但未作出相贯线。从形体分析可知,它由两个几何体组成。一个是锥台,另一个是经前后两正平面截切后的 1/4 球。在图 3-29c)中前后两正平面截切球所得圆弧的实形,已在 V 面投影中作出,此圆弧的 H 面、W 面投影均分别积聚在前后正平面上,故剩下需求的只是锥台与球表面相贯线的三面投影。

(2) 选择合适的辅助面,求相贯线上一系列点。在投影面平行面中,正平面只能作一个,即通过圆柱轴线的 Q 平面,并由此可得出 V 面投影中锥台和球外形轮廓线上的点 $1'$ 和 $2'$。然后,由 $1'$ 和 $2'$ 可得出 1 和 2 以及 $1''$ 和 $2''$。其他正平面均不能作辅助面,因在锥台上截出的是双曲线。侧平面也只能作一个,即位于锥台轴线处的 S 平面,并由此可得出相贯线 W 面投影中可见性的分界点 $3''$ 和 $4''$。具体作图方法如图 3-29d)所示,此侧平面 S 截锥台于最前、最后两素线,即 W 面投影中锥台的外形轮廓线。此平面 S 截球于半径为 R_S 的一圆弧,并在 W 面投影中反映实形。W 面投影中 R_S 的弧与锥台外形轮廓线的交点 $3''$ 和 $4''$ 即为所求相贯线上点的 W 面投影。由点 $3''$ 和 $4''$ 可求出 3 和 4 以及 $3'$ 和 $4'$。

在相贯线的最高点 Ⅱ 和最低点 Ⅰ 的范围内,再作一系列的水平面即可求得相贯线上一系列的中间点。它们与锥台截得圆,与圆球也截得圆,具体作图如图 3-29e)所示。

(3) 在求得相贯线上一系列的点后,即可连成圆滑曲线,同时应考虑可见性。因 V 面投影中锥台的前后部分重合,故相贯线均可见。H 面投影中两立体的表面均可见,故相贯线的投影也可见。但 W 面投影中锥台右半侧表面上的相贯线不可见,故应连成虚线。全部完成后的投影如图 3-29f)所示。

将图 3-29f)中已完成的相贯线的投影和图 3-29a)中的实体对照,读者可以进一步理解相贯线在工程上的应用价值。

第四章　轴测投影图

图 4-1a)是一立体的正投影图,它可以准确、完整地表达出立体各部分的形状和大小,而且作图很方便,因而作为工程图样被广泛使用,但它缺乏立体感。图 4-1b)和图 4-1c)则是该立体的轴测投影图,它们的立体感较强,但由于绘图比较复杂,故除了少数情况(如采暖通风等直接用作生产图纸)外,主要是用作工程辅助图样。但随着计算机绘图技术的快速发展,轴测投影图将会发挥更多的作用。

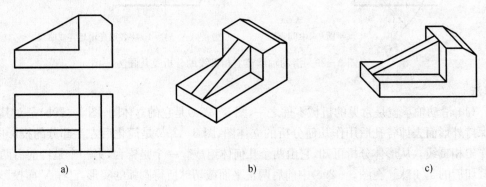

a)　　　　　　　　　　b)　　　　　　　　　　c)

图 4-1　同一立体的正投影图和轴测投影图

§4-1　轴测投影图的基本知识

一、轴测投影图的形成和分类

在前述的三面正投影图中,立体的大部分表面对投影面是处于平行或垂直的特殊位置,因此,每一个正投影图只能反映立体上两个方向的坐标尺寸,缺乏立体感。

若改变立体对投影面的相对位置,或改变投射方向,使立体的坐标轴与投射方向不再平行,就可以使立体上三个坐标方向的表面形状都同时反映在该投影面上,从而获得立体感。这种将物体连同其坐标系,沿不平行于任一坐标面的方向,用平行投影法将其投射到单一的投影面上,所得的图形称为轴测投影图,简称为轴测图。

画轴测图时将物体投射到其上的平面称为轴测投影面。由于投射方向对轴测投影面所构成的角度不同,轴测图有正轴测图和斜轴测图之分。当投射方向与轴测投影面垂直时,所得的图称为正轴测图,最常用的是正等轴测图,简称正等测,如图 4-1b)所示;当投射方向与轴测投影面倾斜时,所得的图称为斜轴测图,最常用的是斜二等轴测图,简称斜二测,如图4-1c)所示。如图4-2所示,空间物体坐标轴O_0X_0,O_0Y_0,O_0Z_0的轴测投影称为轴测轴OX,OY,OZ;轴测轴之间的夹角称为轴间角。空间坐标轴的轴测投影短于(等于)其实长,轴测轴上的单位长度与空间坐标轴上的单位长度之比称为轴向变形系数,如$p = \dfrac{OA}{O_0A_0}$,$q = \dfrac{OB}{O_0B_0}$,$r = \dfrac{OC}{O_0C_0}$。

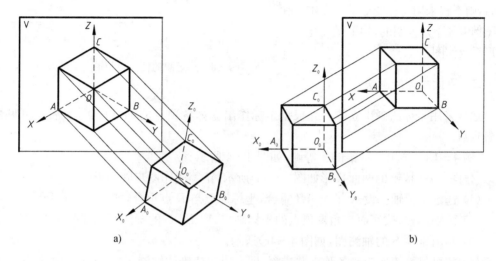

图4-2　轴测投影图的形成

二、轴测投影图的基本性质

轴测投影图具有平行投影的一切性质,因此:

(1)立体上互相平行的线段在轴测图中依然保持平行。

(2)凡与坐标轴平行的线段,其轴测投影的变形系数与该坐标轴的轴向变形系数相同。

(3)凡与坐标轴平行的线段均可测量,即轴向线段尺寸可以直接测得,"轴测"的名称即由此而来。反之,非轴向线段尺寸因变形系数千变万化,不可直接测量。

§4-2　正等轴测图

一、轴间角和轴向变形系数

如图4-2a)所示,以三投影面体系中的正面作为轴测投影面,将正放的立体先绕Z轴旋转$45°$,再绕X轴旋转$35°16'$,然后将立体向轴测投影面作正投影,所得的图就是正等轴测图,即正等测。

此时,如图4-3所示,立体上的三根坐标轴与轴测投影面均倾斜成相同的角度,故轴间角均为$120°$,Z轴处于铅垂方向,X轴和Y轴与水平方向成$30°$,可借助丁字尺和$30°—60°$的三角板方便地作图。三个轴向变形系数均相等,即$p = q = r = 0.82$。为了简化,常采用

简化变形系数即 $p=q=r=1$ 作图,相当于将立体放大了 $\dfrac{1}{0.82}=1.22$ 倍。但当正投影图与轴测投影图布置在一起且视觉上要求大小协调时,则不宜采用简化变形系数。本章图例中凡不加说明的,均采用简化变形系数作图。

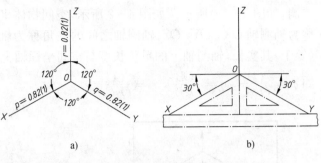

图 4-3 正等测的轴间角与轴向变形系数

二、平面立体的画法

通常采用坐标法画出立体。先根据坐标作出立体各顶点的轴测投影,然后按可见性连接各顶点。

[例 4-1] 画出三棱锥的正等测,如图 4-4 所示。

[作图] 三棱锥的两面投影如图 4-4a)所示,正等测作图步骤如下:

(1) 选定坐标轴。设 X 轴与 AB 重合,坐标原点与 B 点重合,如图 4-4a)所示。

(2) 画轴测轴,按底面三角形顶点的坐标画出 A,B,C 的轴测图,如图 4-4b)所示。

(3) 画出锥顶 S 的轴测图,如图 4-4c)所示。

(4) 按可见性依次连接各顶点并描深,即完成三棱锥的轴测图,如图 4-4d)所示。本图中为增强立体感,故用虚线画出了不可见线段。

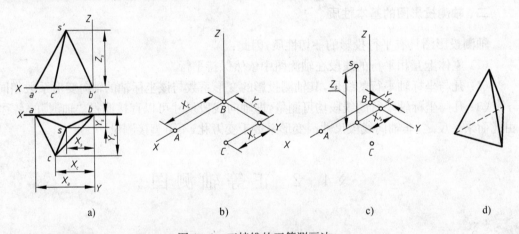

图 4-4 三棱锥的正等测画法

[例 4-2] 画出六棱柱的正等测,如图 4-5 所示。

[作图] 六棱柱的两面投影图如图 4-5a)所示,正等测作图步骤如下:

(1) 画轴测轴。设原点为顶面六边形的对称中心,X 和 Y 轴分别为六边形的对称中心线。根据 $2a$ 和 b 分别在 X 和 Y 轴上确定Ⅰ,Ⅱ,Ⅲ和Ⅳ点,如图 4-5b)所示。

(2) 画顶面六边形的轴测图。过 Y 轴上Ⅲ和Ⅳ点作 X 轴的平行线,按边长 a 确定顶点 E,F,H,G,并与Ⅰ,Ⅱ连成六边形,如图 4-5c)所示。

(3) 过各顶点向下作 Z 轴的平行线,并在其上截取等于 h 的高度,然后连接各点即得底面六边形,按可见性依次连接各棱线并描深,即完成六棱柱的轴测图,如图4-5d)所示。

由于画立体的轴测图时,一般只画出可见部分,必要时才用虚线画出其不可见部分,故本例从顶面开始作图,以减少不必要的作图线。

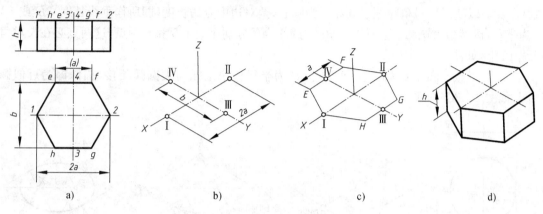

a)   b)   c)   d)

图4-5 六棱柱的正等测画法

三、圆的画法

一般情况下,圆的轴测投影为椭圆,图4-6为三个坐标面上圆的正等测。

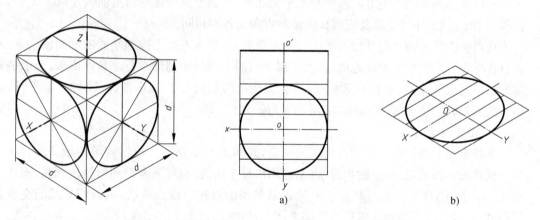

图4-6 三个坐标面上圆的正等测   图4-7 坐标法画圆的正等测

1. 坐标法

图4-7表示一个水平圆的轴测图画法。先在圆的投影图上画出若干平行于 X 轴的辅助线,交得圆周上各点,然后,按各点的 X 和 Y 坐标画出其轴测图,最后,依次用曲线板连成光滑曲线即为所求。

用坐标法画出的椭圆较准确,但作图较繁。坐标法不仅可画出坐标面上的圆,也可画出非坐标面上的圆或非圆曲线,是一种最基本的画曲线方法。

2. 菱形法

本方法只适用于正等测中画平行于坐标面的圆。作图时,首先作出圆的外切正方形的轴测投影,即椭圆的外切菱形。然后,再定出画椭圆的四个圆心,由四段圆弧连接即成椭圆。

仍以水平圆为例,说明其作图步骤:

(1) 过圆心 O 画出轴测轴 X 轴和 Y 轴,并按圆直径 d 量取 A, B, C, D 四点。过这四点分别作 X 轴和 Y 轴的平行线,得外切菱形 1 3 2 4,如图 4-8b)所示。

(2) 以菱形短对角线顶点 3 和 4 为圆心,至对边中点的长度(即所作垂线长度)3D 或 4A 为半径,画两段大圆弧。连接 3B,3D 与 4A,4C 分别相交于 5 和 6 两点,这两点必在长对角线 12 上,如图 4-8c)所示。

(3) 以点 5 和点 6 为圆心,5A 或 6B 为半径作小圆弧与大圆弧相接,描深即为近似椭圆,如图 4-8d)所示。

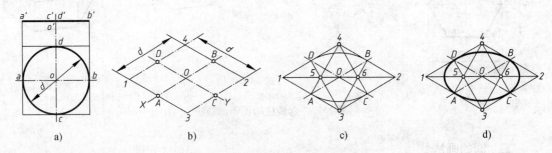

图 4-8 菱形法画坐标面上圆的正等测

正面圆和侧面圆的正等测画法与水平圆相似,但圆平面所含的轴测轴应分别为 X 轴、Z 轴和 Y 轴、Z 轴,外切菱形及椭圆长短轴的方向也各不相同。

这类椭圆的长轴总在外切菱形的长对角线方向,且与不属于该圆平面的轴测轴垂直;短轴总在外切菱形的短对角线方向,且与不属于该圆平面的轴测轴平行。具体说来,即水平椭圆的长轴与 Z 轴垂直,短轴与 Z 轴平行;正面椭圆的长轴与 Y 轴垂直,短轴与 Y 轴平行;侧面椭圆的长轴与 X 轴垂直,短轴与 X 轴平行。

3. 圆角的画法

零件上常会遇到由 1/4 圆弧构成的圆角,如图 4-9a)所示。这些圆角的轴测图分别对应于椭圆的四段圆弧,故画圆角时,可不必作出整个椭圆,而只需直接画出该段圆弧,画法如图 4-9b)所示;在圆角的边上量取半径 r,从量得的点作边线的垂线,再以两垂线的交点为圆心、以垂线长为半径画圆弧即为所需之圆角,描深后如图 4-9c)所示。

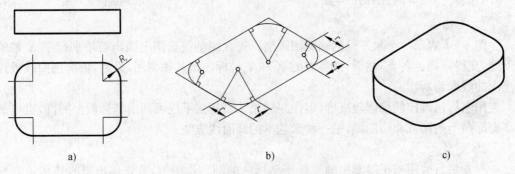

图 4-9 圆角正等测的简化画法

四、曲面立体的画法

掌握了坐标面上圆的正等测画法后,就不难画出常见曲面立体的正等测了。

图4-10和图4-11分别为圆柱和圆锥台的正等测画法。作图时先分别作出顶面和底面椭圆,再作两椭圆的公切线,它们表示圆柱面和圆锥面的投影外形轮廓线,最后描深可见部分即为所求。

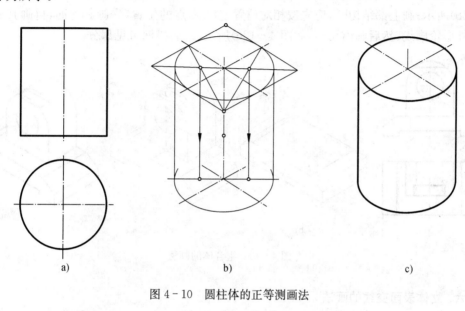

a)   b)   c)

图4-10 圆柱体的正等测画法

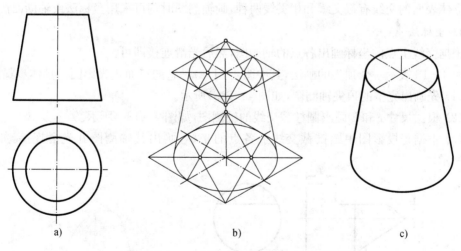

a)   b)   c)

图4-11 圆锥台的正等测画法

作圆柱体时,为了简化作图,不必作出底面的外切菱形和整个椭圆,可先画出顶面的外切菱形和整个椭圆,然后仅把作椭圆的四个圆心按圆柱高度由顶面平移至底面,直接画出所需要的椭圆部分即可。

五、组合体的画法

当立体表面带有切口时,可先画出完整立体的轴测图,然后再逐步切去多余部分。

当立体由几个基本立体组成时,应按形体分析的方法先画出其中主要的或较大的基本立体,然后按相对位置依次定位,画出其他各基本立体,并注意画出各立体之间的交线等。

当画图 4-12a)所示的组合体时,可先画出完整的长方体底板,然后切去两角和槽,如图 4-12b)所示;画上部结构时,应先按相对位置定出 A 点的位置,先画其前面,再画其后面及投影外形轮廓线,然后画出切口,如图 4-12c)所示,最后描深可见部分。

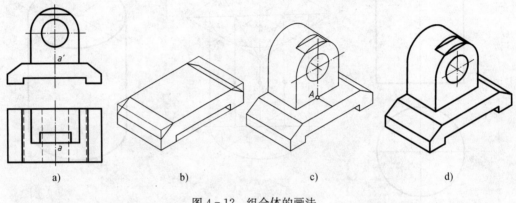

| a) | b) | c) | d) |

图 4-12 组合体的画法

六、立体表面交线的画法

立体表面的交线有截交线和相贯线两种,画轴测图时均可采用坐标法或辅助面法。

1. 坐标法

根据交线上点的坐标画出各点的轴测图,然后光滑连接即可。

图 4-13 表示一个顶尖的画法,其中图 4-13a)是它的三面正投影图。具体步骤如下:

(1) 先画出完整的顶尖轴测图,如图 4-13b)所示。

(2) 根据尺寸 l 和 h 画出圆柱截交线的轴测图,如图 4-13c)所示。

(3) 根据正投影图中圆锥截交线上各点的坐标,画出其轴测图并光滑连接,如图 4-13d)所示。

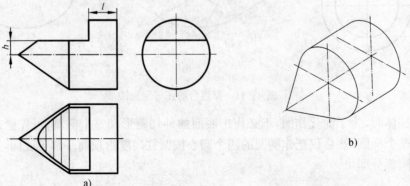

a)

b)

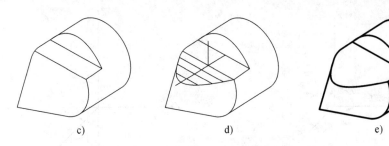

图 4-13 坐标法画立体表面交线的正等测

（4）描深可见轮廓线，如图 4-13e）所示。

2. **辅助面法**

如同正投影图中用辅助面求交线的方法一样，可以在轴测图中直接画出一系列辅助平面，它们与两相贯体截交线的交点即为相贯线上一系列点的轴测图，光滑连接即为所求。如图 4-14 即表示两圆柱相贯线的轴测图画法。

为了作轴测图方便起见，应尽量选取与两相贯体的截交线均为直线的平面作为辅助平面，还要注意求出曲面立体在轴测投影中外形轮廓线上的特殊点。

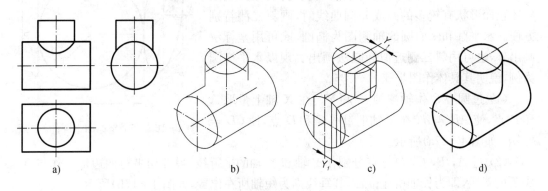

图 4-14 辅助面法画立体表面交线的正等测

§4-3 斜二等轴测图

一、轴间角和轴向变形系数

如图 4-2b）所示，以原来的三投影面体系中的正面作为轴测投影面，保持立体作正投影图时的位置不变，但令投射方向与轴测投影面倾斜，使立体正面的投影保持不变，Y 轴与 X 轴，Z 轴的夹角相等。当轴向变形系数 $p=r$ 且 $q=0.5p$ 时，所得的图就是斜二等轴测图，即斜二测。

如图 4-15 所示，斜二测中，轴间角分别为 $90°$，$135°$，$135°$，轴向变形系数分别为 $p=r=1$，$q=0.5$，可用丁字尺和 $45°$ 三角板方便地作图。

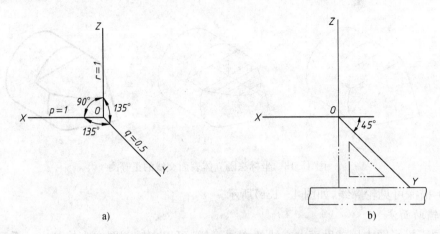

图 4-15 斜二测的轴间角与轴向变形系数

二、圆的画法

图 4-16 为三个坐标面上圆的斜二测。在斜二测中,立体的正面反映实形,圆的轴测图仍为圆。所以,当立体正面形状有较多的圆或非圆曲线时,画斜二测特别方便。水平圆和侧面圆的轴测图为椭圆,除可用坐标法画出外,也可用斜二测近似椭圆法画出。现以水平椭圆为例,说明其具体作图步骤:

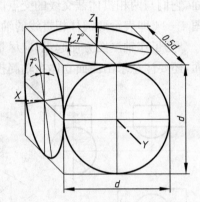

图 4-16 三个坐标面上圆的斜二测

(1) 过圆心 O 作轴测轴 X 和 Y。在 X 轴上量取 A 和 B 点,使 $AB = d$,在 Y 轴上量取 C 和 D 点,使 $CD = 0.5d$,如图 4-17a)所示。

(2) 过 A,B,C,D 各点分别作 Y 轴和 X 轴的平行线,得外切平行四边形。作与 X 轴成 $7°$ 的斜线,即为长轴所在位置,其垂线则为短轴所在位置,如图 4-17b)所示。

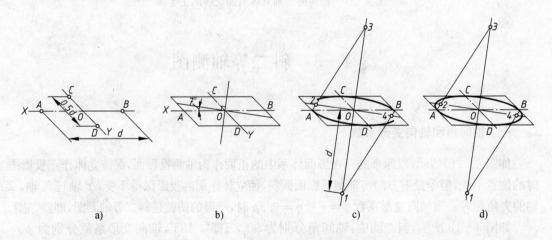

图 4-17 斜二测近似椭圆的画法

（3）量取 $O1 = O3 = d$，分别以 1 和 3 点为圆心、以 $1B$ 或 $3A$ 为半径画两段大圆弧，连线 $1B$ 和 $3A$ 分别与长轴交于 2 和 4 两点，如图 4-17c）所示。

（4）分别以 2 点和 4 点为圆心、以 $2A$ 或 $4B$ 为半径作两段小圆弧与大圆弧相接，描深即成近似椭圆，如图 4-17d）所示。

三、立体的画法

不论是平面立体、曲面立体、还是组合体及其表面交线，其画法要点与正等测类似，仅仅是轴间角、轴向菱形系数以及椭圆近似作法不同而已。

图 4-18 表示一小轴的斜二测画法。该小轴由两个同轴圆柱体组成，圆平面与正面平行，如图 4-18a）所示。可先作出轴测轴，并沿 Y 轴按 0.5 的轴向变形系数依次定出各圆的圆心位置并画出各圆，如图 4-18b）所示；然后，作出前后两圆柱的公切线并描深可见部分即完成作图，如图 4-18c）所示。

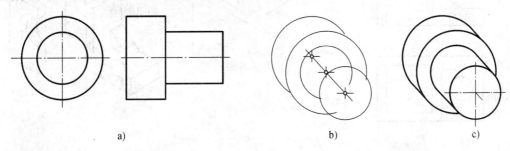

a)　　　　　　　　b)　　　　　　　　c)

图 4-18　小轴的斜二测画法

图 4-19 表示一组合体的斜二测画法。可先画出中间的大、小两圆柱，再画出两侧小圆柱。作图时，先要在 Y 轴方向上按相对位置定出各圆圆心的位置，然后画圆。作连接中间大圆柱和两侧小圆柱的板时，要先作出这些圆柱与板的截交线圆的轴测图，然后作它们的切线，即得连接板的轮廓线，如图 4-19b）所示，最后描深可见部分即完成作图，如图 4-19c）所示。

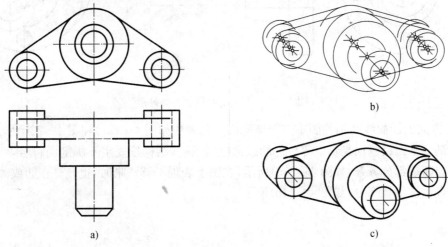

a)　　　　　　　　　　b)

c)

图 4-19　组合体的斜二测画法

§4-4 轴测剖视图

为了表达立体的内部结构和形状,在轴测图中也可以采用剖视方法。常用一个或两个剖切平面沿坐标面方向剖去立体的某一部分,并在立体的断面内画上剖面符号,所得的轴测图称为轴测剖视图。

画图时,一般先画完整外形再进行剖切,如图 4-20 所示;也可以先画剖面形状再画所需外形,如图 4-21 所示。

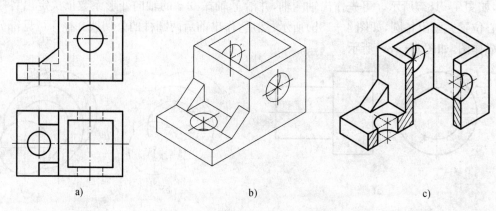

a)   b)   c)

图 4-20 先画完整外形再进行剖切

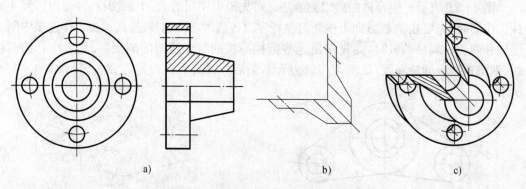

a)   b)   c)

图 4-21 先画断面形状再画外形

45°方向的断面线在轴测图中三个坐标面上的画法如图 4-22a)和图 4-22b)所示。

当剖切平面沿纵向剖切到零件的肋或薄壁时,这些结构按规定不画剖面符号,而用粗实线将它与邻接部分分开,如图 4-23a)所示,在图上表现不够清晰时,也允许在肋或薄壁部分用细点表示被剖切部分,如图 4-23b)所示。

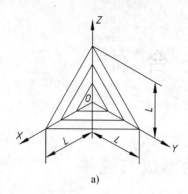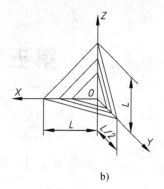

a)　　　　　　　　　　　　b)

图 4-22　剖面线的轴测画法

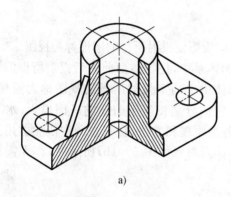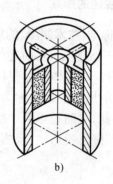

a)　　　　　　　　　　　　b)

图 4-23　剖切到肋或薄壁时轴测剖视图的画法

第五章 组 合 体

§5-1 三视图的形成与规律

一、三视图的形成

按国家标准《技术制图》的规定,物体向投影面投射所得的图形称为视图。

如图 5-1a)所示,在前述的三投影面体系中,把物体由前向后投射所得的视图称为主视图,它通常反映物体的主要特征;把物体由上向下投射所得的视图称为俯视图;把物体由左向右投射所得的视图称为左视图。它们分别相当于前述的正面投影、水平投影和侧面投影。因此,三面投影图中所运用的各种原理和方法,在三视图中依然适用。画三视图时,通常都不画出投影轴,且当三视图的排列布置如图 5-1b)所示时,亦无需标注视图的名称。

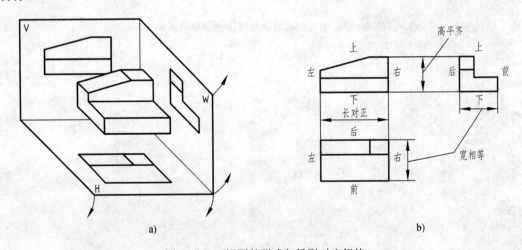

a)   b)

图 5-1 三视图的形成与投影对应规律

二、三视图的对应规律

如图 5-1b)所示,主视图可反映物体的左右和上下的相对位置关系,即反映了物体的长和高;俯视图可反映物体的左右和前后的相对位置关系,即反映了物体的长和宽;左视图可反映物体的上下和前后的相对位置关系,即反映了物体的高和宽。

因此,三视图之间的投影对应规律应是:长对正,高平齐,宽相等。

在画三视图和读三视图时,一般说来,上下和左右方向容易掌握,但前后方向则容易搞错。应注意的是,在俯视图、左视图中远离主视图的一方均表示物体的前方,而接近主视图的一方均表示物体的后方。另外,在量取宽度时,切忌把俯视图的宽度方向尺寸量到左视图的高度方向上去。

§5-2 组合体的组合形式

一、形体分析法的概念

一般的机械零件都可看作是由若干个简单的基本形体经过叠加、切割等方式组合而成,在暂不考虑其材料和加工方法的情况下,通常把它们称为组合体。基本形体除了长方体、正六棱柱、棱锥、圆柱、圆锥、球和环等基本几何体之外,图5-2表示的也是常见的基本形体。

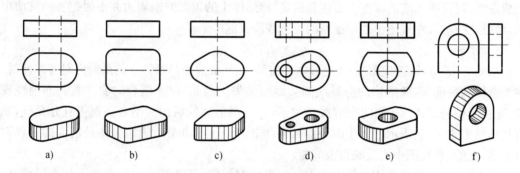

图5-2 常见的基本形体

在画视图和读视图的过程中,常常假想把组合体分解为几个基本形体,对它们的形状和相对位置进行分析,在此基础上画出三视图,或由三视图想像出组合体的空间形状,这种方法称为形体分析法。

二、组合形式

组合体的组合形式可分为两大类,一类是叠加,另一类是切割。

再仔细进行分析,每一种方式中又有简单的叠加或切割、对齐、相切和交贯等几种情况,这些方式可以单独或集中地反映在组合体上。由于组成组合体的基本形体个数不同、尺寸大小以及组合方式的不同,组合体的形状也千变万化,既有简单的,也有复杂的。但只要抓住基本规律,并善于在实践中不断体会、总结和归纳,组合体的视图是不难掌握的。

1. 简单叠加和切割

如图5-3所示,组合体由形体Ⅰ和Ⅱ组成,形体Ⅰ置于形体Ⅱ之上,形体Ⅰ的底面与形体Ⅱ的顶面相重合,即两基本形体简单地叠加在一起。此时,组合体的三视图就是两个基本形体三视图的简单组合。由三视图可以反映出两个基本形体之间的上下、左右和前后的相对位置。应注意不要把主视图中的叠合表面画得特别粗。

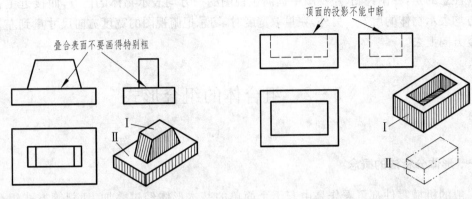

图 5-3 简单叠加   图 5-4 简单切割

如图 5-4 表示的组合体,是在长方体Ⅰ内挖去长方体Ⅱ的凹坑形成的。切割从形体Ⅰ的顶面开始,凹坑在俯视图中为可见,而从前面和从左面看均不可见,故在主视图、左视图中画成虚线,可反映凹坑的深度。要注意的是,该形体Ⅰ的顶面的四周边并不因挖去凹坑而中断,所以,主视图、左视图中表示顶面的投影线段不能中断。

2. 对齐

如图 5-5 所示,若把图 5-3 中形体Ⅱ前移,使其最前面与形体Ⅰ的最前面对齐。此时,在组合体的最前面,两形体的分界线因共面而消失。因此,对齐组合时要注意共面消线现象,主视图中两形体间的可见分界线消失了,但因两形体的后面并不对齐而仍有分界线,则可用虚线来表示,它表示形体Ⅰ的顶面被形体Ⅱ遮挡了一部分。该组合体最前面的这种对齐关系,在俯、左视图中均反映得很清晰。

图 5-6 表示的组合体由长方体Ⅰ经两次切割而成,其底部从左向右挖了一个通槽Ⅱ,从上部中央再由上向下挖去一个长方形通孔Ⅲ,且槽Ⅱ和孔Ⅲ的宽度相同、前后方向对齐切割,所以,在主视图中同样应注意共面消线现象。又因底部有通槽,底面被中断分为前后两部分,故左视图表达底面的投影线应中断画出。

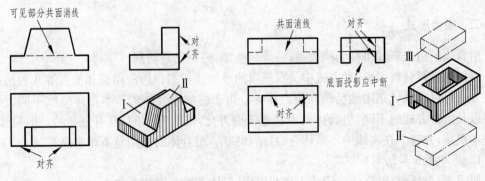

图 5-5 对齐叠加   图 5-6 对齐切割

3. 相切

如图 5-7 所示，圆柱体Ⅰ与形体Ⅱ叠加时，形体Ⅱ的前后平面分别与圆柱体Ⅰ相切。当平面光滑地与圆柱面或其他曲面相切连接时，两表面之间不再有分界线存在，故不可画出切线，底板上表面的投影应画至切点为止。本例中还应注意的是，形体Ⅰ与Ⅱ已融为一整体，故在主视图中，圆柱最左外形轮廓线只存在形体Ⅱ顶面以上的一段，不可画至底面。

如图 5-8 所示，组合体由圆柱体Ⅰ挖去 T 形槽Ⅱ及圆柱孔Ⅲ而形成。因 T 形槽的侧面 A 与圆柱孔表面相切，故左视图中不应画切线。

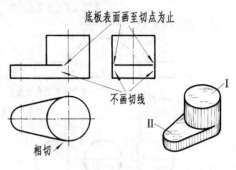

图 5-7 相切叠加

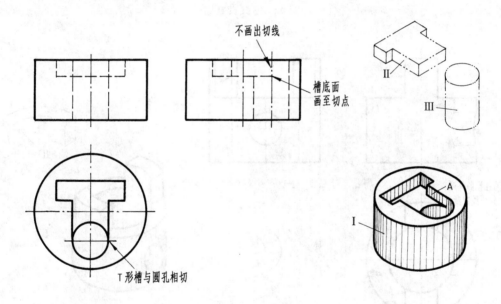

图 5-8 相切切割

4. 交贯

基本形体组合时常会遇到表面截交或相贯的情况。对于这类组合体，应先分析是哪些基本形体的表面相交，再分析交线的性质和作图方法。

如图 5-9 所示，组合体由半圆柱Ⅰ与形体Ⅱ、形体Ⅲ分别交贯叠加形成。形体Ⅰ和Ⅱ之间产生平面与圆柱面的截交线，分别为直线和圆弧。形体Ⅰ和Ⅲ之间形成两个正交圆柱的相贯线。在三视图中应注意这些交线积聚性投影的位置，并画出其无积聚性的其他投影。

图 5-10 表示的组合体由空心圆柱Ⅰ被形体Ⅱ切割，再被形体Ⅲ贯穿而形成。形体Ⅰ与Ⅱ之间产生平面与圆柱面的截交线，分别为直线和圆弧。形体Ⅱ和Ⅲ之间形成两个正交圆柱表面的相贯线。遇到圆柱体等类回转体时，应注意判断圆柱的投影外形轮廓线是否完整，如图所示。

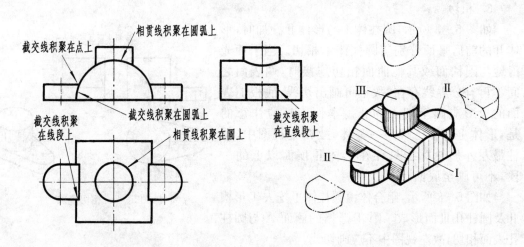

图 5－9　交贯叠加

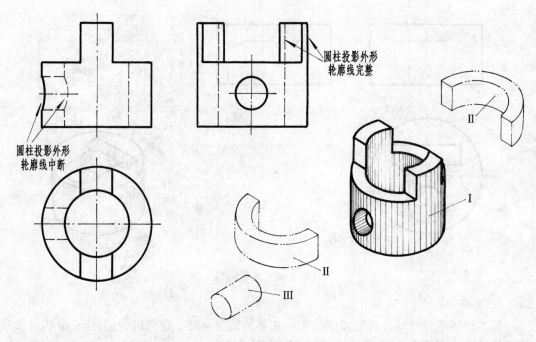

图 5－10　交贯切割

在交贯组合中,不同的基本形体组合,产生的交线也不相同,要注意交线的变化趋势。如图 5－11 所示,同一个圆柱体被不同形状的孔切割贯穿时,形成的交线也各不相同。如图 5－11a)所示,当圆柱孔贯穿圆柱体时,交线为空间曲线;如图 5－11b)所示,当矩形孔贯穿圆柱体时,交线为平面曲线,由圆弧和直线段组成;如图 5－11c)所示,当长圆形孔贯穿圆柱体时,交线分别由空间曲线和直线段组成。

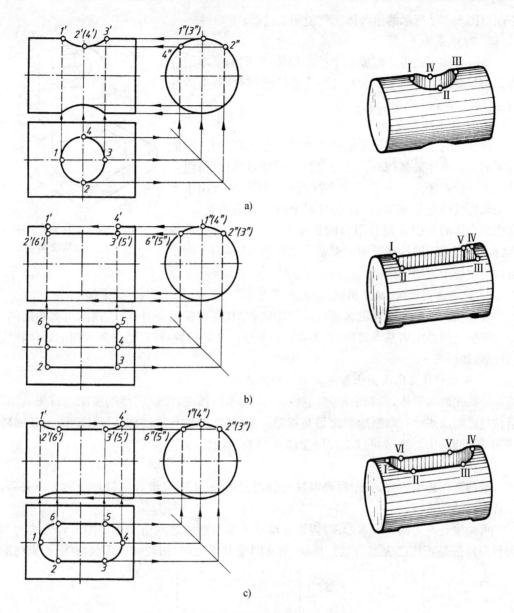

图 5-11　不同形体交贯组合时交线的变化

§5-3　由组合体画三视图

一、形体分析法

大多数组合体均可用形体分析法画出其三视图,形体分析法是画三视图最基本的方法。

下面以图 5-12 所示的组合体为例说明其过程。

1. 形体分析

该组合体可假想分解成五个基本形体,它们的基本组合方式都是叠加。其中,形体Ⅰ与形体Ⅲ的前面对齐,形体Ⅱ与形体Ⅲ,Ⅳ,Ⅴ交贯。

2. 选择主视图方向

组合体的主视图应最能反映其整体组合关系和特征,能看到的基本形体最多;安放位置应稳定、符合自然位置;组合体的大部分表面应成为投影面平行面;俯视图、左视图中不可见轮廓线应尽量减少,而且应有利于图纸幅面的布置,通常使组合体的长度方向与图幅的长度方向一致。这些都是选择主视图方向的基本原则。根据以上原则,选择箭头所示方向为主视图方向。

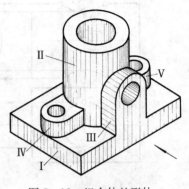

图 5-12　组合体的形体
　　　　　分析法例

3. 选定画图比例,确定图幅,合理布置图面

要按照国家标准的规定选择合适的比例和图幅;布置图面时,应使视图与视图之间、视图与图框之间的距离基本匀称,并预先留好标注尺寸的位置,然后画出各视图的定位轴线或基准线,如图 5-13a)所示。

4. 按相对位置依次画出各基本形体的三视图

一般先画大形体,再画小形体。画每一个基本形体时,反映实形的视图应首先画出,然后按投影对应规律有联系地画出另两视图。圆柱体、圆柱孔等回转体要注意画出其回转轴线和端面圆的中心线,如图 5-13b)至图 5-13e)所示。

5. 校核、调整和加深

校核工作极为重要,宜用目光审视及利用三角板、丁字尺细致地检查投影对应关系,这二者可相结合进行。

可先检查有无漏画基本形体,再重点检查各基本形体之间由于不同的组合方式而形成的投影特征是否均已表达清楚。例如,对齐时应共面无线,相切时应不画切线,交贯时应画

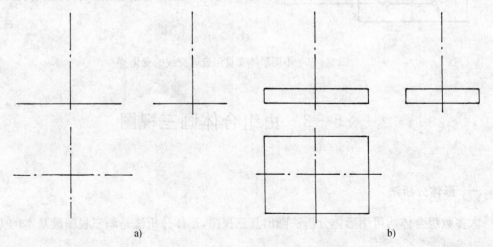

a)　　　　　　　　　　　　　　　b)

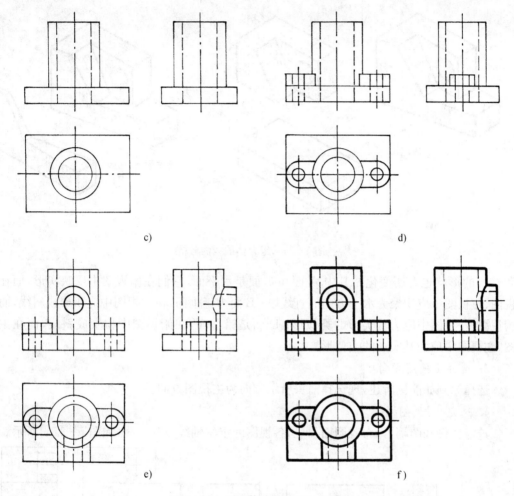

图 5-13 用形体分析法画三视图

出各种交线并注意曲面立体的投影外形轮廓线完整与否,还要分清可见与不可见部分,对图稿进行调整修正,擦去多余的稿线,最后按规定的线型和步骤进行加深,其结果如图 5-13f)所示。

二、线面分析法

当组合体表面出现投影面垂直面和倾斜面或表面交贯较多时,投影就显得比较复杂,需要用线面分析法来分析这些表面的投影特征以及交线的性质和画法。

对于相当多的组合体而言,线面分析法又往往是形体分析法的补充。可先进行形体分析,再进行线面分析,将两种方法结合进行。现以图 5-14a)表示的组合体为例说明其过程。

1. 形体分析

对该组合体可先进行形体分析。它可视作由上部形体Ⅰ与下部形体Ⅱ对齐叠加(如图 5-14b))然后被一个铅垂面同时切去前面一部分而形成(如图 5-14c))。

2. 线面分析

由于铅垂面的截切,在设想的完整的组合体表面形成了一个新的 D 面,且 A 面、B 面

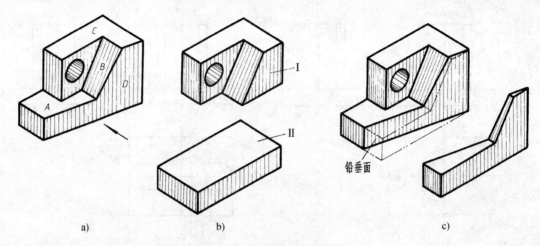

图 5-14　组合体的线面分析

和 C 面的形状也有所变化。其中 A 面和 C 面是水平面,它们在俯视图中反映实形,而在主视图、左视图中应积聚为水平方向的直线段;B 面为正垂面,在主视图中应积聚成斜线,而在俯视图、左视图中应为其实形的类似形;D 面是铅垂面,在俯视图中积聚成斜线,而在主视图、左视图中应为其实形的类似形。

3. 选择主视图方向

选择原则如前例所述,现选择箭头所示方向为主视图方向。

4. 选定比例、图幅

选定比例和图幅后,布置图面,画出各视图的定位轴线或基准线,如图 5-15a)所示。

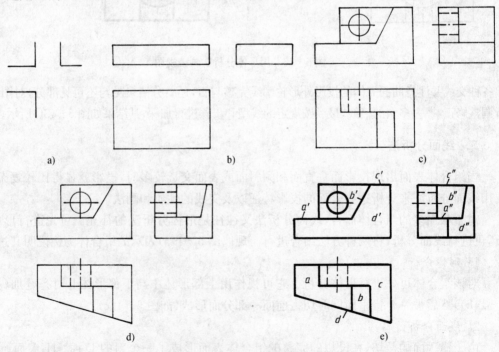

图 5-15　用线面分析法画三视图

5. 按相对位置依次画出各基本形体

如图 5-15b)和图 5-15c)所示。

6. 按线面分析法画出有特征的线和面

如图 5-15d)所示,先在俯视图中画出铅垂面 D 的积聚性投影,然后画出它的另外两个视图。与此同时,也就完成了 A 面、B 面和 C 面的投影。

7. 校核与加深

检查方法如前例所述。线面分析法尤其要重点检查一些特殊面的投影是否正确、交线是否正确、有无漏线等。如检查铅垂面 D 的投影,在俯视图中是斜线,在主视图、左视图中为实形的类似形,均是正确的。又如检查正垂面 B,在主视图中为一斜线,在俯视图、左视图中是实形的类似形,也正确无误。经校核、调整、修改,并擦去多余的图稿线后,按规定线型和次序加深,结果如图 5-15e)所示。

§5-4　组合体的尺寸

三视图只能反映组合体的形状,而要准确反映其大小,还必须标注尺寸。尺寸标注必须完整、清晰、规范、易读,符合国家标准《技术制图》的规定。尽可能把尺寸标注在最能反映形体结构特征的视图上;要注意遵守尺寸线和尺寸界线的布置规则,同方向的尺寸,应把小尺寸布置在内,大尺寸布置在外,各道尺寸线之间的间距应大致相等;还要注意尺寸数字的正确书写方向等。

一、基本形体的尺寸标注

组合体由基本形体组合而成,故首先讨论基本形体的尺寸标注方法。最简单的基本形体是几何体,几何体一般要标注长、宽、高三个方向的定形尺寸。定形尺寸要完整,既不重复,也不遗漏。有些几何体在标注了尺寸以后,可以减少视图数量。如长方体、三棱柱和六棱柱等棱柱体,只需画出其最能反映特征的视图及另一视图即可,第三个视图可以省略。棱锥体亦然。而圆柱、圆锥、球、环等回转体,通常用一个视图加上尺寸即可完全确定了。

图 5-16 表示常见平面立体的尺寸注法,带括号的尺寸是不必要的重复尺寸,但有时为了加工测量之便,可起参考作用,需标注时,必须加上括号,作为参考尺寸。

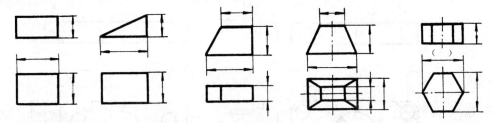

图 5-16　常见平面几何体的尺寸标注

图 5-17 为常见曲面立体的尺寸标注。由于标注时使用了表示直径的代号"ϕ"以及球的代号"$S\phi$",所以,即使不画出另一个反映圆的视图,也已能充分反映其曲面的特征了。

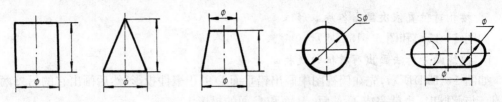

图 5-17 曲面几何体的尺寸标注

二、基本形体与定位尺寸

有些基本形体本身就可看作为一个简单的组合体。除了标注定形尺寸之外,还需标注定位尺寸。如图 5-18 所示,是一些常见底板类基本形体惯用的尺寸标注方法,图中带"＊"的是定位尺寸,其余是定形尺寸。

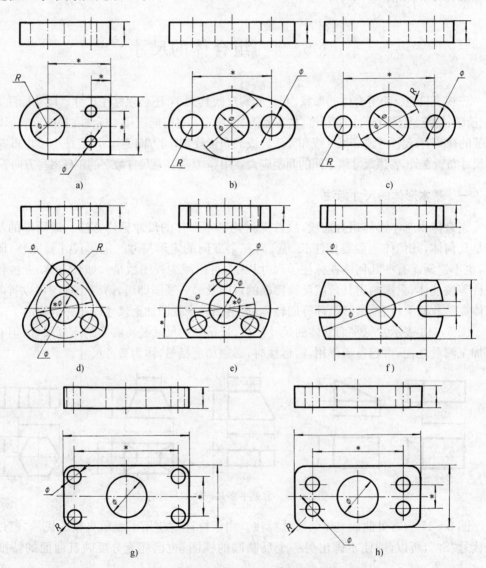

图 5-18 常见基本形体尺寸的惯用标注方法

对于带有截交线的基本形体,应标注截平面的定位尺寸,而不能直接标注出截交线的尺寸大小和位置。对于相贯线,则应标注相贯体之间的相对位置尺寸即定位尺寸,也不能直接给相贯线标注尺寸,如图 5-19a)和图 5-19c)所示是正确的标注方法,而图 5-19b)和图 5-19d)则是错误的标注方法。

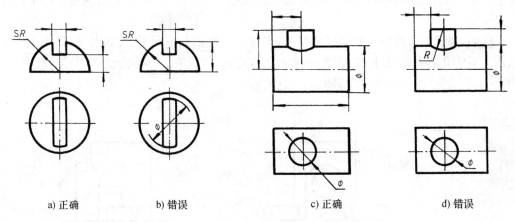

a) 正确   b) 错误   c) 正确   d) 错误

图 5-19 交线尺寸标注的正误对照

三、组合体的尺寸标注

往往用形体分析法标注各基本形体的定形尺寸和它们之间的定位尺寸,再标注出组合体的总尺寸,如总长、总宽和总高。

下面仍以图 5-13 表示的组合体为例,说明尺寸标注的方法。

1. 形体分析

该组合体由五个基本形体组成,如前所述。

2. 确定尺寸基准

尺寸基准是指标注尺寸的起始位置,长、宽、高三个方向各有一个尺寸基准。通常以组合体的底面、对称平面、重要轴线或其他重要平面等作为尺寸基准。当以对称平面为尺寸基准时,该方向的尺寸标注则采用对称注法。

尺寸基准的选择应根据设计、加工和测量的要求而定,在此从略。

本例以组合体的底面为高度方向的尺寸基准,以左右对称平面为长度方向的尺寸基准,以前后对称平面(基本对称)为宽度方向的尺寸基准,如图 5-20a)所示。

3. 依次标注各基本形体的定形尺寸

如底板Ⅰ的长、宽、高分别为 120 mm, 90 mm 和 20 mm;主体大圆柱Ⅱ的高为 75 mm,内外直径分别为 $\phi40$ mm、$\phi60$ mm;形体Ⅲ、Ⅳ、Ⅴ的定形尺寸标注如图 5-20a)所示。

4. 标注各基本形体间的定位尺寸和组合体的总尺寸

因各基本形体在高度方向上是简单叠加,组合体又基本上前后、左右对称,故所需的定位尺寸很少。底板上孔距 90 是典型的定位尺寸,采取对称注法。前部形体Ⅲ的轴线定位尺寸可由其定形尺寸表示,故无需另行标注。

组合体的总长 120 mm 和总宽 90 mm 与底板的定形尺寸相同,只需再加总高 95 mm 即可,如图 5-20b)所示。

5. 校核和调整

校核的重点应是:尺寸是否完整、清晰,有无遗漏或重复;尺寸标注是否满足尺寸基准的要求;标注方式是否符合国家标准的规定。在校核的基础上进行适当调整,其结果如图 5-20c)所示。

例如,考虑到高度以底面为尺寸基准,形体Ⅲ轴线的高度尺寸 35 改注为 55 较好;又如取消了形体Ⅱ的高度尺寸 75,因为该尺寸能由总高 95 减去形体Ⅰ高度 20 获知,故尺寸 35 和 75 不应再标注,如图 5-20c)所示。

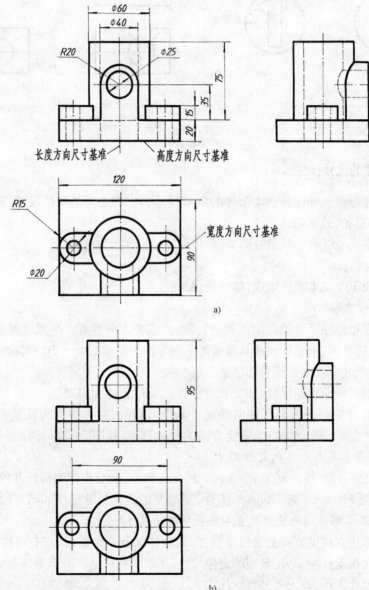

a)

b)

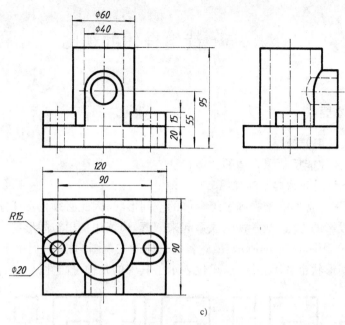

c)

图 5-20 组合体的尺寸注法例一

　　实际上，随着熟练程度的提高，定形尺寸、定位尺寸和总尺寸的标注及其调整过程往往是相互结合、穿插进行的。

　　为了使尺寸更加清晰、易读，尺寸位置的布局也应注意。属于同一形体的尺寸应尽量集中，并标注在该结构的附近；一般说来，尺寸应注在图形外面，但若由此却产生太长的尺寸界线，甚至使尺寸线、尺寸界线相互交叉反而不清晰时，则应直接标注在图形内部。

　　图 5-21 是图 5-14 所示组合体的尺寸标注示例，说明从略。

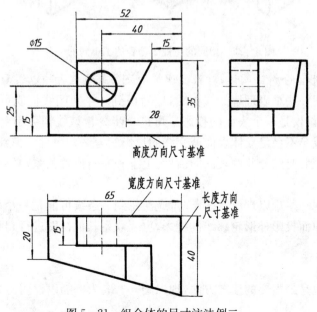

图 5-21 组合体的尺寸注法例二

§5-5 读组合体的视图

一、读图基本要点

1. 通常从主视图开始

通常主视图往往能反映组合体的整体特征。

2. 要把各个视图联系起来研究

单独一个视图通常不能唯一确定组合体的空间形状,因此必须借助丁字尺、三角板和圆规等工具,用对投影的方法,把各视图联系起来阅读,边读边构思空间形象。

如图5-22a)至图5-22e)所示,虽然各组合体的主视图均相同,但由于俯视图与左视图不同,组合体空间形状也各不相同,这里仅表示了其中的几种可能性。

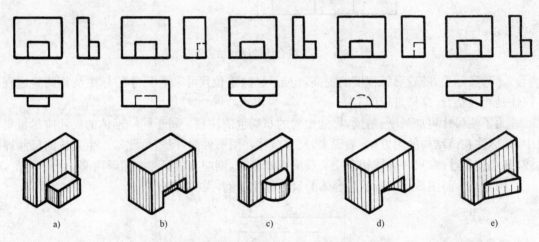

图5-22 相同的主视图却表达了不同的组合体

3. 首先使用形体分析法阅读,对难以理解的线条或线框再辅以线面分析法阅读

当视图中出现一些难以理解的线框时,应考虑到一个封闭线框既可以是某一部分形体的投影,但也可能仅仅是一个表面的投影。可进一步分析该线框会不会是某一表面经投影形成的类似形? 或会不会是立体表面截交线的投影? 等等。而且考虑到相邻的两线框表面必有"凹"、"凸"之别,要区分此两表面的前后、上下和左右位置关系,必须联系其他视图进行分析判断。

当视图中出现一些难以理解的线条时,应注意到一条线可能是一个表面的积聚性投影,也可能是交线或曲面投影外形轮廓线的投影,也要联系其他视图进行判断。

二、形体分析法

这是最基本也是最重要的读图方法,现以图5-23为例加以说明。

（1）从主视图入手，把三视图有联系地粗略看一遍，使对该组合体有一个概括的印象。

（2）以特殊明显、容易划分的视图为基础，结合其他视图把组合体分解为几部分，每一部分代表一个基本形体。如图5-23a)所示把组合体分成了Ⅰ、Ⅱ、Ⅲ、Ⅳ四部分。

（3）用对投影的方法，先易后难地逐次找出每一个基本形体的三视图，从而想像出它们的形状。如图5-23b)至图5-23d)所示，Ⅰ是水平长方形板，上有两个阶梯孔，Ⅱ是竖立的长方形板，Ⅲ和Ⅳ是前、后两个半圆形耳板，但前、后孔的情况略有不同。

（4）分析各基本形体之间的组合方式与相对位置。由组合体三视图(如图5-23a))分析可确定，形体Ⅰ和Ⅱ是前、后表面对齐叠加，形体Ⅱ和Ⅲ是顶面、前面对齐叠加，形体Ⅱ和Ⅳ是顶面、后面对齐叠加。

（5）综合想像组合体的形状。综上分析，组合体整体形状如图5-23e)所示。

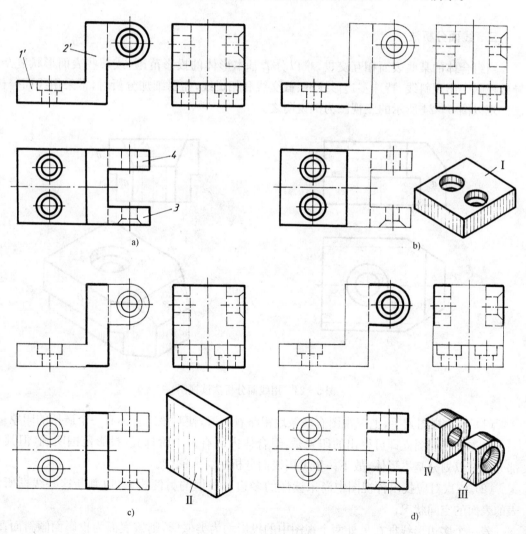

a)

b)

c)

d)

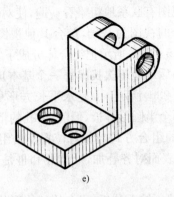

e)

图 5-23　用形体分析法读视图

三、线面分析法

当组合体的某些表面相互交贯,难以分清基本形体的投影范围,或某些表面形状复杂,导致视图中出现斜线、特殊多边形线框、截交线和相贯线,需要细加分析时,常采用线面分析法。现以图 5-24 所示的三视图为例说明之。

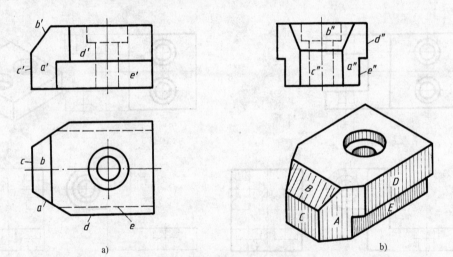

a)　　　　　　　　　　　　　　b)

图 5-24　用线面分析法读视图

(1) 从主视图入手,把三视图有联系地粗略看一遍,使对该组合体有一个概括的印象。

由本例三视图立即可得出的印象是:组合体内部有一个阶梯孔,投影范围明确,但其他部分则难以划分基本形体,故下一步可用线面分析法深入阅读。

(2) 依次对应找出各视图中尚未读懂的多边形线框的另两投影,以判断这些线框所代表的表面的空间状况。

若一个多边形线框在另外两个视图中的投影均为类似形,则该表面为投影面倾斜面;若一个多边形线框在另外两个视图中,一投影为积聚性斜线,另一投影为类似形,则该表面为投影面垂直面;若一个多边形线框在另外两个视图中的投影均为积聚性直线,且不是斜线,则该表面为投影面平行面,此多边形线框即为其实形。

例如,主视图中的多边形线框 a',在俯视图中只能找到斜线 a 与之投影相对应,而在左视图中,则有类似形 a'' 与之相对应,故可确定 A 面为铅垂面。

又如俯视图中的多边形线框 b,在主视图中只能找到斜线 b' 与之投影相对应,而在左视图中,则有类似形 b'' 与之相对应,故可确定 B 面为正垂面。

依此类推,可逐步看懂组合体各表面的形状。

(3)比较相邻两线框的相对位置,逐步构思组合体。

若一个线框表示的是一个表面,则两个封闭线框就表示两个表面。主视图中的两个相邻线框应注意区分其在空间的前后关系;俯视图中的两个相邻线框应注意区分其在空间的上下关系;左视图中的两个相邻线框应注意区分其在空间的左右关系。相邻两线框还可能是空与实的相间,一个代表空的,另一个代表实的,如俯视图中大小两圆组成的线框表示一个水平面,但小圆线框内却是空的,是一个通孔,没有平面,应注意鉴别。

例如,主视图中的线框 d' 和 e' 必有前后之分,对照俯视图、左视图可知,D 面和 E 面均为正平面,D 面在前,E 面在后。

(4)综合想像组合体的整体形状。

综上分析,组合体的整体形状如图 5-24b)所示,它可看作是一个长方体经过多次切割而成。

四、由两视图补画第三视图

如前所述,一个组合体可以用三视图表达,但如果表达时抓住了其主要特征,也可以只用两个视图就把组合体表达完整、清晰。

仍如图 5-22 所示,图 5-22a)和图 5-22c)的主视图、左视图均相同,但由于俯视图不同,表示的组合体也不相同。在图 5-22c)中,为了表示叠加的形体是半圆柱体,必须画出反映这一特征的俯视图,若无此图,人们通常会认为叠加的形体是长方体。因此,若图 5-22c)省略左视图,仅用主视图、俯视图两视图,也就可以把组合体表达清楚了。同理,图 5-22a)、图 5-22b)、图 5-22d)、图 5-22e)也均可以省略左视图,而仅用主视图、俯视图两视图表示该组合体。

在本课程中,常把由组合体的两视图补画第三视图作为培养和检验读图能力的一种方法。先用形体分析法和线面分析法读懂组合体的已知两视图,然后补画出它的第三视图。

现以图 5-25 为例说明其具体过程,图 5-25a)是已知组合体的两视图。

(1)从主视图入手,把主视图、俯视图联系起来粗略看一遍。

(2)用形体分析法把主视图划分为Ⅰ、Ⅱ、Ⅲ、Ⅳ、Ⅴ五个基本形体部分。

(3)对投影,依次读懂各基本形体的主视图、俯视图,然后按它们的相对位置补画出各基本形体的第三视图。

如图 5-25b)至图 5-25e)所示:联系主视图、俯视图可知,形体Ⅰ是底部的长方体,形体Ⅱ是置于其上的长方体,形体Ⅲ是凸出于形体Ⅱ前方的半圆柱,形体Ⅳ和Ⅴ是对称地叠加于形体Ⅰ和Ⅱ左右两侧的竖板,板上有小圆通孔。在依次作出这些基本形体的左视图之后,最后在上部从前向后打通一个半圆柱通孔，在下部则从前向后挖通一个长方形槽，如图 5 - 25e) 所示。

（4）校核与描深。重点检查各基本形体之间由于不同的组合方式而形成的投影特征是否画正确了，可见与不可见部分是否分清了。经检查无误后描深，如图 5 - 25e) 所示，整个组合体的空间形状如图 5 - 25f) 所示。

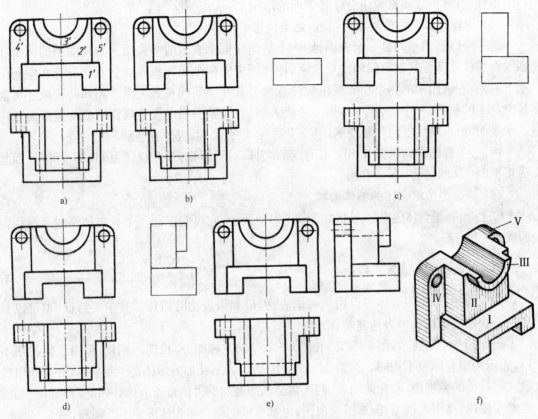

a)   b)   c)

d)   e)   f)

图 5 - 25 由两视图补画第三视图的方法

第六章　机件常用的表达方法

§6-1　视　图

一、六个基本视图

1. 形成与画法

　　形状比较复杂的机件,可如图 6-1 所示,按国家标准《技术制图》的规定,以正六面体的六个平面为基本投影面,从机件的前、后、上、下、左、右六个方向分别向六个基本投影面投射,所得的六个视图称为六个基本视图。其中的主视图、俯视图和左视图前面已作过介绍,另外三个视图分别是:右视图——由右向左投射所得的视图;仰视图——由下向上投射所得的视图;后视图——由后向前投射所得的视图。

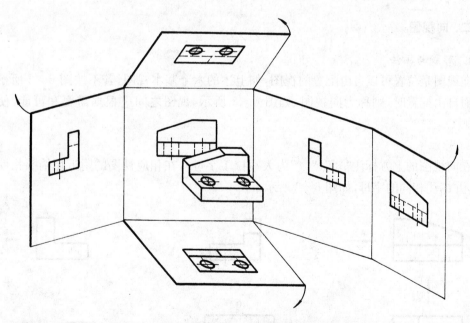

图 6-1　六个面基本视图的形成和投影面的展开

　　各投影面的展开方法如图 6-1 所示。六个基本视图在同一张图纸上的配置如图 6-2 所示。

　　除主视图外,应特别注意分清各视图所表示的前后位置。与前述的三视图一样,凡视图

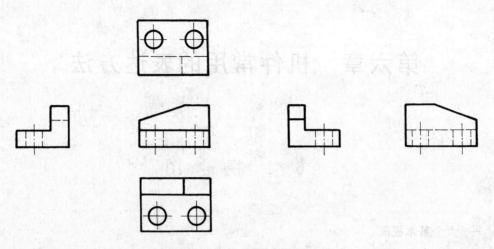

图 6-2　六个基本视图的配置

中远离主视图的一方,均表示机件的前方,而紧靠主视图的一方则表示机件的后方。

制图时,可根据机件的形状和结构特点,选用所需要的基本视图个数。视图一般只画机件的可见部分,尽量避免用虚线表达机件的轮廓。

2. 标注

当六个基本视图按图 6-2 所示方式配置时,可不标注视图名称。

二、向视图

1. 形成与画法

向视图是位置可以自由配置的视图,如上述的六个基本视图,若不按图 6-2 所示方式配置而自由配置时,则称为向视图,如图 6-3 所示,视图之间应根据需要和可能,使投影对齐。

2. 标注

在向视图的上方标注"×"("×"为大写拉丁字母),在相应视图的附近用箭头指明投射方向,并标注相同的字母,如图 6-3 所示。

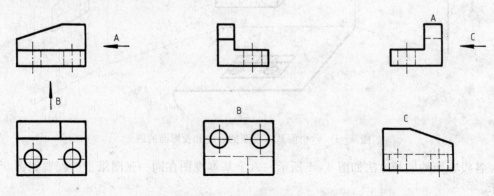

图 6-3　向视图的标注

三、局部视图

1. 形成与画法

当采用几个基本视图后,机件上仍有某一部分未能表达清楚但又没有必要再画一个完整的视图时,可将该部分结构单独向基本投影面投射,所得的视图称为局部视图。如图6-4中为表达底部结构而画出了A向局部视图。局部视图的断裂边界应以波浪线表示,仅当该部分结构独立完整地凸出于其他部分之外且外轮廓线又自行封闭时,波浪线才可省略不画,如图6-4的局部视图所示。应注意所画波浪线不要超出机件实体的投影范围。

2. 标注

当局部视图按基本视图的形式配置时,可省略标注,如图6-5中的局部视图按左视图的位置布置时,可不注写名称。当局部视图按向视图的形式自由配置时,可按向视图的标注方式标注投射方向和图名,如图6-4所示的A向局部视图。

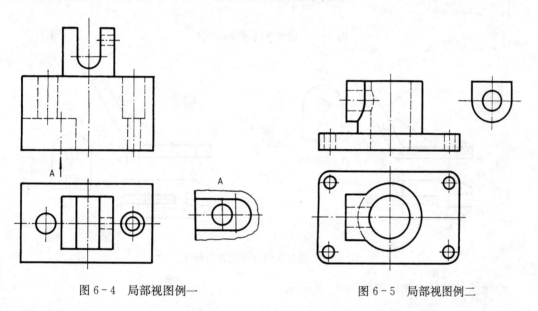

图6-4　局部视图例一　　　　　　　　图6-5　局部视图例二

四、斜视图

1. 形成与画法

当需要表达机件上局部倾斜结构时,可设置一个与倾斜结构平行而且垂直于一个基本投影面的辅助投影面,然后将该倾斜结构向辅助投影面作正投影。如图6-6所示,辅助投影面P为正垂面,将倾斜结构沿A方向投射到P面可得到倾斜结构的实形。这种将机件向不平行于基本投影面的平面投射所得的视图称为斜视图。斜视图的断裂边界画法与局部视图相同。

2. 标注

斜视图通常按向视图的方式配置和标注,如图6-6b)所示,必要时,允许将斜视图旋转配置,表示该视图名称的大写拉丁字母应靠近旋转符号的箭头尖端,如图6-7a)所示,也允许将旋转角度标注在字母之后，如图6-7b)所示。

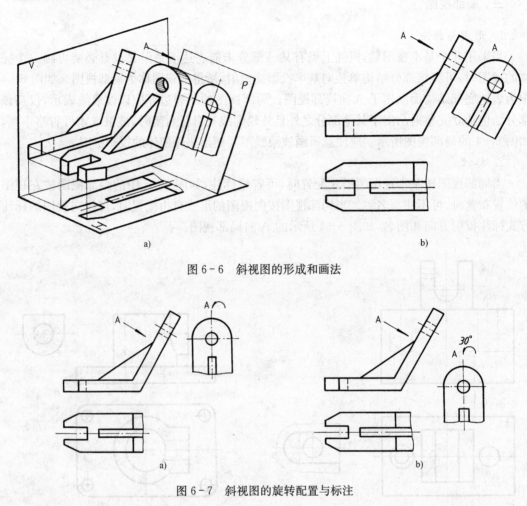

a)　　　　　　　　　　　　b)

图6-6　斜视图的形成和画法

a)　　　　　　　　　　　　b)

图6-7　斜视图的旋转配置与标注

旋转符号的尺寸和比例如图6-8所示。

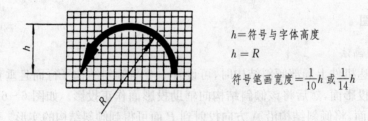

h＝符号与字体高度

$h = R$

符号笔画宽度＝$\frac{1}{10}h$ 或 $\frac{1}{14}h$

图6-8　旋转符号的尺寸与比例

五、第三角画法

按国家标准《技术制图》规定，我国采用第一角画法，将机件置于第一分角内，即机件处于观察者与投影面之间进行投影，六个基本视图的形成、展开、配置与标注如图6-1和图

6-2所示。但国际上有些国家采用的是第三角画法,也有些国家两种方法并用,为了便于国际技术交流与合作,国家标准《技术制图》中又规定,必要时(如按合同规定等),才允许使用第三角画法。

1. 六个基本视图的形成与展开

采用第三角画法时,机件置于第三分角内,即投影面处于观察者和机件之间进行投影。其展开方法如图6-9所示,在同一张图纸内的配置如图6-10所示,即主视图、后视图位置与第一角画法相同,向左、右视图对调了位置,俯视图、仰视图也对调了位置。

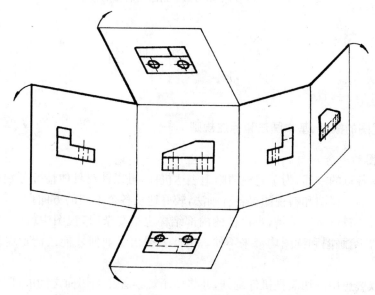

图6-9 第三角画法中六个基本视图的形成与展开

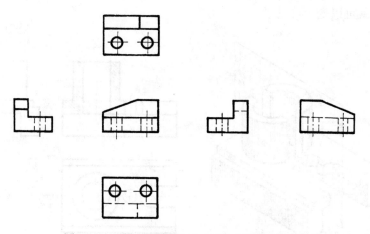

图6-10 第三角画法中六个基本视图的配置

2. 标注

在同一张图纸上按图6-10配置时,一律不标注视图名称。但是必须在图样中画出第三角画法的识别符号,如图6-11a)所示。

第一角画法在我国被规定普遍采用,一般不必画出识别符号,但必要时也可画出识别符号,如图 6-11b)所示。

a)　　　　　　　　　　　　　　　　b)

图 6-11　第三角与第一角画法的识别符号

§6-2　剖　视　图

一、剖视图的概念、基本画法和标注规则

1. 剖视图的概念

根据前面各章的叙述,为了完整清晰地表达机件,可以针对具体情况分别采用六个基本视图、向视图、局部视图和斜视图等各种画法,较好地从各个不同的方向把机件、特别是复杂的外形表达得比较清楚。但是,当机件的内部结构也很复杂时,视图中就会出现许多虚线,甚至重叠不清,给画图和读图均带来不便。因此就提出了如何才能最清楚地表达内部结构的问题。

我们可以假想用剖切面把机件剖开,并将位于观察者和剖切面之间的部分移去,再将其余部分向投影面投射,所得的图形就称为剖视图,剖视图可简称剖视,如图 6-12 所示,这样,内部结构就可以变为可见了。

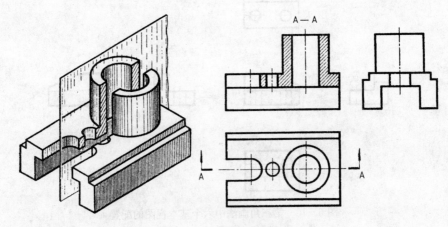

图 6-12　剖视图的概念

2. 剖视图的基本画法

(1) 剖切面通常经过机件的孔、槽等的轴线进行剖切,使这些结构在剖视图中一目了然。

（2）剖面区域内要画出剖面符号。剖切面和机件的接触部分称为剖面区域,若需在剖面区域中表示材料的类别时,应采用特定的剖面符号表示。见本书第一章表1-8所示。不需要在剖面区域内表示材料的类别时,可采用通用剖面线表示。通用剖面线应以适当角度的细实线绘制,最好与主要轮廓线或剖面区域的对称轴线成45°,如图6-13所示,剖面线的间隔应按剖面区域的大小选择;允许沿着大面积的剖面区域的轮廓只画出部分剖面线,如图6-14a)所示,也允许用点阵或涂色代替通用剖面线,如图6-14b)和图6-14c)所示。

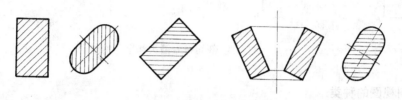

图6-13 通用剖面线的画法

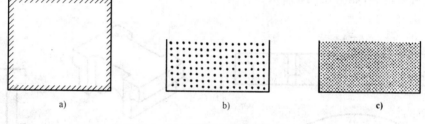

图6-14 剖面线的特殊表示

（3）不要漏画在剖面区域之后的机件部分的投影。如圆孔被剖切后,其两端面的投影线段往往容易遗漏,应注意画出。

（4）剖切是假想的,其余视图仍应按完整机件画出。如图6-12中主视图画成剖视图后,俯视图和左视图仍按完整机件画出。

（5）一般只画可见部分,只有当剖视图和其他视图均未表达清楚的不可见结构,才需要用虚线表示。

3. 剖视图标注的基本规则

一般应在剖视图的上方用"×—×"（×为大写拉丁字母或阿拉伯数字）标注图名,而在相应视图上用剖切线和剖切符号表示剖切面位置,用箭头表示投射方向并注上同样字母或数字。如图6-12所示。其中剖切线采用细点画线,用于指示剖切面位置,也可省略不画;剖切符号则包括指示剖切面起、迄和转折位置的粗短画以及表示投射方向的箭头两部分。剖切线、剖切符号和字母的组合如图6-15所示,省去剖切线的组合如图6-15b)所示。

当剖视图按基本视图位置配置时,往往可省略箭头;当只有单一的剖切平面,又通过机件的对称平面或基本对称的平面且按基本视图方式配置时,标注往往可以全部省略,如图6-17和图6-18所示。

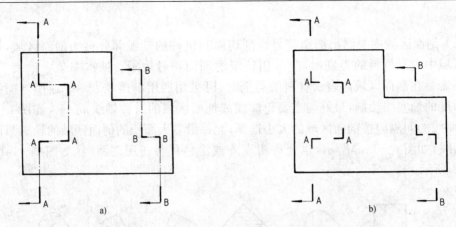

图 6-15 剖切线、剖切符号箭头和字母的组合

二、剖视图的种类

剖视图中,一般采用平面剖切机件,但也可用曲面剖切,当采用柱面剖切时,机件剖视图应按展开方式绘制,如图 6-16 所示。

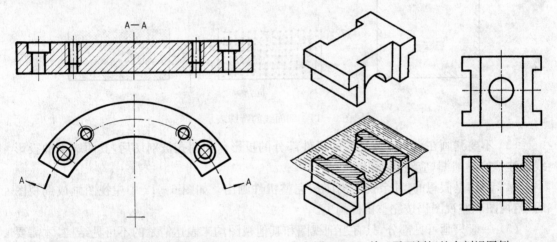

图 6-16 用柱面剖切的展开画法   图 6-17 单一平面剖切的全剖视图例一

根据机件的结构特点,可选择以下剖切面剖开机件:单一剖切面(图 6-17,图 6-18),几个平行的剖切平面(图 6-25),几个相交的剖切面(其交线垂直于某一基本投影面(如图 6-22)。

剖视图按机件被剖开的范围可分为全剖视图、半剖视图和局部剖视图三种。

1. 全剖视图

用剖切面完全地剖开机件所得的剖视图,称为全剖视图。

(1)用单一剖切面剖开机件而得到全剖视图

如图 6-12、图 6-16、图 6-17 和图 6-18 均是使用单一剖切面而得到的全剖视图。

从这些实例可知,剖切平面不仅可以平行于正面(图 6-12),也可以平行于水平面

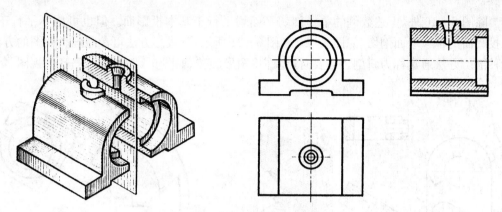

图 6-18 单一剖切面剖切的全剖视图例二

（图 6-17）或侧面（图 6-18）。在这些例子中，因剖切平面均通过机件的对称平面，且按基本视图方式配置，故标注省略。

同一机件可以假想进行多次剖切，分别画出几个剖视图，如图 6-19 所示；此时，各剖视图的剖面线方向和间距应完全相同。在图 6-19 中，主视图为全剖视图，因剖切平面通过机件左边的三角形肋板和右边的半圆形薄耳板，按国家标准《技术制图》的规定，对于机件的肋、轮辐及薄壁等，如按其纵（薄）向剖切，这些结构都不画剖面符号，而用粗实线将它与邻接部分分开，故图中肋板和耳板范围内均不画剖面线。

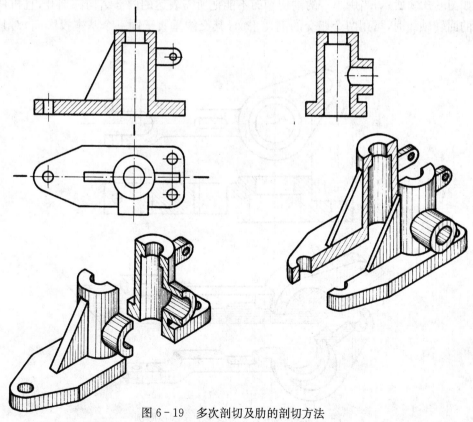

图 6-19 多次剖切及肋的剖切方法

除图6-16外,上述数例的单一剖切平面均平行于基本投影面。但也可用不平行于基本投影面的单一平面剖切,如图6-20和图6-21所示,其投影方法可参照画斜视图的方法,这种剖切方法通常称为斜剖。必要时,允许将图形旋转,如图6-20中的B—B剖视图。

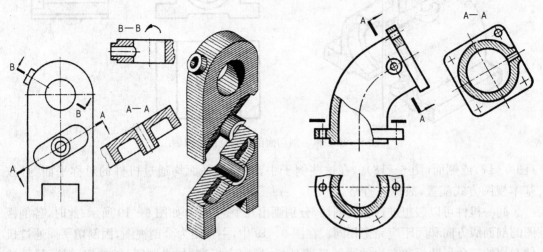

图6-20 单一剖切平面剖切的全剖视图例三   图6-21 单一剖切平面剖切的全剖视图例四

（2）用几个相交的剖切面剖开机件而得到全剖视图

如图6-22所示,当用单一的剖切平面不能把所需表达的内部结构都剖开,且机件有较明显的回转轴线时,可用两个相交的剖切平面(其交线垂直于同一个基本投影面)对其进行

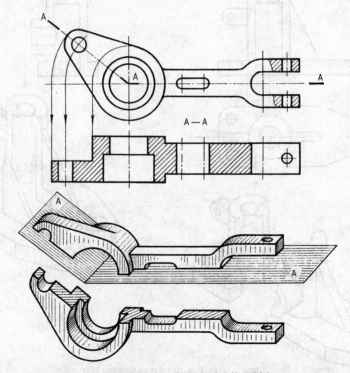

图6-22 两相交平面剖切的全剖视图例一

剖切。通常令这两个相交剖切平面中的一个与基本投影面平行,而另一个则与该基本投影面倾斜,作图时,将倾斜部分绕回转轴线旋转至与该基本投影面平行,然后再进行投影,这样就可以在同一个剖视图上表达出由两个相交平面所剖切到的结构,但两剖切平面之间的交线不能画出,剖面线的方向和间隔完全相同。这种剖切方法通常称为旋转剖。

应当注意的是:在剖切平面后的其他结构一般仍按原来位置进行投影。如图6-23所示机件的矩形小凸台。

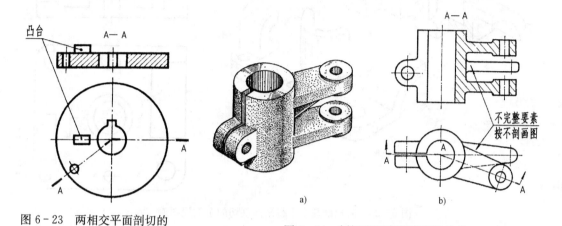

图6-23 两相交平面剖切的
全剖视图例二

图6-24 剖切出不完整要素的处理

当剖切后产生不完整要素时,应将此部分按不剖绘制,如图6-24中的臂。

旋转剖均需标注剖切符号,而字母和箭头则按前述基本原则或标注或省略。标注箭头时,要特别注意其指向的正确性。箭头指向是表示所画剖视图的投射方向,而不是表示将剖切平面旋转至与基本投影面平行的旋转方向。

(3)用几个平行平面剖开机件而得到全剖视图

如图6-25所示的机件,为了同时剖切和表达其上各个不同的孔槽结构,可用几个平行的剖切平面剖开机件,使这些内部结构同时表达在一个剖视图中,各剖面区域的剖面线应相同,各平行的剖切平面之间由于它们垂直的转折平面连接,转折平面不应与视图轮廓

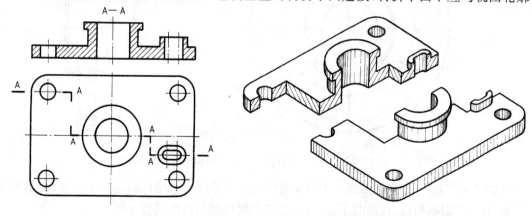

图6-25 几个平行平面剖切的全剖视图例一

线重合，注意不要在孔、槽等结构未完整剖开时逐行转折，以免引起误解，这样的剖切方法通常称为阶梯剖。阶梯剖均需标注剖切符号和字母，而箭头则按前述原则或标注或省略。

图 6 - 26 是另一机件采用三个平行平面剖切的实例。

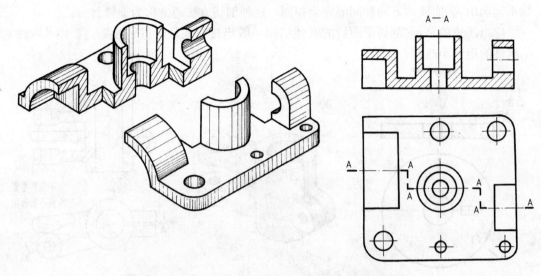

图 6 - 26　阶梯剖几个平行平面剖切的全剖视图例二

（4）用以上相交和平行的几种剖切平面组合剖开机件而得到全剖视图

如图 6 - 27 所示，为了同时表达机件上各类孔的内部结构，而以上几种剖切方式均不能满足要求时，可将它们组合起来剖开机件，这种剖切方法通常称为复合剖。复合剖均需标注剖切符号和字母，而箭头则按前述基本原则可标注或省略。

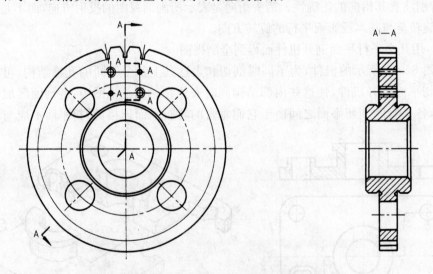

图 6 - 27　相交和平行的平面组合剖切的全剖视图

如图 6 - 28 所示，剖切面既有平面又有柱面。由于这里采用柱面是为了转折，而不是为了显示内部结构，所以，投影时不必展开，故整个剖视图的高度没有变化。

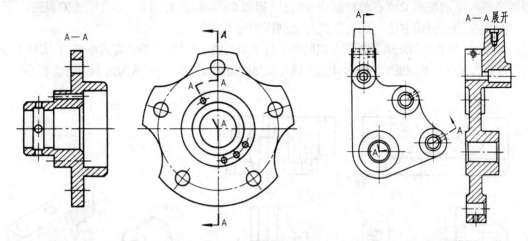

图 6-28　多种剖切平面组合的全剖视图　　　　图 6-29　展开画法的全剖视图

图 6-29 表示剖切后采用了展开画法，经展开后，可反映出各孔轴之间的真实距离，而整个剖视图的高度则因展开而伸长了，此时应在剖视图上方标注"×—×展开"。

2. 半剖视图

当机件具有对称平面时，向垂直于对称平面的投影面投射所得的图形，可以用对称中心线为界，一半画成剖视图，另一半画成视图，这样的图称为半剖视图。半剖视图大多数由单一剖切平面剖切而成，但也可用旋转剖、阶梯剖和复合剖等方法剖切而成。如图 6-30 所示，箱体的前后、左右均对称，故主视图、俯视图、左视图均采用半剖视图表示。而由剖切平面 A 所

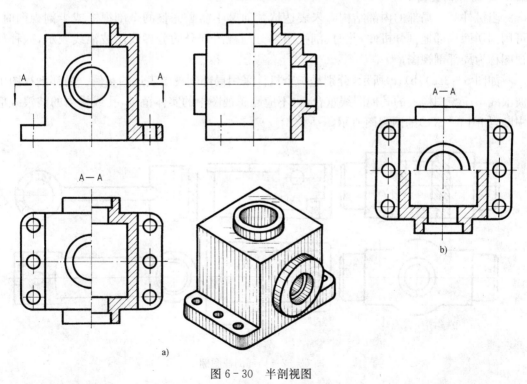

图 6-30　半剖视图

得的 A—A 半剖视图又可有两种画法,即也可用图 6 - 30b)代替图 6 - 30a)中的俯视图。

半剖视图的剖切方法与标注方式与全剖视图完全相同。

如图 6 - 31 所示,B—B 剖视图是以两个平行平面剖切,即以阶梯剖的方式形成的,实际上也可以理解为是两个半剖视图的组合,因此,圆孔就允许只剖出半个,而不认为是不完整要素了。

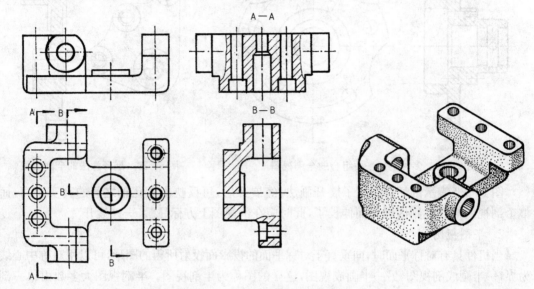

图 6 - 31　两个半剖视图的组合例

3. 局部剖视图

当机件某一局部的内部结构尚未表达清楚而又不需画完整的全剖视图或半剖视图时,可用剖切面局部地剖开机件,此时,剖视图部分与视图部分的分界线用波浪线表示,这种剖视图称为局部剖视图。

如图 6 - 32a)、b)、c)所示,分别是三个机件采用局部剖视图表达的实例。局部剖视图中波浪线不应与图样上的其他图线重合,也不应超越视图中的实体范围,孔或槽内的波浪线应中断,如图 6 - 32c)的两视图所示。

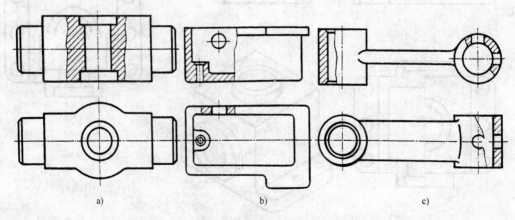

a)　　　　　　　　　　b)　　　　　　　　　　c)

图 6 - 32　局部剖视图例

图6-31的A—A剖视图和B—B剖视图中的小孔均为局部剖视图。

当单一剖切平面的剖切位置明显时,局部剖视图一般不需标注。

§6-3 断面图

一、断面图的概念

对于某些机件上的内部结构,如图6-33所示轴上的孔和键槽等结构,只需画出剖面区域,而无需画出剖切面后的机件轮廓,就已经可以把这些结构表达清楚了。因此,假想用剖切面将物体的某处切断,仅画出该剖切面与机件接触部分的图形,并在该区域内画出剖面符号,这种图就称为断面图,简称断面(图6-33)。

断面图与剖视图既有联系又有区别,断面只是剖视图的组成部分之一,而剖视图则包含断面图及剖切面后机件的投影两部分内容。

断面图可分为移出断面图和重合断面图两种。

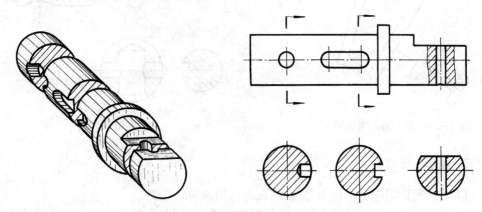

图6-33 断面图的概念

二、移出断面图

(1)移出断面图应画在视图之外,轮廓线用粗实线绘制。

(2)移出断面图可配置在剖切线(指示剖切面位置的细点画线)的延长线上或其他适当的位置。如图6-33、图6-34、图6-35所示。

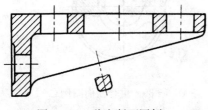

图6-34 移出断面图例一

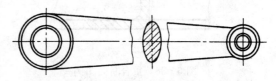

图6-35 移出断面图例二

（3）由两个或多个相交的剖切平面得出的移出断面，中间一般应断开，如图 6-36 所示。

（4）当剖切平面通过回转面形成的孔或凹坑的轴线时，这些结构按剖视图方法绘制，如图 6-37 中的 B—B 所示。

移出断面图一般应进行标注。在相应的视图上用剖切符号表示剖切位置和投射方向，并标注相同的字母。如图 6-37 中键槽的断面图 A—A 和孔的断面图 B—B。

当图中已明确表示了剖切位置和投射方向时，也允许相应地省略剖切符号中的粗短画和箭头以及字母名称。如图 6-33 左边的两个断面图，因配置在剖切符号延长线上，故省略了字母名称，其最右边的断面图配置在剖切线上，而且断面图前后对称，故粗短画、箭头和字母均省略了。图 6-37 中的 B—B 断面图因前后对称，故省略了表示投射方向的箭头。

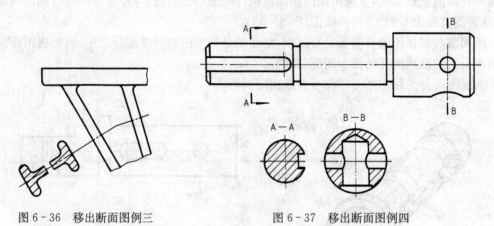

图 6-36　移出断面图例三　　　　　　图 6-37　移出断面图例四

三、重合断面图

（1）重合断面图应画在视图之内，断面轮廓用细实线绘制。

（2）当视图中轮廓线与重合断面图的图形重叠时，视图中的轮廓线仍应连续画出，不可间断。如图 6-38，图 6-39 所示。

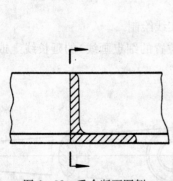

图 6-38　重合断面图例一

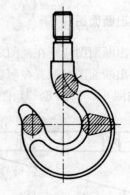

图 6-39　重合断面图例二

对称的重合断面图不必作标注,不对称的重合断面图需画出粗短画和箭头。

§6-4 局部放大图

一、局部放大图的概念

如图6-40,图6-41所示,当机件的某些结构在图中较小、表达不够清楚时,可用大于原图形采用的比例画出,这种图形称为局部放大图。

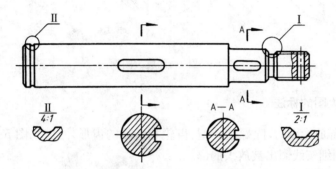

图6-40 局部放大图例一

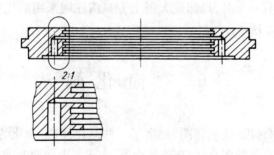

图6-41 局部放大图例二

二、局部放大图的画法

(1)局部放大图的比例是指放大图形与实际机件大小之比,而不是与原图形大小之比。

(2)局部放大图可画成视图、剖视图、断面图等各种形式,它与原图中被放大部分的表达方式无关,二者表达方式可以相同,也可以不相同。

(3)局部放大图应尽量配置在被放大部位的附近。

(4)在局部放大图表达完整的前提下,允许在原视图中简化被放大部位的图形。如图6-42所示,其中图a)为简化前的图形,图b)和图c)为简化后的画法。

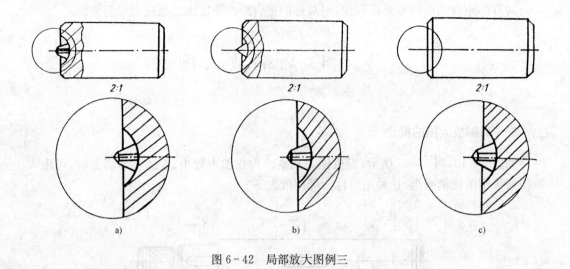

图6-42 局部放大图例三

三、局部放大图的标注

(1) 绘制局部放大图时,除螺纹牙型、齿轮和链轮的齿形外,应如图6-40、图6-41和图6-42所示,用细实线圈出被放大的部位。

(2) 当同一机件上有几个被放大部分时,必须用大写罗马数字依次标明被放大的部位,并在局部放大图上方标注出相应的罗马数字编号和所采用的比例,如图6-40所示。当机件上的被放大部位只有一个时,局部放大图上方只需注明采用的比例,不必标注罗马数字,如图6-41和图6-42所示。

§6-5 简 化 画 法

为简化作图,国家标准《技术制图》规定了一些简化画法,简化的原则是:必须保证不致引起误解和不会产生理解的多意性,在此前提下,力求制图简便并便于识读。如避免不必要的视图和剖视图,避免使用虚线表示不可见结构,尽可能使用有关标准中规定的符号,尽可能减少相同结构要素的重复绘制等。

下面就单个零件的简化画法作介绍。

(1) 零件上对称结构的局部视图,可按图6-43所示方法绘制。

(2) 在需要表示位于剖切平面前的结构时,这些结构按假想投影的轮廓线绘制,如图6-44所示。

(3) 与投影面倾斜角度小于或等于30°的圆及圆弧,其投影可用圆或圆弧代替,如图6-45所示。

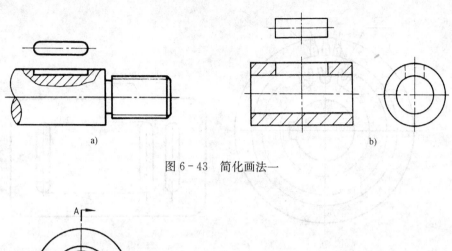

图 6-43　简化画法一

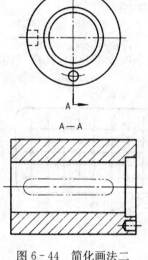

图 6-44　简化画法二

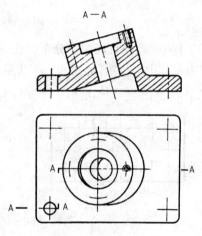

图 6-45　简化画法三

（4）当回转体零件上的平面在图形中不能充分表达时,可用两条相交的细实线表示这些平面,如图 6-46 所示。

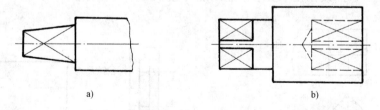

图 6-46　简化画法四

（5）当机件具有若干相同结构（如齿、槽等）,并按一定规律分布时,只需画出几个完整的结构,其余用细实线连接,在零件图中则必须注明该结构的总数,如图 6-47 所示。

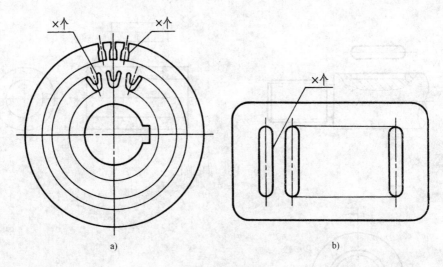

a)　　　　　　　　　　　　　　b)

图 6-47　简化画法五

（6）若干直径相同且成规律分布的孔，可以仅画出一个或少量几个，其余只需用细点画线或"╋"表示其中心位置，如图 6-48 所示。

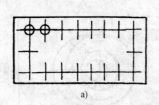　　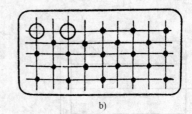

a)　　　　　　　　　　　b)

图 6-48　简化画法六

（7）当机件上较小的结构及斜度等已在一个图形中表达清楚时，其他图形应当简化或省略，如图 6-49 所示的平面结构。

（8）除确属需要表示的某些结构圆角外，其他圆角在零件图中均可不画，倒角也可以不画，但必须注明尺寸，或在技术要求中加以说明，如图 6-50 所示。

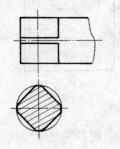　　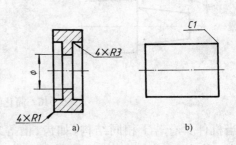

a)　　　　　　b)

图 6-49　简化画法七　　　　　图 6-50　简化画法八

（9）对于机件的肋、轮辐及薄壁等，如按纵向剖切，这些结构都不画剖面符号，而用粗实线将它与其邻接部分分开，当零件回转体上均匀分布的肋、轮辐、孔等结构不处于剖切平面上时，可将这些结构旋转到剖切平面上画出，如图6-51所示。

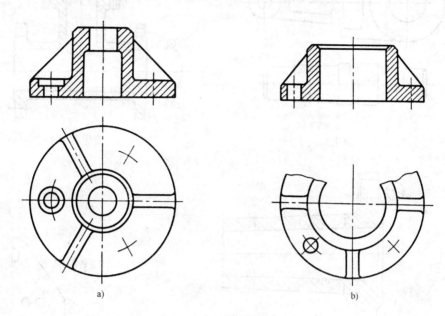

图6-51　简化画法九

（10）在不致引起误解时，对于对称机件的视图，可只画一半或1/4，并在对称中心线的两端画出两条与其垂直的平行细实线，如图6-52所示。

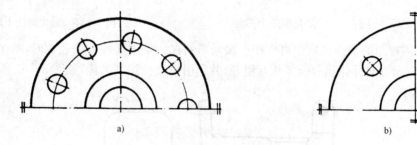

图6-52　简化画法十

（11）较长的机件（轴、杆、型材、连杆等）沿长度方向的形状或按一定规律变化时，可断开后缩短绘制，如图6-53所示。

（12）圆柱形法兰和类似零件上均匀分布的孔，可按图6-54所示的方法表示。

（13）用一系列断面表示机件上较复杂的曲面时，可只画出断面轮廓，并可配置在同一个位置上，如图6-55下方的图。

（14）基本对称的零件仍可按对称的方式绘制，但应对其中不对称的部分加注说明，如图6-56所示。

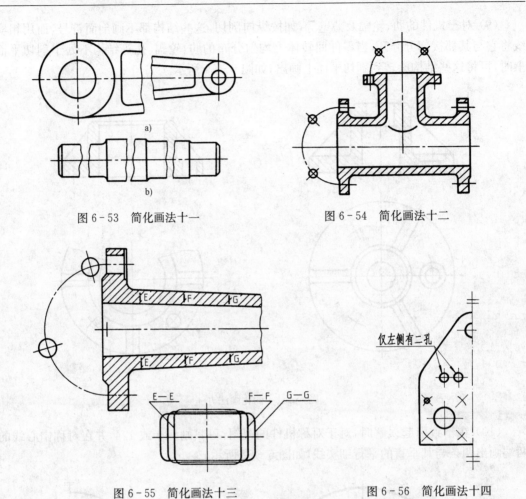

图 6-53　简化画法十一

图 6-54　简化画法十二

图 6-55　简化画法十三

图 6-56　简化画法十四

（15）在剖视图的剖面区域中可再作一次局部剖视。采用这种方法表达时,两个剖切平面的剖面线应同方向、同间隔,但要相互错开,并用引出线标注其名称,如图 6-57 所示。

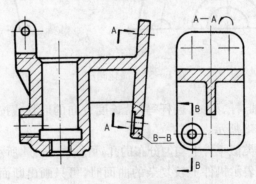

图 6-57　简化画法十五

此外,在不致引起误解的情况下,剖面线可以省略不画或以涂色代替,剖切平面后不需表达的部分允许省略,过渡线、相贯线可以简化或采用模糊画法。

§6-6 综合表达分析

一、机件表达方法的选用原则

前面各节介绍了机件表达的各种方法,如各种视图、各种剖视图、断面图以及各种简化画法等,可以有效、合理地综合选用这些表达方法表达机件,其原则如下:

1. 使视图数量适当

在明确表达机件以及阅读方便的前提下,视图数量应尽量减少,但不能简单地认为越少越好,少到增加了读图的困难就不妥当了。

2. 先主后次、合理地综合运用各种表达方法

视图数量的确定与选用的表达方式有关,合理的表达方式组合可使视图数量更适当,表达更完整清晰。选用时,应首先考虑主体结构和整体的表达,先以表示信息量最多的视图作为主视图,然后针对次要的结构或细部表达不足之处进行修改补充,并避免与不必要的细节重复。

3. 充分发挥尺寸标注的作用

应充分注意到尺寸标注不仅可以确定形体大小与定位,而且有助于形体的表达,合理的尺寸标注还有利于精简视图和明确表示。

4. 尽量避免使用虚线表达机件轮廓

内部结构宜采用剖视图和断面图表达,以免虚线重叠交叉影响清晰度。但是不等于不准画虚线,在有些情况下,适当地画出某些虚线,可增加机件表达的清晰度,降低读图的难度或可省去一个视图,此时可合理绘出这些虚线。

5. 善于进行方案比较

同一机件往往可采用多种表达方案。不同的视图数量、不同的表达方法和不同的尺寸标注,构成了各种不同的表达方案。对方案进行比较,就不难发现有优劣之分,故应善于进行比较,择优选用。

二、综合表达举例

[例6-1] 确定图6-58a)所示机件的表达方案。

[分析] 该机件的底板及右端凸缘形状如图所示,底板上有两块直立肋板成T字形连接圆柱体的主体,主体右端是图形凸缘,主体内部有通孔和槽。

可采用主视图和右视图表达该机件的整体构造情况,而用A向局部视图表达右部凸缘,B向局部视图表达底部构造。主体内部的孔槽结构可由左视图和主视图的剖视表达清楚,主视图可采用全剖视图,也可以采用局部剖视以保留肋板外形,并注意肋板剖切的规定画法。

表达方法如图6-58b)所示。

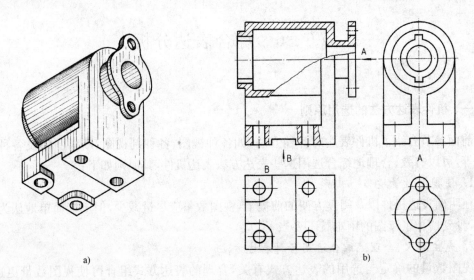

a)

b)

图 6-58　机件综合表达例一

[例 6-2]　根据图 6-59 所示齿轮泵泵体的三视图,重新确定表达方案并标注尺寸。

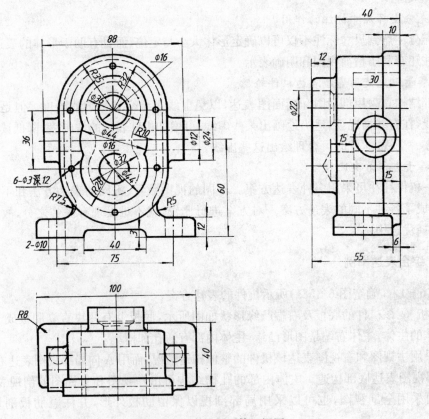

图 6-59　齿轮泵泵体三视图

[**分析**]　首先根据三视图想象出泵体的形状。泵体主体是长圆形柱体,内部带有腰形空腔,前面有一凸缘,其上有六个小孔,以便与泵盖相连接用;主体左右侧各有一水平圆柱形凸台,内有通孔,是进、出油孔;主体后面也有一凸台,其上部有一阶梯通孔,用以安装伸到泵体外的齿轮轴,下部有一与空腔相连的盲孔,用以安装另一齿轮轴。除了上述的主体外,泵体还有一块带凹槽的长方形底板,其上有两个安装孔,以便把齿轮泵安装到某台机器上去。

采用上述三视图表达该泵体,虚线多,内外结构层次不清,读图不便。现改用以下两组方案表达。

[**方案一**]　如图6-60所示。

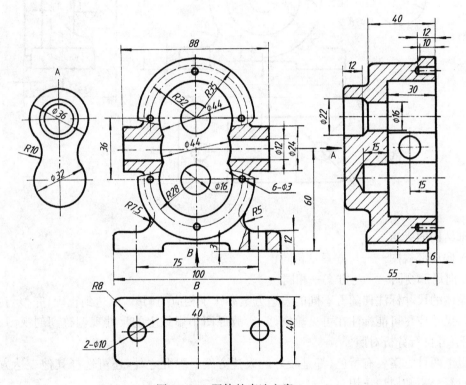

图6-60　泵体的表达方案一

主视图——与原图方向相同,能较好地反映主体的形状特征;主体左右两侧采用局部剖视,可充分反映进、出油孔的结构;底板上的局部剖视则反映安装孔结构。

左视图——采用全剖视图,内部结构一目了然。

A向局部视图——表达后部凸台的形状。

B向局部视图——表达底板形状和安装孔位置。

[**方案二**]　如图6-61所示。

主视图——考虑到主视图左右对称,采用C—C阶梯剖将它改为半剖视图,既可把前端凸缘及小孔的外形表达清楚,又可把泵体壁厚及油孔与内腔的连通关系表达清楚。

左视图——采用局部剖视表达,既保留了部分外形结构,有利于读图与想象,又不影响

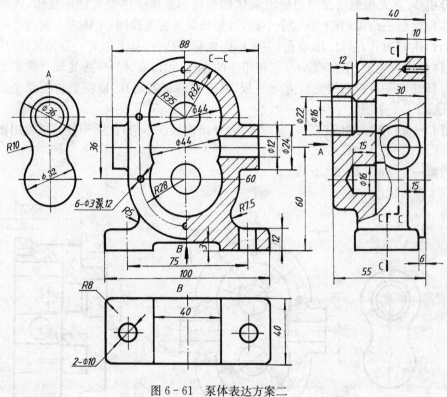

图 6-61　泵体表达方案二

其内部结构的表达。

A 向局部视图——与方案一相同。

B 向局部视图——与方案一相同。

泵体的尺寸标注伴随着不同的表达方案亦作了相应的调整,以达到正确、完整与明确的目的。尺寸应尽可能标注在可见轮廓线上,故原图中虚线上的尺寸现调整到剖视图或局部视图上,可自行分析对照。

以上两种方案各有特色,都是较好的表达方案。除此之外,还可选择其他表达方案,读者可自行分析和斟情选用。

第七章 标 准 件

标准化是现代生产的重要标志之一,在一定程度上可反映一个国家工业化的程度。零件、部件或产品的制造如能系列化和标准化,就能缩短设计制造的周期,有利于批量生产,因而可降低成本,提高产品质量和经济效益。标准化的范围涉及尺寸、表面粗糙度、公差、材料、标准结构要素、标准零件和标准部件等各项标准。《机械制图》国家标准就对标准结构要素、标准零件和标准部件等的尺寸、型号及画法等都作了详尽的规定,这是每个制图人员都必须遵循的规则。

凡在结构、尺寸等方面均已标准化、系列化的机件称为标准件,如螺栓、螺母、垫圈、键、销、滚动轴承等。随着我国工业化的发展,原来的一些常用件如齿轮、弹簧等也已标准化,所以它们也属于标准零件。

本章就机器上常见的一些标准件作简要介绍。

§7-1 螺纹和螺纹紧固件(GB/T 4459.1—1995)

一、螺纹

螺纹是螺纹紧固件上的一种标准结构要素,主要用于连接和传动。在圆柱或圆锥的外表面上的螺纹称为外螺纹,而在圆柱或圆锥内表面上的螺纹则称为内螺纹。

1. 螺纹的术语(GB/T 14791—1993)

(1)定义 在圆柱或圆锥表面上沿着螺旋线所形成的具有规定牙型的连续凸起称为螺纹。

(2)牙型 通过螺纹轴线的断面上螺纹的轮廓所成牙型角。

(3)公称直径 代表螺纹尺寸之直径(在公制螺纹中通常指螺纹大径)。

(4)大径 与外螺纹牙顶或内螺纹牙底相切的假想圆柱或圆锥的直径,如图 7-1 所示。

(5)小径 与外螺纹牙底或内螺纹牙顶相切的假想圆柱或圆锥的直径,如图 7-1 所示。

(6)顶径 与外螺纹或内螺纹牙顶相切的假想圆柱或圆锥的直径,即外螺纹大径或内螺纹的小径,如图 7-1 所示。

(7)底径 与外螺纹或内螺纹的牙底相切的假想圆柱或圆锥的直径,即外螺纹小径或内螺纹的大径,如图 7-1 所示。

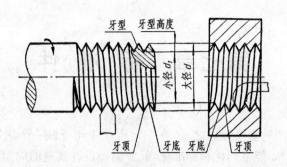

图 7-1 螺纹的大、小径

(8) 中径 一个假想圆柱或圆锥的直径,该圆柱或圆锥的母线通过牙型上沟槽和凸起宽度相等的地方。该假想圆柱或圆锥称为中径圆柱或中径圆锥。

(9) 线数 在同一个圆柱面上,如只有一个平面图形作螺旋运动就形成单线螺纹。如有两个在圆柱面上成 180°间隔的平面图形,同时作螺旋运动就形成双线螺纹;同理,在圆柱面上有三个间隔 120°的平面图形作螺旋运动就形成三线螺纹。通常把两个以上的称为多线螺纹,如图 7-2 所示。

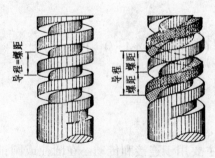

图 7-2 螺纹的线数、螺距与导程

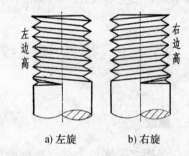

a) 左旋　　b) 右旋

图 7-3 螺纹的旋向

(10) 旋向 螺纹有左、右旋之分。当螺纹旋进时为顺时针方向的称右螺纹;反之,当螺纹旋进时为逆时针方向的就称为左螺纹。工程上常用的多为右螺纹,如图 7-3 所示。

(11) 螺距和导程 螺纹两相邻牙齿上对应两点间的轴向距离,如从一牙尖到相邻牙尖间的轴向距离称为螺距。沿同一条螺旋线转一圈,轴向移动的距离则称为导程。单线螺纹的螺距就等于导程,而双线螺纹的导程则等于两倍螺距,如图 7-2 所示。

在螺纹的各要素中,牙型特征、大径和螺距是决定螺纹最基本的要素,通常称为螺纹的三要素。在螺纹的标注中如没有标明线数和旋向,则该螺纹必为单线和右旋。

2. 螺纹的分类

(1) 按基本要素分 如螺纹的三要素均属标准就称为标准螺纹,如表 7-1 所示;如牙型不标准就称为非标准螺纹;如牙型标准但螺距或大径不标准就称为特殊螺纹。

(2) 按用途分 螺纹可分为连接用和传动用两种,见表 7-1 所示。

(3) 按所在表面分 螺纹可分为外螺纹与内螺纹。

表 7-1 列举了常见标准螺纹的牙型、用途、代号、画法与标注方法。

表7-1 常用标准螺纹的牙型、用途、标注方法、附注及其标准号码

螺纹类别		外形图	内外螺纹旋合后牙型放大图	特征代号	标注方法	示例	附注	标准号码
连接螺纹	粗牙普通螺纹	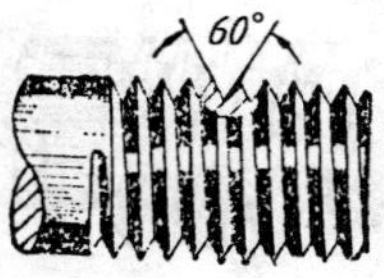	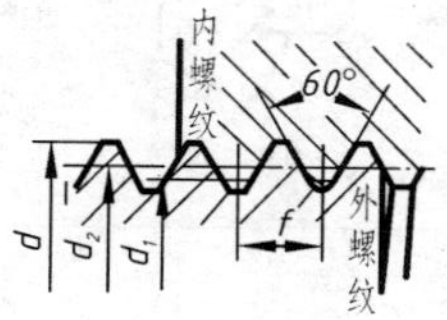	M	M12-6h-S（特征代号／公称直径（大径）／公差带代号／旋合长度代号）	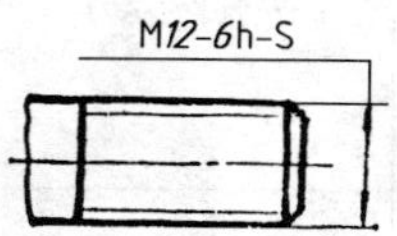 M12-6h-S	普通螺纹粗牙不注螺距 中等旋合长度不注 N（以下同）	GB/T 193—1981
	细牙普通螺纹		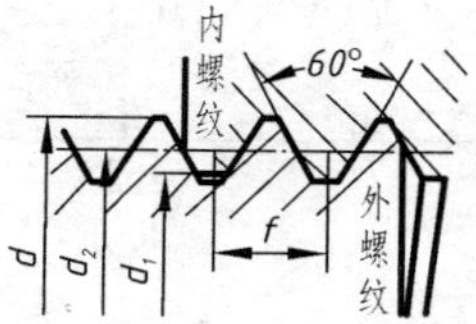	M	M20×2LH-6H（特征代号／公称直径（大径）／螺距／左旋代号／公差带代号）	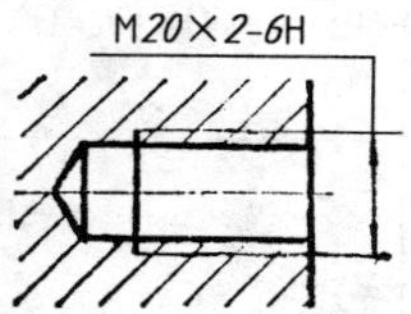 M20×2-6H	普通螺纹细牙应注螺距，如为左旋螺纹应加注 LH（右旋不标）	GB/T 196—1981
	非螺纹密封的管螺纹	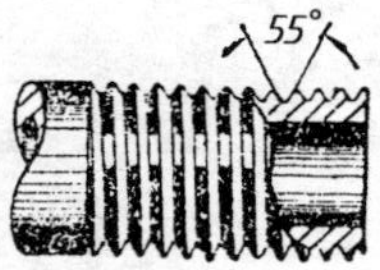	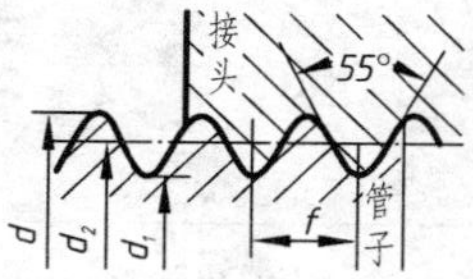	G	G1A（特征代号／尺寸代号，大小为1″／公差等级）	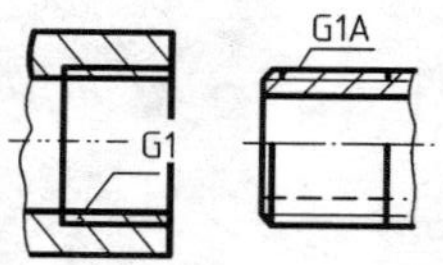 G1A / G1	外螺纹公差等级分 A 级和 B 级两种 内螺纹公差等级只有一种，不注	GB/T 7307—2001

153

续表 7-1

螺纹类别	外形图	内外螺纹旋合后牙型放大图	特征代号	标注方法	示例	附注	标准号码
连接螺纹 — 用螺纹密封的管螺纹	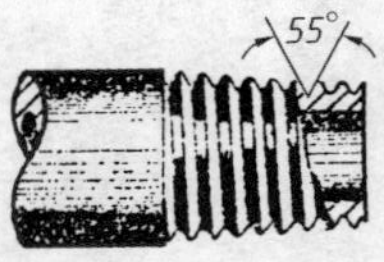	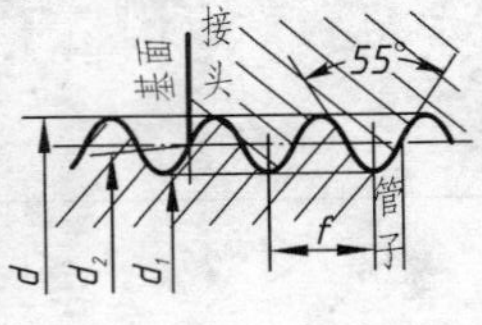	R Rc Rp	R½-LH（左旋；尺寸代号，大小为1/2"；特征代号，表圆锥外螺纹） Rc½（尺寸代号，大小为1/2"；特征代号，表圆锥内螺纹）	R1/2 Rc1/2	此种螺纹有三种，圆锥外螺纹的代号为R，圆锥内螺纹的代号为Rc，圆柱内螺纹的代号为Rp，内外螺纹均只有一种公差带不注	GB/T 7306.2—2000
传动螺纹 — 梯形螺纹	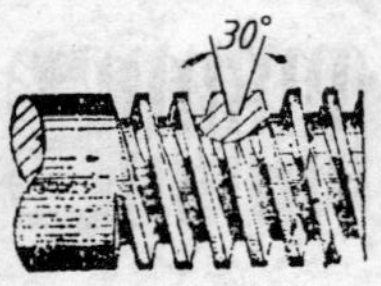	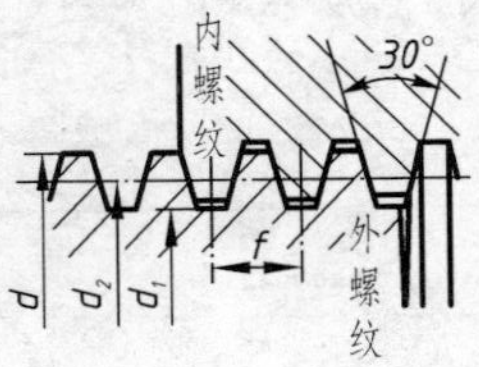	Tr	Tr22×10(P5)LH-7H（公差带；左旋；螺距；导程；公称直径（大径）；特征代号）	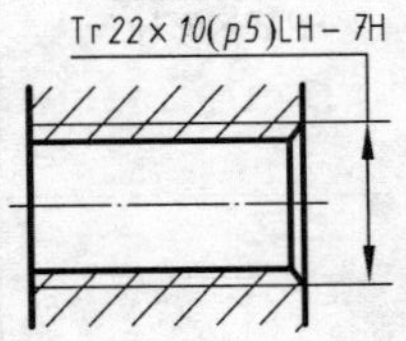 Tr22×10(p5)LH—7H	多线螺纹可按此标注	GB/T 5796.3—1986
传动螺纹 — 锯齿形螺纹	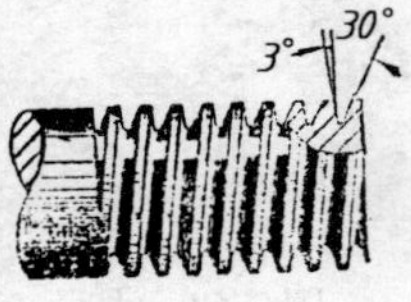	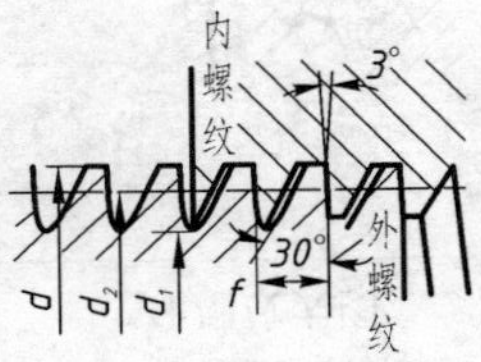	B	B32×6LH-8c-L（旋合长度代号；公差带；旋向；螺距；公称直径（大径）；特征代号）	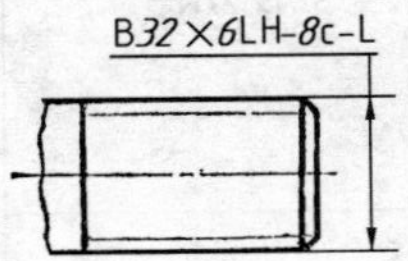 B32×6LH-8c-L	多线螺纹可按梯形螺纹标注	GB/T 13576—1992

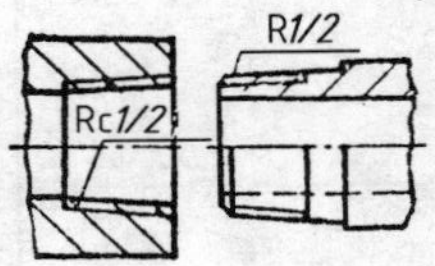

3. 螺纹的加工

由于螺纹是由平面图形作螺旋运动而形成,因此它可以在车床上加工,如图7-4a)和图7-4b)所示。加工螺纹时,工件在卡盘上作等速回转,而车刀则沿工件轴向作等速的位移,二者的合成即是螺旋运动,因而可在车床上加工内、外螺纹。螺纹还可通过辗压或板牙手工铰成,如图7-4c)和图7-4d)所示。

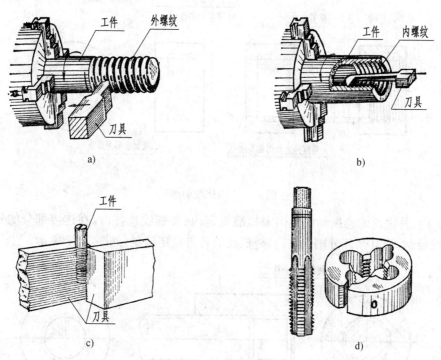

图7-4 螺纹的加工

4. 螺纹的规定画法

国家标准规定螺纹牙顶圆的投影用粗实线表示,牙底圆的投影用细实线表示,在螺杆的倒角或倒圆部分也应画出螺纹。

(1) 外螺纹 按规定其大径画粗实线,小径画细实线,且要画到螺纹末端的端部;在反映为圆的视图中,大径画粗实线圆,小径画细实线圆且只画3/4圈(空出约1/4圈的位置不作规定),而且螺纹末端倒角圆的投影规定不画,螺杆上螺纹终止线也画成粗实线,如图7-5所示。

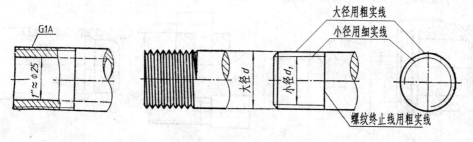

图7-5 外螺纹的画法

（2）内螺纹　可见内螺纹（当螺孔剖开时）的大径画细实线，小径画粗实线，剖面线要画到小径为止。内螺纹的螺纹终止线在剖开以后也画粗实线。在反映为圆的视图中，小径画粗实线的圆，大径画细实线的圆且只画 3/4 圈。此时内螺纹末端如倒角等圆的投影也不画。当内螺纹未剖开为不可见时，则其大小径和螺纹终止线全部画成虚线，如图 7-6 所示。

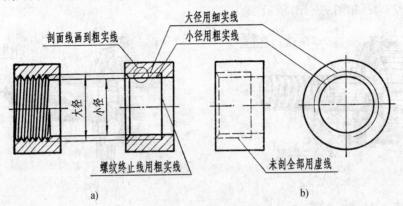

图 7-6　内螺纹的画法

（3）内、外螺纹的连接画法　国家标准规定内、外螺纹连接时，在连接部分的长度上应按外螺纹绘制，而其余部分则仍按内、外螺纹的各自规定绘制，如图 7-7 所示。

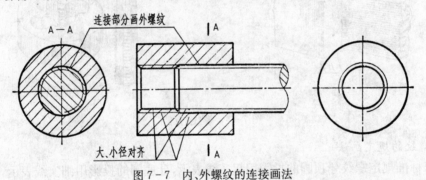

图 7-7　内、外螺纹的连接画法

（4）表示螺纹牙型的画法　当需要表示螺纹牙型时（一般为牙型不标准的非标准螺纹）除用粗实线和细实线分别表示螺纹的大、小径外，还应画出几个牙型以表示其形状并标注尺寸。具体画法有两种，一是用局部放大的画法绘出几个齿形的局部放大图。另一种则是在视图中用局部剖，剖出几个齿形，如图 7-8 所示。

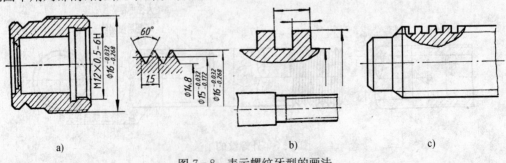

图 7-8　表示螺纹牙型的画法

(5) 螺尾的画法 螺尾部分一般不必画出,当需要表示螺尾时,该部分用与轴线成 30°的细实线画出,如图7-9所示。

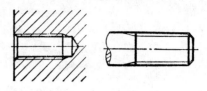

图7-9 螺尾的画法

5. 螺纹的标记

按国家标准规定,螺纹的完整标记由螺纹代号、公差带代号(包括中径与顶径代号如 6H,5g,6g 等)和螺纹旋合长度代号所组成。

(1) 普通螺纹、梯形螺纹及锯齿形螺纹的尺寸均直接标注在大径的尺寸线上或大径尺寸线的延长线上,如表7-1所示。管螺纹的尺寸一律注在引出线上,引出线应由大径处引出,如表7-1所示。

(2) 粗牙普通螺纹不注螺距,只有细牙普通螺纹、梯形螺纹及锯齿形螺纹要注螺距。双线螺纹的标注形式如 Tr22×10(P5),式中 10 为导程,P5 表示螺距为 5。因一个导程等于两螺距,故此梯形螺纹为双线。

(3) 旋向中左旋螺纹加注 LH,如为右旋螺纹则不注。

(4) 公差带代号应顺序注出螺纹中径和顶径的公差带代号。公差带代号由表示公差等级的数字及表示公差带位置的字母所组成。规定小写字母用于外螺纹,大写字母用于内螺纹。如 M6-5g6g 表示的是外螺纹的中径和顶径的公差带代号分别为 5g 及 6g。当螺纹的中径、顶径公差带相同时则只注一个代号。如 M20×2-6H 表示普通细牙螺纹,其螺距为 2,中径和顶径的公差带相同均为 6H,且因字母大写,它所表示的应为内螺纹。

(5) 梯形和锯齿形螺纹均只表示中径的公差带代号,见表7-1所示。

(6) 管螺纹的公差带代号的注法,见表7-1中各自的附注所示。

(7) 旋合长度是指两个相互旋合的螺纹,沿螺纹轴线方向相互旋合部分的长度。普通螺纹的旋合长度有三种:1)短旋合长度,其代号为 S;2)中等旋合长度,其代号为 N;3)长旋合长度,其代号为 L。梯形及锯齿形螺纹的旋合长度只有中等旋合长度 N 及长旋合长度 L。但不论何种螺纹,凡旋合长度为中等 N 者均规定不注。

二、螺纹紧固件

常用的螺纹紧固件有螺栓、螺柱、螺母、垫圈、螺钉等,如图7-10所示。它们均属标准件,其结构和尺寸均已标准化,其规格也已系列化。根据它们的标注就可在书后的附表或手册中查到它们各部分的尺寸。

1. 螺栓连接

螺栓连接用于被连接两零件的厚度不很大、允许钻成通孔且从被连接零件的两面均可装配的场合,如图7-11a)所示。连接时在被连接的上、下板中先钻通孔,使其直径略大于螺栓上的螺纹大径,然后将螺栓穿过通孔,在其一端装上垫圈,再用螺母拧紧即起连接作用。

在绘制螺栓连接图时,螺栓的长度应由被连接件的厚度来确定。如被连接件的厚度分别为 δ_1 及 δ_2(图7-11a)),则螺栓长 $L = \delta_1 + \delta_2 + b$(垫圈厚)$+ H$(螺母厚)$+ a$(螺栓超出螺

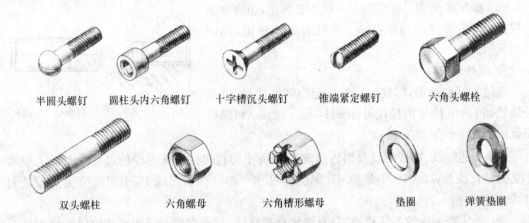

半圆头螺钉　　圆柱头内六角螺钉　　十字槽沉头螺钉　　锥端紧定螺钉　　六角头螺栓

双头螺柱　　　　六角螺母　　　　六角槽形螺母　　　　垫圈　　　　弹簧垫圈

图 7 - 10　常用的螺纹连接件

母部分);式中,a 常取成 $a \approx (0.3 \sim 0.4)d$, d 为螺纹大径。按此公式算出的螺栓长度,一般不是标准长度,还应在螺栓表中选定与之最相近的标准长度作为螺栓长度。

绘制螺栓连接时常采用比例画法。即以螺栓上的螺纹大径 d 和长度 L 为依据,使其各部分尺寸以及配套使用的螺母、垫圈等各部分的尺寸均与 d 成比例。按此比例画法能很快地作出螺栓连接图,如图 7 - 11b)所示。注意,图中螺栓头和螺母的区别仅在于厚度不同,其他尺寸均同,故画法也一样。图 7 - 11b)的右下角表示了用圆弧代替双曲线的比例画法。先

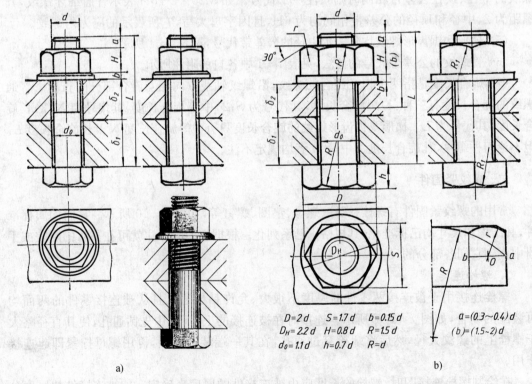

$D = 2d$	$S = 1.7d$	$b = 0.15d$
$D_H = 2.2d$	$H = 0.8d$	$R = 1.5d$
$d_0 = 1.1d$	$h = 0.7d$	$R = d$

$a = (0.3 \sim 0.4)d$
$(b) = (1.5 \sim 2)d$

a)　　　　　　　　　　　　　　　　　　b)

图 7 - 11　六角头螺栓连接画法

根据尺寸 H 及 D 定出螺母所在棱柱的尺寸,然后用 $R = 1.5d$ 作中间一段圆弧,并把它延长至与棱柱的外轮廓线交于点 a,过 a 作水平线 ab,再取其中点为圆心,以 r 为半径(r 应通过中间圆弧与 b 处棱线的交点),从而作出左、右两侧的圆弧;再从六角形内切圆水平直径的两个端点向主视图顶部投射,然后作与水平成 $30°$ 的倒角,即得螺母的主视图。螺母的左视图上只看到两个棱面。可用 $R_1 = d$ 的圆弧替代侧面双曲线的投影。螺栓头部曲线的画法与此完全相同,如图 7-11b)所示。

2. 螺柱连接

螺柱是两端有螺纹中间为光杆的标准件,其规格可见附录。螺柱连接用于被连接件之一甚厚,或不允许钻成通孔,或采用螺栓连接受空间所限而无法装配的场合。螺柱连接的情况如图 7-12a)所示,在较薄的被连接件上钻一通孔,而在较厚的被连接件上先钻一不通的光孔,然后用丝锥加工成螺孔。连接时先把螺柱旋入机体的一端 b_m 旋入螺孔内,旋入深度通常画到与带螺孔的机体表面平齐,然后将带通孔的被连接件穿过螺柱。螺柱上旋入螺母的一端以 b 表示(见附录表 2-2),在其上套上垫圈、螺母后把螺母拧紧即可起连接作用。注意螺柱的有效长度是指除旋入机体一端的长度 b_m 外的其余部分长度。

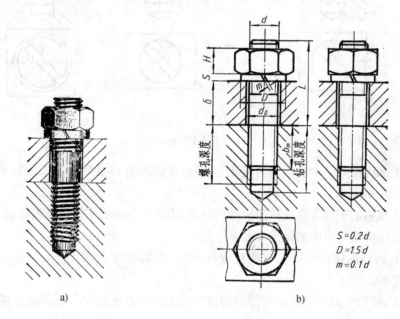

图 7-12 螺柱连接画法

在绘制螺柱连接图时,螺柱有效长度 L 取决于被连接件的厚度。$L = \delta$(被连接件厚)$+$ S(垫圈厚)$+ H$(螺母厚)$+ a$(超出螺母部分)。式中,a 可取成 $a \approx (0.3 \sim 0.4)d$;其中,$d$ 为螺纹大径。从此式中算出来的螺柱长度一般为非标准长度,还应从螺柱表内查取最相近的标准长度作为螺柱的有效长度。螺母的画法与螺栓连接中一样。垫圈可用普通垫圈,为防松也可用弹簧垫圈。图 7-12b)中用的是弹簧垫圈,其画法和规格可在机械零件手册中查到。在绘制被连接件的螺孔时,也可采用比例画法,即螺孔深度$= b_m$(螺柱旋入机体端之长)$+ 0.5d$(d 为螺纹大径),而钻孔深度$=$螺孔深度$+ 0.5d$。

3. 螺钉连接

螺钉也是标准件,有很多类型和规格,可查附录中表格或手册。螺钉按其用途可分为连接用和紧定用两种。

(1) 连接用螺钉 图 7-13 所示为常见的连接用螺钉。螺钉连接主要用于受力较小的场合,连接时被连接件之一钻有光孔或制成沉头座,另一被连接件上则加工成螺孔。

在绘制螺钉连接图时(图 7-13)应注意如下几点:

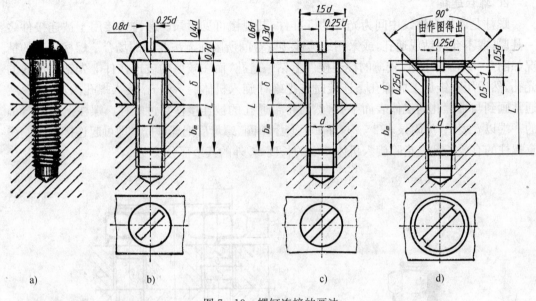

a)   b)   c)   d)

图 7-13 螺钉连接的画法

1) 螺钉头部可按附录中表格内的尺寸绘制,也可以如图 7-13b),7-13c),7-13d)中那样用比例画法来画。

2) 半圆头螺钉的头部常露在被连接件的外面,而圆柱头螺钉则较多地埋在沉头座中。

3) 螺钉长度应按附录中的标准长度来选用。

4) 带螺孔的被连接件的画法与螺柱连接画法相同,即螺孔深度 $= b_m + 0.5d$,钻孔深度 $=$ 螺孔深度 $+ 0.5d$。

5) 按规定,螺钉头部的槽在俯视图中的投影应画成与水平成 $45°$,而非从主视图直接投影得到的。

(2) 紧定用螺钉 紧定螺钉连接可如图 7-14a)那样,在轴上先钻一凹坑,然后将螺钉

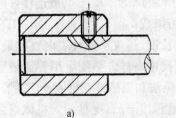
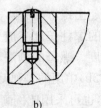

a)   b)

图 7-14 紧定螺钉连接的画法

拧入起限位作用;也可以如图 7-14b)那样在两被连接件上各加工半个螺孔(两被连接件放在一起同时加工),然后拧入螺钉起紧定作用。

§7-2 键连接(普通型平键 GB/T 1096—2003,普通型半圆键 GB/T 1099.1—2003)

键通常用于轴和轮毂之间,它可将轴上的扭矩传至轮毂,或反之亦然。键的种类很多,常见的有圆头平键和半月键等。键是标准件,可在附录的表格或手册中查到其规格和标注。图 7-15 说明键的连接情况。在轴和轮毂上分别加工出键槽,其中轮毂中的键槽必是全通的,而轴上的键槽则铣成和键一样的形状并具有一定的深度。装配时将键先装进轴内,然后将轴连同键一起装到轮毂中去。此时键有一部分位于轴内,另一部分则在轮毂的键槽中,因此可起到连接和传递扭矩的作用。当轴的直径确定后,键的公称尺寸宽和高以及键槽的宽和深度均可从表中查得。其连接画法如图 7-15 所示。因平键和半月键的工作表面均为侧面,故连接时,键的侧面与轮毂及轴上的键槽接触,画成一条线,键的底面与轴上键槽的底也接触,画成一条线,但键的顶面与轮毂中键槽的顶面不接触,有间隙,应画成两条线。

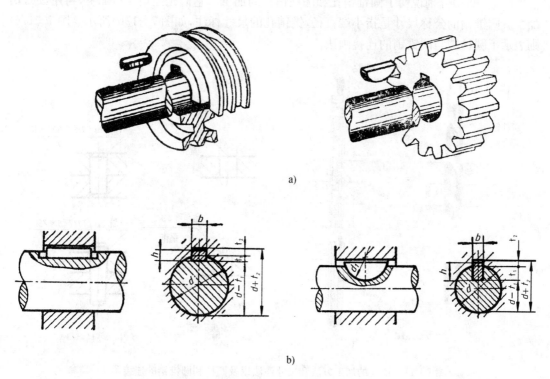

a)

b)

图 7-15 键 连 接

§7-3 销连接(圆柱销 GB/T 119.1—2000,
圆锥销 GB/T 117—2000)

销也可以连接零件或传递动力。为了准确地固定零件间的相对位置常用销来定位。两被连接件上的销孔则是在装配时同时加工的。

销的种类很多。最常见的是圆柱销与圆锥销,如图 7-16 所示。它们也属标准件,在附录或手册中均可查到它们的尺寸、规格与标注。

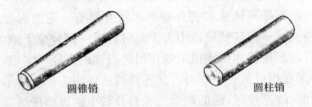

图 7-16 圆锥销、圆柱销

图 7-17a)分别说明了圆锥销孔和圆柱销孔的加工。它们先经钻孔粗加工,再用铰刀精加工。圆锥销的公称尺寸是指小端直径,锥销孔的尺寸标注,如图 7-17b)所示。图 7-17c)则表示了圆柱销与圆锥销的连接画法。

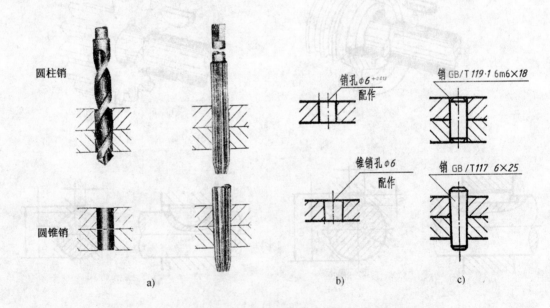

图 7-17 销孔的加工方法和尺寸注法以及圆柱和圆锥销的连接画法

§7-4 滚动轴承(GB/T 276—1994, GB/T 297—1994, GB/T 301—1995)

滚动轴承是用以支承轴的标准部件。它具有结构紧凑、摩擦阻力小等特点,在生产上有广泛的应用。滚动轴承的型号、规格等都可在机械零件手册中查到。本书附录也摘录了三种常见滚动轴承的表格。

滚动轴承通常由外圈、内圈、滚动体和保持架四部分组成。其滚动件可为球、圆柱滚子、圆锥滚子等多种类型。滚动轴承中的深沟球轴承用以承受径向载荷;推力球轴承用以承受轴向载荷;圆锥滚子轴承则可同时承受径向和轴向载荷。

滚动轴承的规格可以通过其代号来体现,滚动轴承的代号由 前置代号 基本代号 后置代号 组成,详见 GB/T 272—1993。这里只简单介绍一下基本代号如下:基本代号——表示轴承的基本类型、结构和尺寸,是轴承代号的基础。

滚动轴承的基本代号(滚针轴承除外):

轴承中外形尺寸符合 GB/T 276—1994,GB/T 297—1994,GB/T 301—1995 之任一标准的外形尺寸,其基本代号由轴承类型代号(表示轴承属何种类型)、尺寸系列代号(由轴承宽(高)度系列代号和直径系列代号组成)和内径代号构成。它们分别用阿拉伯数字或大写拉丁字母表示。

例如滚动轴承 6203 表示如下含义:

(1)查 GB/T 272—1993 中轴承类型表(由于表格繁多,此处从略),可知上述代号中"6"表示深沟球轴承。

(2)上述代号中的"2"表示尺寸系列代号,查国家标准中深沟球轴承的尺寸系列表(表从略)可知(0)2 属尺寸系列代号,它和类型代号一起构成组合代号"62"。

(3)上述代号中的"03"表示轴承公称内径的代号。标准中将轴承内径(以 mm 计)分成许多尺寸段,其中 10~17 尺寸段里轴承内径为 10 mm 的其代号为"00";轴承内径为 12 mm 的其代号为"01";轴承内径为 15 mm 的其代号为"02";轴承内径为 17 mm 的其代号为"03"(表格从略)。

由此可知 6203 号滚动轴承属于深沟球轴承,其轴承类型代号为"6",其尺寸系列代号为"2",而其公称内径代号则为"03",即其内径为 17 mm。

表 7-2 列举了三种常见滚动轴承的规定画法与简化画法,附录中还附有三张常用滚动轴承的表格。

表 7 - 2 常用滚动轴承的画法

名称、标准号码和结构、代号	简化画法		规定画法
	通用画法	特征画法	

深沟球轴承
GB/T 276—1994

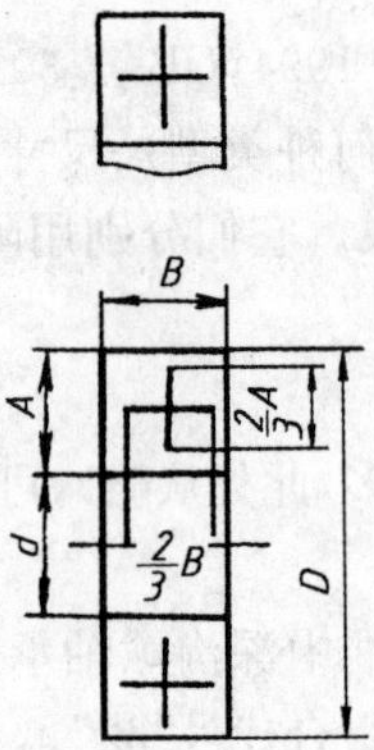

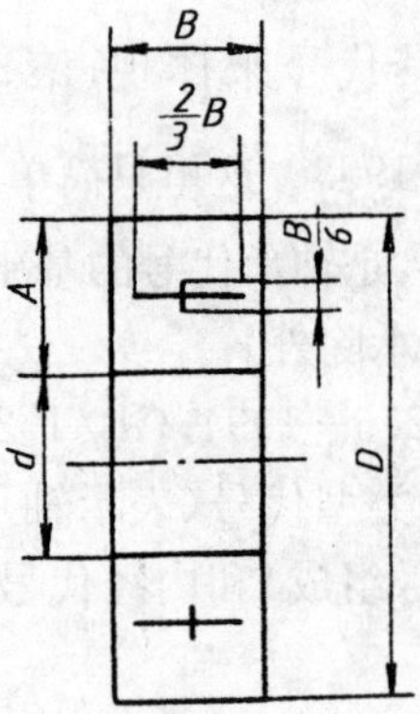

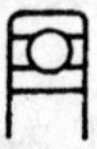

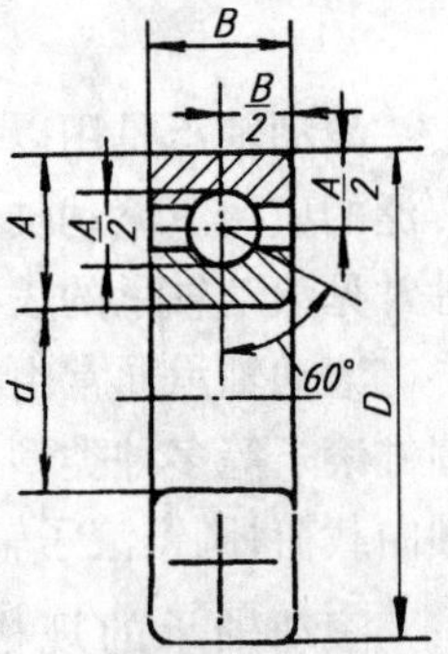

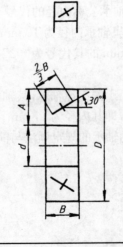

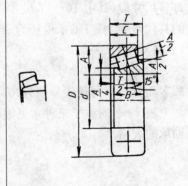

深沟球轴承
GB/T276—1994

圆柱滚子轴承
GB/T 283—1994

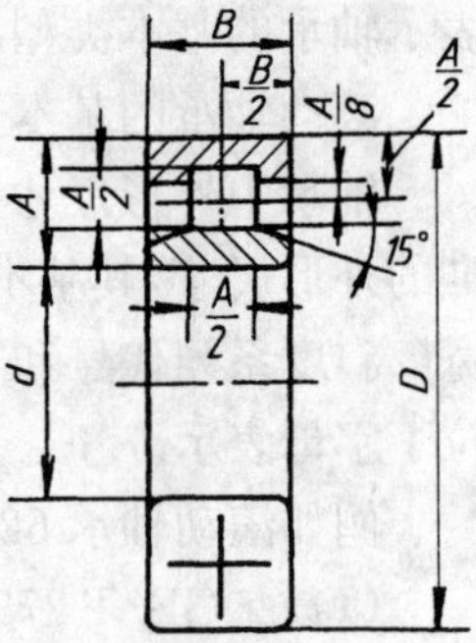

圆锥滚子轴承
GB/T 297—1994

续表 7-2

名称、标准号码和结构、代号	简 化 画 法		规 定 画 法
	通用画法	特征画法	

推力球轴承
GB/T 301—1995

与上相同

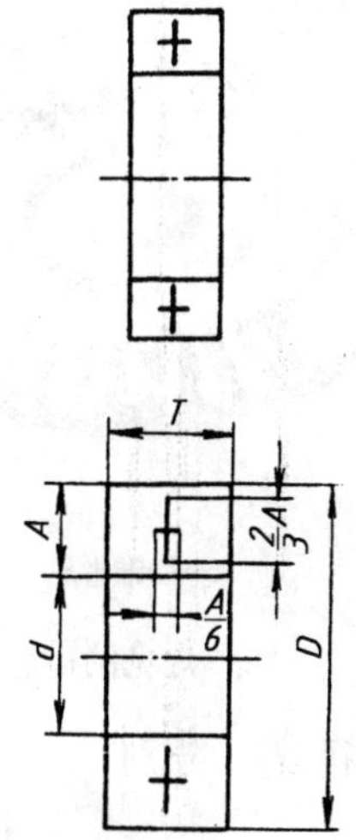

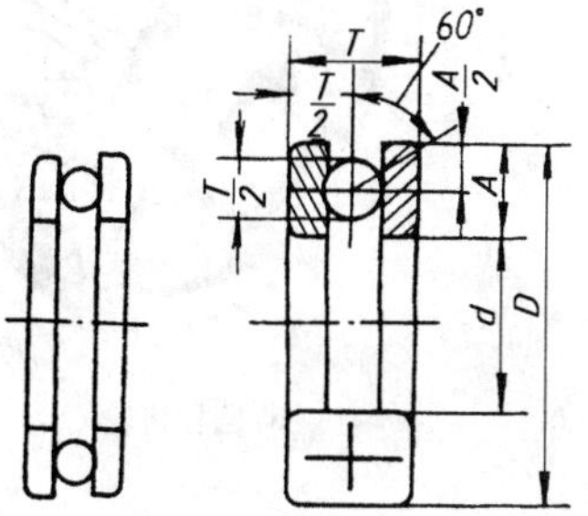

§7-5　齿轮(GB/T 4459.2—2003)

　　齿轮是机械中最常见、也是应用最广的零件之一。过去因其品种、结构和规格繁多，不易统一，故只有其上局部要素如模数、压力角等的标准，而齿轮本身还未成为系列。现在，随着工业的发展、标准化程度的提高，齿轮已被正式列入标准件，其标准号为GB/T 4459.2—2003。

　　齿轮主要用作机械传动，把一根轴上的扭矩传递到另一根轴上，同时运用齿轮还可以达到变速和改变运动方向的目的。

　　齿轮通常按被传递两轴间的相对位置来分类，其中圆柱齿轮用于两平行轴间的传动；圆锥齿轮用于两相交轴间的传动；蜗轮、蜗杆则用于交叉两轴间的传动，如图 7-18 所示。

　　在齿轮传动中使用最广的是圆柱齿轮，其中直齿圆柱齿轮更是最基本而又常用的一种，故本书仅介绍此种齿轮。

一、直齿圆柱齿轮各部分的参数和尺寸

　　直齿圆柱齿轮各部分的参数和尺寸如图 7-19 所示，齿轮几何要素代号见 GB/T 2821—1992，齿轮的基本术语见 GB/T 3374—1992。

　　(1) 分度圆直径 d 和节圆直径 d'　分度圆直径是指圆柱齿轮的分度圆柱面(或分度圆)

的直径。节圆直径是指圆柱齿轮的节圆柱面和节圆的直径。

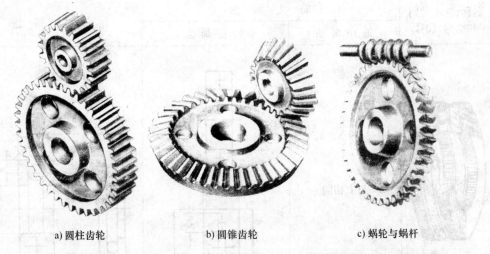

|a) 圆柱齿轮|b) 圆锥齿轮|c) 蜗轮与蜗杆|

图 7-18 常见的齿轮传动

(2) 齿顶圆直径 d_a 和齿根圆直径 d_f 分别为齿轮牙齿顶部及根部圆的直径。

(3) 齿距 p 相邻两齿廓在分度圆上两对应点间的弧长称为齿距。

(4) 齿厚 s 每个牙齿在分度圆上的一段弧长称为齿厚,对标准齿轮来说,齿厚 $s = \dfrac{p}{2}$。

(5) 槽宽 e 两相邻牙齿间在分度圆上的一段弧长称为槽宽。对标准齿轮来说,齿厚 $s =$ 槽宽 $e = \dfrac{p}{2}$。

(6) 模数 m 模数 m 是齿距 p 与 π 的比值,即 $m = \dfrac{p}{\pi}$。由于 π 为常数,如 m 大则 p 也大,齿轮的轮齿也强。反之,如 m 小则 p 小,齿轮的轮齿必弱。

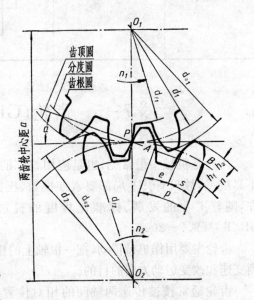

图 7-19 直齿圆柱齿轮各部分名称和代号

表 7-3 是国家标准规定的标准模数值。在选用时应优先采用第一系列,其次才是第二系列,括弧内的模数尽可能不用。

表 7-3　　　　　　　　　标准模数(GB/T 1357—1987)

第一系列	1, 1.25, 1.5, 2, 2.5, 3, 4, 5, 6, 8, 10, 12, 16, 20, 25, 32, 40, 50
第二系列	1.75, 2.25, 2.75, (3.25), 3.5, (3.75), 4.5, 5.5, (6.5), 7, 9, (11), 14, 18, 22, 28, (30), 36, 45

（7）齿顶高 h_a 从齿顶圆到分度圆间的径向距离称为齿顶高。标准齿轮的齿顶高 $h_a = m$。

（8）齿根高 h_f 从齿根圆到分度圆间的径向距离称为齿根高。标准齿轮的齿根高 $h_f = 1.25m$。

（9）齿全高 h 标准齿轮的齿全高 $h = h_a + h_f$。

（10）齿数 z 指齿轮上牙齿的个数。如齿轮有 10 个齿，则 $z = 10$。

（11）任意点的端面压力角 α 在端平面内过端面齿廓上任意点处的径向直线与齿廓在该点处的切线所夹之锐角。

（12）啮合角 在一般情况下，两相啮合轮齿的端面齿廓在接触点处的公法线与两节圆的内公切线所夹的锐角。对于渐伸线齿轮，指的是两相啮合轮齿在节点上的端面压力角。

（13）传动比 i 主动齿轮转速 n_1(r/min)与从动齿轮转速 n_2(r/min)之比称为传动比，即 $i = \dfrac{n_1}{n_2}$。由于转速与齿数成反比，因此传动比也等于从动轮齿数 z_2 与主动轮齿数 z_1 之比。即 $i = \dfrac{n_1}{n_2} = \dfrac{z_2}{z_1}$。

（14）中心距 a 在平行轴或交叉轴中二轴线间的最短距离即为中心距。

二、直齿圆柱齿轮三个圆的计算公式

因 $\pi d = p \cdot z$ 故分度圆直径 $d = \dfrac{p}{\pi} \cdot z = m \cdot z \left(因 m = \dfrac{p}{\pi}\right)$

齿顶圆直径 $d_a = d + 2h_a = m \cdot z + 2m = m(z + 2)$
齿根圆直径 $d_f = d - 2h_f = mz - 2.5m = m(z - 2.5)$

三、直齿圆柱齿轮的啮合条件

（1）一对齿轮啮合时，它们的模数及与之相关的参数都必须相同，否则一轮齿的齿厚就不能嵌入另一齿轮的槽宽中去。

（2）两标准齿轮啮合时，它们的节圆必须相切；即两齿轮分度圆半径之和为此两啮合齿轮的中心距 a。

四、直齿圆柱齿轮的画法

1. 单个直齿圆柱齿轮的画法

单个齿轮常需用两视图才能表达清楚。国家标准规定齿轮的轮齿部分在反映为圆的视图中用三个或两个圆表示；其中齿顶圆画粗实线，分度圆画点画线，齿根圆则画细实线，或省略不画。在另一视图中，当不剖时齿顶线仍画粗实线，分度线画点画线并略超出齿轮轮廓，齿根线则画细实线或省略不画。当剖开时则齿根线应画粗实线且轮齿作不剖处理，不加剖面符号。

当圆柱齿轮上的齿为斜齿或人字齿时，则其画法与直齿圆柱齿轮相仿，但应在它们的不剖部分画三条与齿线方向一样的斜线以示区别，如图 7-20 所示。

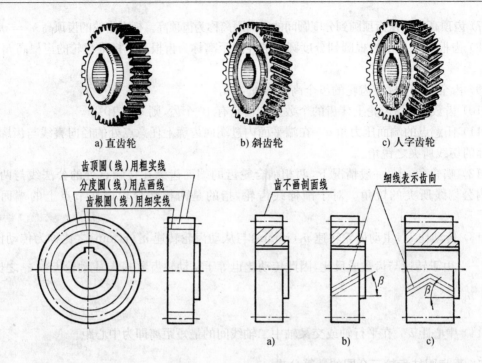

a) 直齿轮　　　　b) 斜齿轮　　　　c) 人字齿轮

图 7-20　圆柱齿轮的规定画法

2. 直齿圆柱齿轮的零件工作图

图 7-21 为直齿圆柱齿轮的工作图,其视图画法应按上述规定。标注尺寸时,齿根圆直

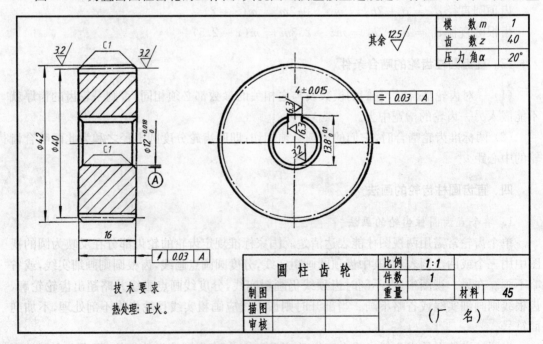

模　数 m	1
齿　数 z	40
压力角 α	20°

技术要求

热处理: 正火。

圆 柱 齿 轮		比例	1:1
		件数	1
制图		重量	材料　45
描图			（厂　名）
审核			

图 7-21　直齿圆柱齿轮工作图

径一般不标注,键槽尺寸应符合查表规定,此外还应注明模数、齿数、压力角的大小等参数,以及具备其他零件图所必具的如表面粗糙度、公差与形位公差等技术要求。

3. 直齿圆柱齿轮的啮合画法

在反映为圆的视图中,两齿轮的齿顶圆均画成粗实线,分度圆均画成点画线且彼此相切,齿根圆则画成细实线或省略不画。另一种画法是将两齿顶圆的粗实线只画到其轮廓线相交处为止,在啮合区内两齿顶圆的圆弧均不画。

在另一视图中,因分度圆相切,分度线重合为一条。两齿轮的齿根线在剖切后均画粗实线,两齿轮齿顶线中的一条画粗实线,另一条则画虚线或省略不画。故啮合图中通常画四个圆和五条线,如图 7-22b)所示;如果不剖则将分度线画成粗实线,如图 7-22c)所示;图 7-22d)则表示了五条线的由来。

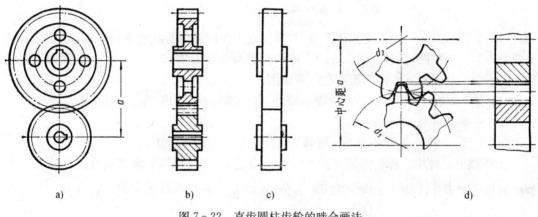

a)   b)   c)   d)

图 7-22 直齿圆柱齿轮的啮合画法

§7-6 弹簧(GB/T 4459.4—2003)

弹簧主要用以减震、储存能量、控制运动和测力等。弹簧的种类很多,有压缩弹簧、拉力弹簧、扭力弹簧、板簧等。和齿轮一样,弹簧也已标准化,属于标准零件。本书仅介绍用途最广的圆柱螺旋压缩弹簧的画法。

一、圆柱螺旋压缩弹簧各部分的名称和尺寸计算(术语和定义均引自 GB/T 1805—2003)

圆柱螺旋压缩弹簧的名称和尺寸,如图 7-23 所示。

(1) 线径 d 即簧丝的粗细。

(2) 弹簧外径 D 指弹簧的最大直径。

(3) 弹簧中径 D_2 指弹簧的平均直径,$D_2 = \dfrac{D + D_1}{2} = D - d$。

(4) 弹簧内径 D_1 指弹簧的最小直径,$D_1 = D - 2d = D_2 - d$。

(5) 自由长(高)度 H_0。弹簧在不受外力作用时的总长度 $H_0 = nt + 2d$。

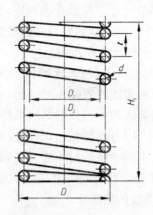

图 7-23 圆柱螺旋压缩弹簧的名称和尺寸

(6) 支承圈数 n_0 为了使弹簧受力均匀,使它工作时的中心线能垂直于端面,故在弹簧的两端各磨去 3/4 圈,并各并紧 1/4 圈。这种在弹簧每端为 $0.75+0.5=1.25$ 圈的圈数就称为支承圈。它仅起支承作用而不起压缩作用。

(7) 有效圈数 n 压缩弹簧中除支承圈外,其余部分节距相等的圈数称为有效圈数。

(8) 总圈数 n_1 $n_1=n+n_0$。

(9) 节距 t 除支承圈外弹簧在相邻各圈间的轴向距离叫节距。

(10) 展开长度 L 弹簧的展开长度应为总圈数 n_1 乘以每圈的展开长度。在计算一个节距的弹簧圈展开长度时,应取中径 D_2 为依据,即 $L=n_1\sqrt{(\pi D_2)^2+t^2}$。

二、圆柱螺旋压缩弹簧的画法

在作圆柱螺旋压缩弹簧时应已知其上的一些参数值,例如已知线径 $d=6$,外径 $D=50$,节距 $t=12.3$,有效圈 $n=6$,支承圈 $n_0=2.5$,右旋。

具体作图,如图 7-24 所示。图 7-24a) 是根据 D_2 作出线径中心所在的中心线并根据 H_0 定出其高度范围;图 7-24b) 是根据 $H_0=nt+2d$ 画出支承圈,作图时在一条中心线的两端画两个整圆和自由长度相切,即按 $d/2$ 定出两端小圆的两个圆心;在另一条中心线上则先作出两圆心各自位于自由长度两端的半圆,然后按尺寸 d 定出两端相邻圆的圆心。图 7-24c) 根据节距 t 定出右侧中心线上各圆的圆心,然后将两相邻圈的节距的中点水平地投到左侧中心线上即得左侧各圈的中心位置。图 7-24d) 在簧丝断面上加剖面线并作出相应簧丝圈的公切线,即得弹簧剖切后的轮廓。

三、国家标准中的一些规定(GB/T 4459.4—2003)

(1) 有效圈数在 4 圈以上的螺旋弹簧,只需画出其两端的 1~2 圈(支承圈不计在内),中间部分只需用点画线相连即可,如图 7-24d) 所示。

(2) 装配图中被弹簧遮住的结构一般不画出。未被遮去的部分则从弹簧的外轮廓线或簧丝断面的中心线画起,如图 7-25b) 所示。

(3) 当簧丝直径 $d<2$ mm 时,可以不画剖面符号只涂黑即可,如图 7-25a) 所示。

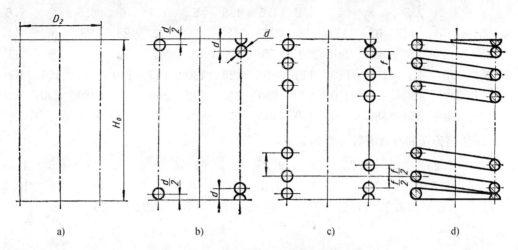

图 7 - 24　圆柱螺旋压缩弹簧的作图步骤

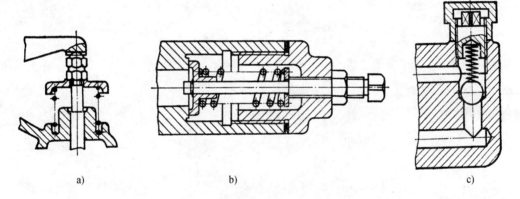

图 7 - 25　圆柱螺旋压缩弹簧在装配图中的画法

（4）当簧丝直径 $d < 1$ mm 时，可用示意画法，如图 7 - 25c)所示。

（5）螺旋弹簧均可画成右旋，但左旋螺旋弹簧，不论画成左旋或右旋，一律要注出旋向。

四、一般用途圆柱螺旋弹簧的簧丝断面直径 d、弹簧中径 D_2 系列以及压缩弹簧的有效圈数 n 系列标准的部分摘录（GB/T 1358—1993）

（1）一般用途圆柱螺旋弹簧的簧丝断面直径 d 的系列如下：

第一系列:0.1　0.12　0.14　0.16　0.2　0.25　0.3　0.35　0.4　0.45　0.5

　　　　 0.6　0.7　0.8　0.9　1　1.2　1.6　2　2.5　3　3.5

　　　　 4　4.5　5　6　8　10　12　16　20　25　30

　　　　 35　40　45　50　60　70　80

优先采用第一系列,第二系列表从略

（2）弹簧中径 D_2 系列如下：

0.4　0.5　0.6　0.7　0.8　0.9　1　1.12　1.4　1.8　2　2.2　2.5　2.8

3	3.2	3.5	3.8	4	4.2	4.5	4.8	5	5.5	6	6.5	7	7.5
8	8.5	9	10	12	14	16	18	20	22	25	28	30	32
38	42	45	48	50	52	55	58	60	65	70	75	80	85
90	95	100	105	110	115	120	125	130	135	140	145	150	160
170	180	190	200	210	220	230	240	250	260	270	280	290	300
320	340	360	380	400	450	500	550	600					

（3）压缩弹簧的有效圈数 n 系列如下：

2	2.25	2.5	2.75	3	3.25	3.5	3.75	4	4.25	4.5	4.75
5	5.5	6	6.5	7	7.5	8	8.5	9	9.5	10	10.5
11.5	12.5	13.5	14.5	15	16	18	20	22	25	28	30

第八章 零件图

§8-1 概 述

一、零件图和装配图的概念及其相互关系

任何机器或部件都是由零件按一定的装配关系和技术要求装配而成的。在生产上用以表达整台机器或机器中某些部件的图样，称为总装配图或部件装配图；而用以表达单个零件的图样，则称为零件图。由于零件的制造、加工和检验都要按零件图上的尺寸和技术要求来进行，因此一张零件图必须具备制造和检验该零件所需的一切资料。当一零件的加工制造涉及铸、锻、冷加工、热处理等不同的工序时，则不同的车间都应有此零件的零件图（复制成蓝图），以便按图纸的要求进行加工。当部件或机器上的各种零件都加工完毕后，就汇总到装配车间，而装配车间则按该部件或机器的装配图及图上有关的技术要求和资料装配成部件或产品。故尽管零件图和装配图都是生产上必不可少的两大图样，但它们的作用却各不相同，因此它们的内容和要求也各有侧重。在部件或机器中相邻的零件又往往是互相关联的，它们在形体结构、尺寸配合和加工要求等方面常有相同之处。在学习零件图时必须具备这一概念，才能在阅读该整套图纸时有较深入的理解。

一般说来，产品在设计过程中总是先有装配图才有零件图的。应先根据设计要求画出机构传动的示意图，然后按此画装配草图。这时，在机构设计的基础上就要引进形体结构、尺寸配合等概念；在绘装配草图时，主要零件的视图及主要装配关系都已确定下来，再下一步就是根据装配草图画零件工作图。这时，所有零件的视图、尺寸和技术要求都应定下来，然后根据零件图及装配草图画装配工作图，一方面校核各相关零件的尺寸，特别是配合尺寸；另一方面再补充各种装配技术要求。零件图和装配图在设计制图阶段完成之后，再经描图和复制，印成蓝图后分发到产品加工和装配的车间并在技术部门存档。所以在生产上要做到对某一零件深入理解，除应查阅它本身的零件图外，往往还应查阅装配图以及和它相关零件的零件图才能达到要求。

二、零件的分类

生产上的零件虽然种类繁多、形态各异，但总还能根据它们在机器或部件中的作用而归纳成两大类：

1. 标准零件

如螺纹紧固件、销、键等均是。此类零件其结构及规格均已标准化，只需知其规格和国

标代号即能在市场上买到,故一般不专门绘制它们的零件图。

2. 一般零件

除上述标准件外,其他零件均可归于此类,故其数量最多,形体变化也最大。但尽管如此,根据一般零件的形体结构仍可将它们分为轴套、盘盖、叉架及箱体四类。由于标准件已在第七章中介绍过,故本章主要介绍一般零件。

三、零件图的内容

任何零件的零件图均应包含如下的基本内容:

1. 视图

用一组视图表达清楚该零件的内、外形状和结构。

2. 尺寸

应注出制造和检验该零件所需的全部详尽的尺寸。

3. 技术要求

用代号、数字、文字等形式来表示零件在制造和检验时应达到的一些技术要求,如表面粗糙度、尺寸公差、形位公差、材料处理等。

4. 标题栏

写明零件的名称、编号、数量、材料和比例等。

图 8-1 为一主轴的零件图。显然,它必具有上述全部内容。在视图表达上它采用了三

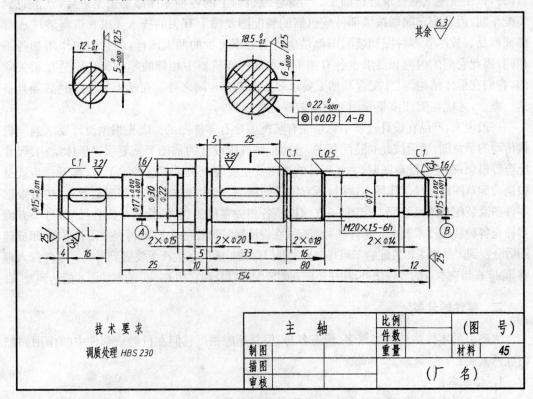

图 8-1 主轴零件图

个图形来完整清晰地表达该零件。在尺寸标注上除做到不遗漏、不重复外,还能结合基准合理地标注尺寸。在视图中有多处尺寸数字的后面均带有小一号的数字,如主轴左端的尺寸 $\phi15_{-0.011}^{0}$ 及右端的尺寸 $\phi15_{+0.001}^{+0.012}$ 等均为极限偏差中的上、下偏差值。在螺纹 M20×1.5-6h 中的 6h 是螺纹公差带代号。在图上方的断面上还有一长方形的框格,标注了形位公差的要求。在图形下方的空白处还用文字注明了主轴的热处理要求。虽然每张零件图的具体内容不同,但总的要求都不外乎上述这些方面。下面我们着手分析一般零件的视图、尺寸与零件图上各项技术要求。

§8-2　一般零件的视图与尺寸分析

一、轴套类零件的视图与尺寸分析

图8-2和图8-3分别为轴和套的零件图。由于此两种零件的结构特征相同,故归纳为一类。

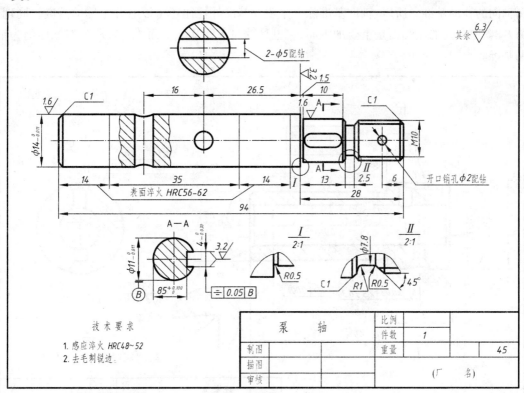

图8-2　泵轴零件图

1. 表达方案分析

(1)轴套类零件都在车床加工,故选择主视图时应使其轴线水平,以符合加工位置原则。

（2）轴套类零件都由回转体组合而成,所以基本视图取一主视图已够。它们的左视图为一系列同心圆,且有可见与不可见之分;这些圆作图既不清晰,又无必要,只要在主视图的每节回转体上注以直径 ϕ 即可。它们的俯视图与主视图的外形基本相同,在标注尺寸以后也无再画的必要。故轴套类零件的基本视图只用一个主视图即可。

（3）轴套类零件上常有键槽、退刀槽、钻孔、凹坑等结构。这些结构单靠主视图往往还表达不清楚,所以在主视图外,常用局部视图、断面和局部放大图等来补充。图 8-2 和图 8-3 也都是这样表达的。另外在主视图中实心轴按规定是不剖的,只有在轴上有键槽、凹坑等的中空处才可用局部剖。空心套筒则多用全剖。

  2. 尺寸标注分析

（1）轴套类零件都有两种基准,其径向基准即为它们的轴线,所有各轴段回转体的尺寸都是以轴线为基准来标注的,其轴向基准则多为端面或重要加工面。例如,图 8-2 中,即以 $\phi14^{0}_{-0.011}$ 轴段的右端面为基准分别向右定出长度尺寸 28、13 等以及向左定出圆孔的定位尺寸 26.5,因此它是轴向的主要基准。而右端轴段上开口销孔的定位尺寸 6 则是从轴段的右端面定位的;同样,泵轴左端表面淬火的定位尺寸是以左端面作为基准定位的,因此它们都属轴向的辅助基准。所以,轴向基准除一个主要基准外往往还可以有几个辅助基准。同理,图 8-3 中套筒的左端面是重要加工面,它也是轴向主要基准。而 $\phi18$ 轴段的右端面则为辅助基准。

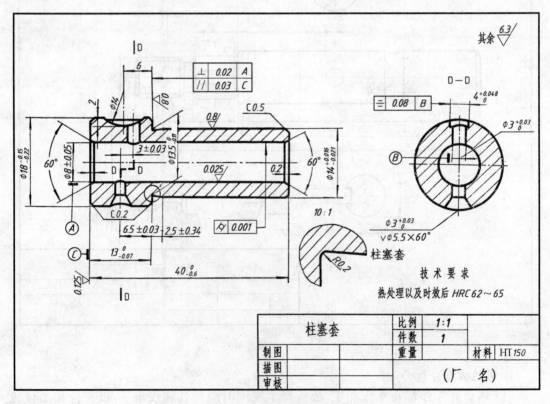

图 8-3 柱塞套零件图

（2）由于轴套类零件往往由很多个相连的同轴回转体组成，在标注尺寸时应避免一段连着一段地标注长度以后再注总长。因为实际加工时，每段长度均有误差，这样误差积累以后，各段长度之和将不等于总长而引起矛盾。这种像链条一样一环扣一环的尺寸注法称为封闭尺寸链，这在生产上是不允许的。合理的标注方法应如图8-2和图8-3所示，使尺寸链开口。即选好基准以后，将尺寸链开口在长度尺寸相对次要的一段内。当然这种正确的注法不限于轴套类零件，还可类推到盘盖类和箱体等其他零件上，而对于轴套类零件则只是特别明显和重要而已。

（3）当空心轴或套筒为了兼顾其内外形状而采用局部剖时，则从读图和加工测量方便的角度出发，应将表示内部结构与外部形体的尺寸分开标注并排列整齐。

（4）轴套类零件上的一些标准结构要素如倒角、退刀槽、键槽等的注法应按各自的标准来注；而且还可以注在断面或放大图上以利读图。

二、盘盖类零件的视图和尺寸分析

1. 表达方案分析

（1）盘盖类零件包含了盘与盖两类零件。盘类零件，如图8-4所示。一般都在车床加工，故选择主视图时应使其轴线水平，即按加工位置放；而盖类零件如不是回转体、不以车床加工为主，则可按其形体特征或工作位置原则来选择主视图的位置，如图8-5所示。

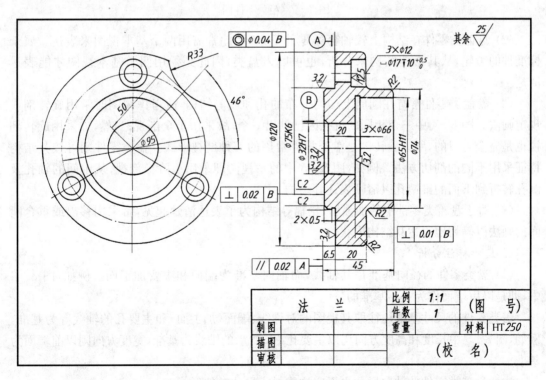

图8-4　法兰盘零件图

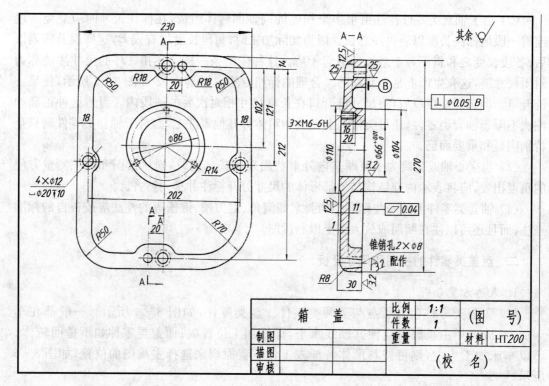

图8-5 箱盖零件图

（2）盘盖类零件在结构上较轴套类零件复杂，因此常需用两个基本视图来表达。属于标准件的齿轮，从其形体结构来分析，也可归入盘类，因此必须用两个基本视图才能表达清楚。

（3）盘盖类零件常有在圆周上均匀分布的孔和筋等结构，故考虑视图时常用旋转剖或规定画法。图8-4中三个相同的沉孔因已剖出一个，故采用了全剖视；当然，如采用旋转剖视也是完全可以的，所以旋转剖是盘类零件常用的一种剖视形式。盖类零件则可按其结构特征采用不同的剖切方法。例如，图8-5中的主视图即采用了阶梯剖视，从中间的轴孔及沉孔转折到下面的锥销孔以清晰表达其结构。

（4）对于盘盖类零件中的加强筋、轮辐等结构为了表达清楚起见，常采用移出或重合断面的画法以确切地表达其结构形状。

2. 尺寸标注分析

（1）盘类零件的径向基准是其轴线，而轴向基准为端面和主要加工面。例如，图8-4中，即是以后端面作为主要基准的。

盖类零件的尺寸基准往往取其视图的对称线、端面（加工面）和主要孔的轴线等为基准。例如，图8-5中长度和高度方向均以主要孔 $\phi66_0^{+0.01}$ 的轴线为基准，宽度方向则以前端面为基准。

注意盘盖类零件的轴向尺寸也不应注成封闭尺寸链的形式。

（2）对于在盘类零件上常见的在圆周上均布的孔，可以采用注解的形式来标注，如

图 8-4所示。由于此三孔在圆周上均布,故它们间的定位尺寸 120°角可以不注。对于盖类零件上常见的定位销孔,则应在尺寸标注时注明"装配时配作"。对于盘盖类零件上的螺孔、键槽等尺寸,则应按相应的标准标注尺寸;对于轮辐、筋等结构则以在断面中标注尺寸为宜。

三、叉架类零件的视图与尺寸分析

1. 表达方案分析

(1) 图 8-6 所示为一拨叉,属叉架类零件。此类零件较之轴套和盘盖类零件在形体上有明显的区别;其形体较为复杂且不甚规则,有时甚至难于放平。叉架主要用于机床、内燃机等机器的操纵机构上,而支架则在机械中起支承或连接作用。叉架类零件的毛坯都为铸件或锻件,其加工工序较多,形体也较复杂,故主视图的选择常按形体特征或工作位置原则来确定,有时还可按形体的几何中心来确定其主视图的方位。

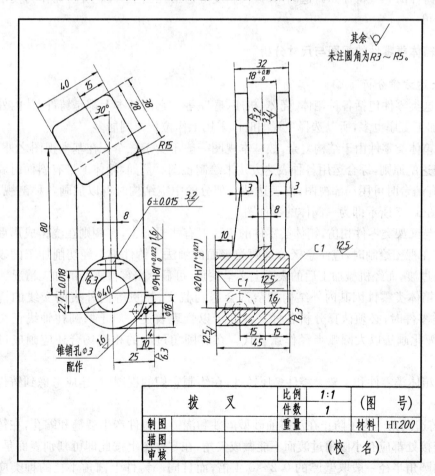

图 8-6 拨叉的零件图

(2) 叉架类零件的形体结构较前两类零件复杂,其基本视图一般不少于两个,而且还应按具体表达的需要加画其他视图。根据此类零件的特征,斜视图和局部视图是两种最常用的辅助视图。此外,此类零件上往往也都有筋,为了清晰表达起见,还应加画各种断面。

(3) 叉架类零件的形体往往很不规则,在考虑剖切以表达其中空结构时,常采用局部剖以兼顾其内外形状。当然还应根据各零件的具体特征,考虑采用其他表达方法。

2. 尺寸标注分析

(1) 叉架类零件的尺寸基准较复杂,当有对称面或视图对称线时即可以此为基准;如形体不对称则可取主要的几何中心为基准,如选主要孔的轴线或圆的中心线为基准。当工件上具有加工的端面时,也常以端面为基准。如图 8-6 中高度和长度方向均以 $\phi 20H7^{0.021}_{0}$ 圆柱孔的轴线为基准,而宽度方向则是以叉口的对称线为主要基准。

(2) 由于叉架类零件多为铸件,在标注尺寸时应采用形体分析法,明确各部分的形体结构以便制作木模。

(3) 铸件的一些特征如铸造圆角、拔模斜度等通常在图上可以不注,而作为技术要求统一书写即可。

四、箱体类零件的视图与尺寸分析

1. 表达方案分析

(1) 这类零件包括各种箱体、壳体、机座、底座等。它们基本上都是铸件,其内外形体均很复杂,加工工序也多,所以选择主视图时以采用工作位置原则居多。

(2) 箱体类零件由于结构复杂,故基本视图一般不少于三个。在基本视图之外,还应根据清晰表达的原则,综合运用各种表达方法来绘制视图。例如,箱体上带有斜面时就可用斜视图;带有凸台时可用局部视图;需表达某一部分的中空结构时可以加画各种剖视、断面等来表达;图 8-7 所示即为一阀体的零件图。

(3) 与叉架类零件相仿,箱体类零件的表面上有些要加工,有些则在浇铸成形后不再切削加工。在视图绘制时,应注意区分这两类表面的画法。铸件中不经切削加工的表面间必然以圆角过渡,而经机械加工后的表面上必呈尖角,可显示出零件表面的加工情况。

(4) 箱体类零件因其内外结构复杂常会遇到截交、相贯等内外表面交线的情况。在绘制该类零件时,必须认真分析各种交线并予以合理表达。对于两圆柱轴线正交的相贯线,常用简化画法以大圆弧半径作弧替代。在有圆角过渡的相贯场合还应画成过渡线的形式。

(5) 箱体类零件和叉架类零件多属铸件,在绘制它们的视图时,还应考虑到铸件的一些工艺特性。

1) 铸造圆角 为了防止在浇铸前砂型落砂和浇铸后铸件产生裂缝和缩孔,在铸件上各表面的交接处都应有小圆角过渡而不能做成尖角,在零件图上按此即可判别表面是否加工。铸件上的圆角半径一般取壁厚的 $0.2\sim0.4$ 倍,而且同一铸件上圆角半径的种类应尽可能少,如图 8-8 所示。

2) 拔模斜度 为了在铸造时便于将木模从砂型中取出,在铸件的内外壁上常设计出拔模斜度,其大小约为 $1°\sim3°$,由于斜度较小,在视图上一般不必绘出。如有必要表达时,可在一视图中绘出斜度,其他视图中则只画小端的投影,如图8-9所示。

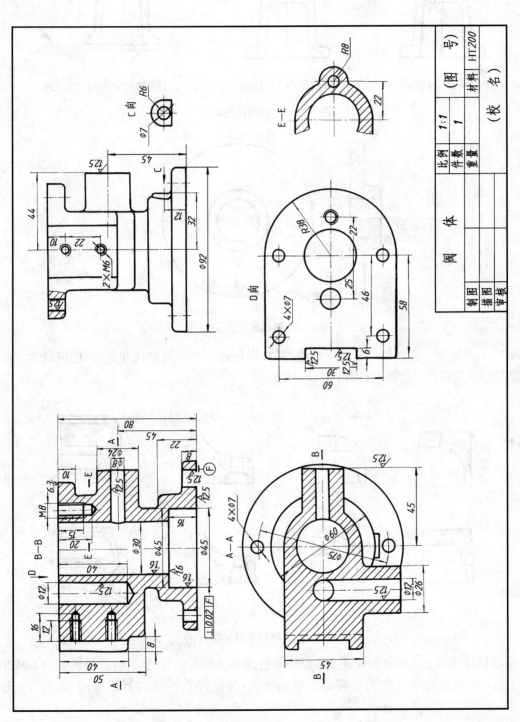

图 8-7 阀体零件图

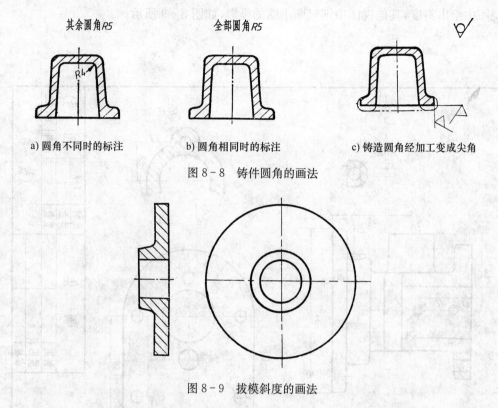

a) 圆角不同时的标注　　　b) 圆角相同时的标注　　　c) 铸造圆角经加工变成尖角

图 8-8　铸件圆角的画法

图 8-9　拔模斜度的画法

3) 铸件壁厚　铸件的壁厚应尽可能均匀,以免铸件上产生缩孔和裂缝,还应避免突然改变壁厚及局部过厚的情况,如图 8-10 所示。

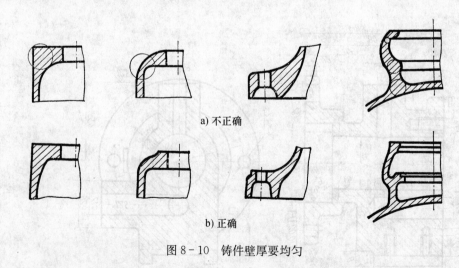

a) 不正确

b) 正确

图 8-10　铸件壁厚要均匀

4) 凹坑和凸台　箱体和叉架类零件中常会遇到凹坑与凸台的结构,其目的是为了减少加工面。利用凹坑与凸台既可保证接触面平滑,又能降低零件的制造费用,如图 8-11 所示。

在钻有螺栓通孔的被连接件表面上,也常加工出沉孔或凸台的形式,以保证两零件的表面间有较好的接触面,图8-12即为沉孔的形式。

2. 尺寸标注分析

(1)箱体类零件的尺寸基准往往采用对称面或视图对称线、主要孔的轴线和圆的中心线,以及加工较好的底面、端面等。

(2)箱体类零件均为铸件,为便于制造木模,其尺寸

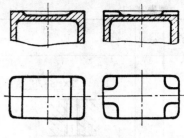

图8-11 凹坑和凸台

标注应以形体分析法为主。在箱体类零件中,孔和轴线间的距离以及中心高、接触面、配合尺寸等都必须正确标注。

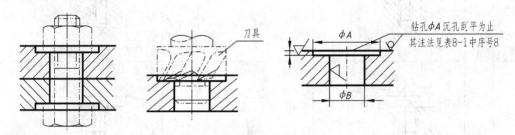

图8-12 沉孔的加工

(3)尽管箱体类零件的视图中会出现很多表面交线如截交线、相贯线等,但两相交形体的表面特征及相对位置确定以后,它们间的交线必自然形成。因此应注意在任何交线上均不能标注尺寸。

(4)箱体类零件上常会碰到各种钻孔、螺孔和沉孔等。它们的尺寸标注可以将尺寸注在图上,也可采用尺寸注解的形式标注,如表8-1所示。

表8-1　　　　　　　　　　　各种孔、槽及倒角的标注

序号	类型	旁 注 法		普 通 注 法
1	光	4×φ4▽10	4×φ4▽10	4×φ4 10
2	孔	4×φ4H7▽10 孔▽12	4×φ4H7▽10 孔▽12	4×φ4H7 10 12

续表 8-1

序号	类型	旁 注 法		普 通 注 法
3	螺 孔	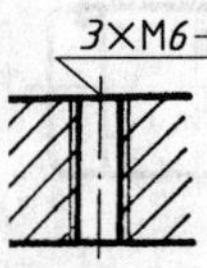 *3×M6-7H*	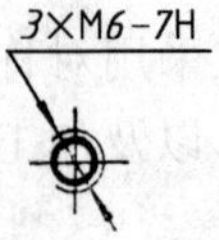 *3×M6-7H*	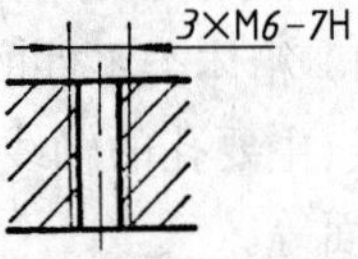 *3×M6-7H*
4		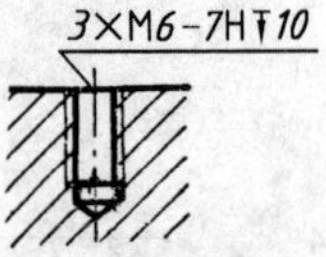 *3×M6-7H▼10*	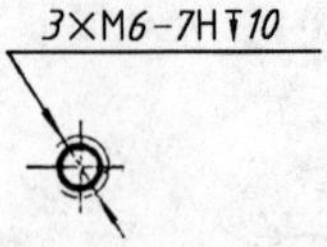 *3×M6-7H▼10*	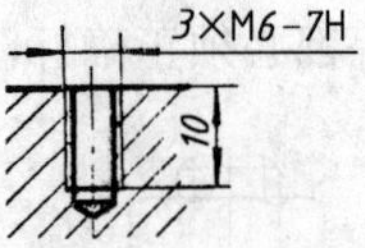 *3×M6-7H* 10
5		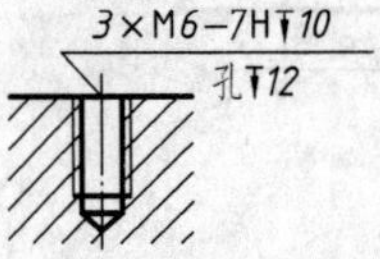 *3×M6-7H▼10* 孔▼12	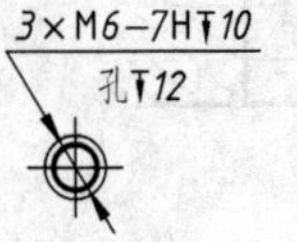 *3×M6-7H▼10* 孔▼12	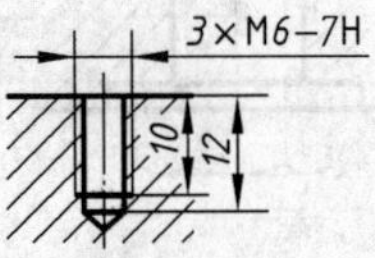 *3×M6-7H* 10 12
6	埋头孔	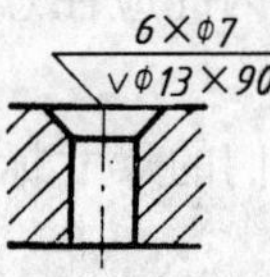 *6×φ7* ∨φ13×90°	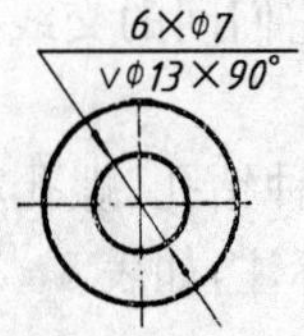 *6×φ7* ∨φ13×90°	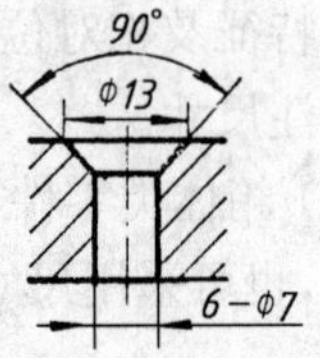 90° φ13 6-φ7
7	沉孔	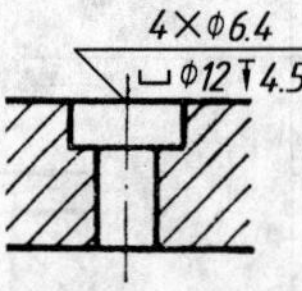 *4×φ6.4* ⊔φ12▼4.5	 *4×φ6.4* ⊔φ12▼4.5	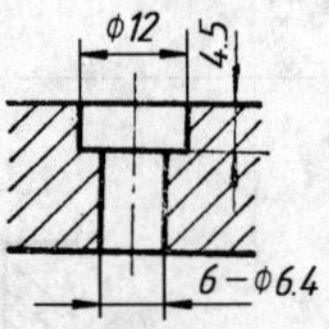 φ12 4.5 6-φ6.4
8	锪平	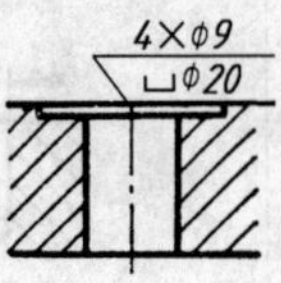 *4×φ9* ⊔φ20	 *4×φ9* ⊔φ20	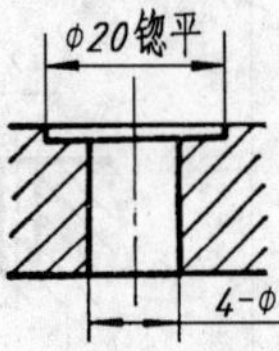 φ20锪平 4-φ9

续表 8-1

序号	类型	旁 注 法	普 通 注 法
倒角	45°倒角注法	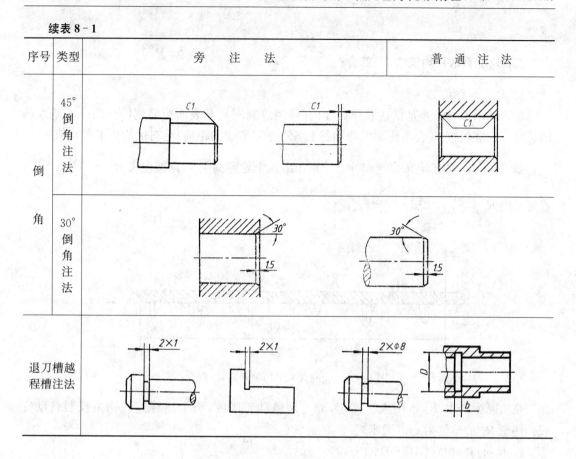	
	30°倒角注法		
	退刀槽越程槽注法		

§8-3 表面粗糙度、镀涂和热处理代号及其标注(GB/T 131—1993)

一、表面粗糙度的基本概念

零件经加工后的表面看似平坦,但如在放大镜或显微镜下观察,仍可看到很多高低起伏的峰和谷。这种在加工表面上存在具有较小间距的峰和谷所组成的微观几何形状特征就称为表面粗糙度。显然,它和加工方法、所用刀具和工件的材料等因素都是密切相关的。

表面粗糙度是衡量零件表面质量和加工好坏的指标之一,也是零件图上必不可少的一种技术要求。表面粗糙度对零件的配合、耐磨性、抗腐蚀性、气密性以及抗疲劳能力等都有影响,所以应根据生产的实际需要加以确切评定。

GB/T 1031—1995 及 GB/T 3505—2000 规定表面粗糙度的评定参数有三种:即轮廓算术平均偏差 R_a,微观十点不平高度 R_y 及轮廓最大高度 R_z。

由于目前生产上绝大多数都用 R_a,故本书也只介绍 R_a 的概念及其标注。如果表面粗糙度的评定参数 R_a 的值越小,则表面质量越好;反之,如 R_a 的值越大,则表面质量也越差。

二、轮廓算术平均偏差 R_a 简介

1. 定义和公式

轮廓算术平均偏差是指在取样长度内（即用以判别具有表面粗糙度特征的一段基准线的长度），轮廓偏距 y（表面轮廓的峰和谷上各点至基准线的距离）绝对值的算术平均值。

如图 8-13，设在轮廓的峰和谷上分别作出几个轮廓偏距 y，则按定义 $R_a = \dfrac{1}{n} \sum\limits_{i=1}^{n} |y_i|$

或更精确 $R_a = \dfrac{1}{l} \int_0^l |y(x)| \,dx$。

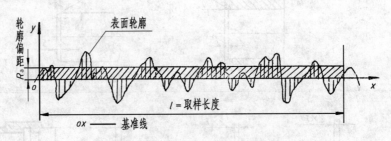

图 8-13 轮廓算术平均偏差的 R_a 概念

在实际生产中，R_a 不用人工测定，而可用电动轮廓纹，整个运算过程均由仪器自动完成。注意 R_a 的单位为 μm（微米）。

2. R_a 的标准值（GB/T 1031—1995）

根据国标规定 R_a 有标准值如表 8-2 所示。表内有括弧的是第二系列；应优先采用表内无括弧的第一系列。

表 8-2 轮廓算术平均偏差 R_a 的数值

100	(10.0)	(1.00)	0.100	(0.010)
(80)	(8.0)	0.80	(0.080)	(0.008)
(63)	6.3	(0.63)	(0.063)	—
50	(5.0)	(0.50)	0.050	—
(40)	(4.0)	0.40	(0.040)	—
(32)	3.2	(0.32)	(0.032)	—
25	(2.5)	(0.25)	0.025	—
(20)	(2.0)	0.20	(0.020)	—
(16.0)	1.60	(0.160)	0.016	—
12.5	(1.25)	(0.125)	0.012	—

3. 新、旧标准的对照表

表 8-3 是新标准表面粗糙度与旧标准表面光洁度相应值的对照。通过对比可有利于

进一步掌握 R_a 的适用场合。

表 8-3　　　　　　　　　　　　　新、旧标准对照表

R_a	表面光洁度	表面特征	表面形状	获得表面粗糙度的方法举例	应用举例
50	▽1	粗糙的	明显可见的刀痕	锯断、粗车、粗铣、粗刨、钻孔及用粗纹锉刀、粗砂轮等加工	管的端部断面和其他半成品的表面,不接触表面、不重要接触面,如螺钉孔、倒角等
25	▽2		可见的刀痕		
12.5	▽3		微见的刀痕		
6.3	▽4	半 光	可见加工痕迹	拉制(钢丝)、精车、精铣、粗铰、粗拉刀加工、刮研	箱、盖接触面,键和键槽工作表面,低、中速的轴、孔配合表面等
3.2	▽5		微见加工痕迹		
1.6	▽6		看不见加工痕迹		
0.8	△7	光	可辨加工痕迹的方向	精磨、金刚石车刀的精车、精铰、拉制、拉刀加工	与轴承配合的轴、孔表面,齿轮工作表面等
0.4	▽8		微辨加工痕迹的方向		
0.2	▽9		不可辨加工痕迹的方向		
0.1	▽10	最 光	暗光泽面	抛光、研磨加工	精密仪器表面,极重要零件的摩擦面,如活塞、气缸内表面等
0.05	▽11		亮光泽面		
0.025	▽12		镜状光泽面		
0.012	▽13		雾状镜面		
0.006	▽14		镜面		

三、表面粗糙度的符号、代号

1. 表面粗糙度的符号

(1) 图样上所标注的表面粗糙度符号、代号是指该表面完工后的要求。

(2) 有关表面粗糙度的各项规定应按功能要求给定,若仅需要加工(采用去除材料或不去除材料的方法)而对表面粗糙度的其他规定没有要求时,允许只注表面粗糙度符号。

(3) 图样上表示零件表面粗糙度的符号见表 8-4。

表 8-4　　　　　　　　　　　　　表面粗糙度的符号

符　号	意　　义
∨	基本符号,单独使用是没意义的
∀	基本符号上加一短划,表示表面特征是用去除材料的方法获得的,如车、铣、钻、磨、抛光、腐蚀、电火花加工等
∀̥	基本符号上加一小圈,表示表面特征是用不去除材料的方法获得的,如铸、锻、冲压、热轧、冷轧、粉末冶金等;或是保持原供应状况的表面

续表 8－4

符　号	意　义
	在上述三个符号的长边上均可加一横线，用以标注有关参数和说明
	在上述三个符号上均可加一小圈，表示所有表面具有相同的表面粗糙度

2. 表面粗糙度高度参数 R_a 的标注

表 8－5 表示了 R_a 的标注方法。

(1) 由于 R_a 是目前生产上最广泛使用的一种表面粗糙度参数，故其参数值前的参数代号" R_a "可以省去不写。但如参数代号为 R_y 或 R_z 时，则必须写在参数值的前面，不能省去。

(2) 当允许在表面粗糙度参数的所有实测值中超过规定值的个数少于总数的 16% 时，应在图样上标注表面粗糙度参数的上限值或下限值。

当要求在表面粗糙度参数的所有实测值中不得超过规定值时，应在图样上标注表面粗糙参数的最大值或最小值，标注方法见表 8－5 所示。

表 8－5　　　　表面粗糙度高度参数 R_a 值的标注

代　号	意　义	代　号	意　义
32	用任何方法获得的表面，R_a 的上限值为 3.2 μm	32	用任何方法获得的表面粗糙度，R_a 的最大值为 3.2 μm
32	用去除材料方法获得的表面，R_a 的上限值为 3.2 μm	32	用去除材料方法获得的表面粗糙度，R_a 的最大值为 3.2 μm
32	用不去除材料方法获得的表面，R_a 的上限值为 3.2 μm	32	用不去除材料的方法获得的表面粗糙度，R_a 的最大值为 3.2 μm
32 16	用去除材料方法获得的表面，R_a 的上限值为 3.2 μm，下限值为 1.6 μm	32 16	用去除材料的方法获得的表面粗糙度，R_a 的最大值为 3.2 μm，最小值为 1.6 μm

注:在生产实际中绝大多数零件表面的功能要求用表面粗糙度参数的上限值或下限值即可达到。当遇极少数零件表面要求较高，例如用作基准的测量平板等时，则需在数值之后加注代号"max"或"min"。采用了新标准的概念后，将会最大限度地提高产品的合格率并降低废品率提高质量。

3. 表面粗糙度在图样上的标注示例

标注示例见表 8－6 所示。但应注意如下两点：

(1) 表面粗糙度符号、代号一般注在可见轮廓线、尺寸界线、引出线或它们的延长线上。

符号的尖端必须从材料外侧指向表面。

(2)当在不同斜度的每一个面上标注粗糙度代号时,应如表8-6中十二边形的图例所示。各斜面上粗糙度符号的方向如图中所示,而 R_a 值的填写方向,则应按尺寸数字的填写方向来确定,在遇到上、下 30°角位置处,可以用指引线引出来再注粗糙度代号。

表8-6　　　　　　　　　　表面粗糙度的标注方法示例

总则:在同一图样上,每一表面一般只标注一次代(符)号,并尽可能标注在具有确定该表面大小或位置尺寸的视图上。表面特征代(符)号应注在可见轮廓线、尺寸界线或延长线上。具体方法如下:

图　例	说　明	图　例	说　明
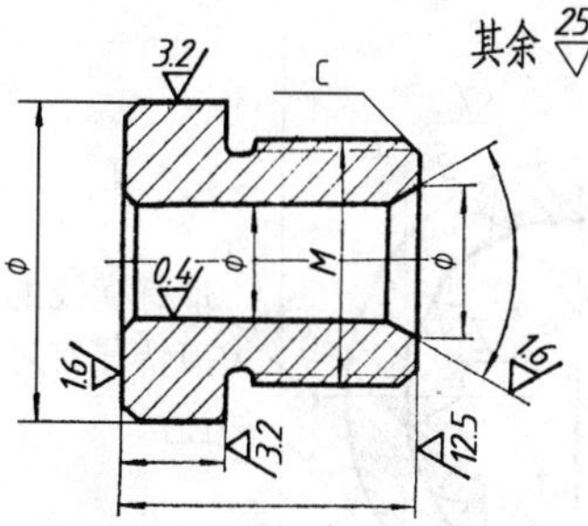	代号中数字的方向必须与尺寸数字方向一致。 对其中使用最多的一种代(符)号可以统一标注在图样右上角,并加注"其余"两字,且应比图形上其他代(符)号大1.4倍	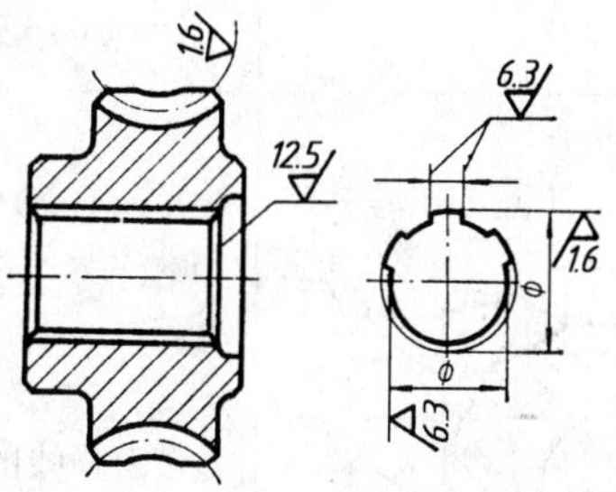	齿槽的注法
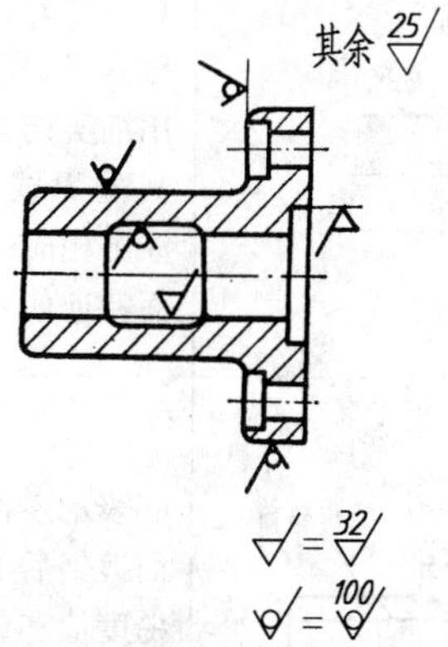	可以标注简化代号,但要在标题栏附近说明这些简化代号的意义	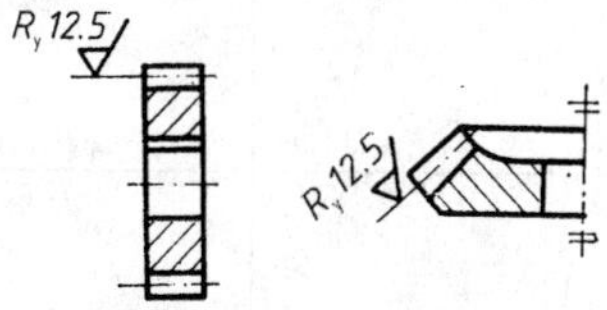	齿轮的注法
		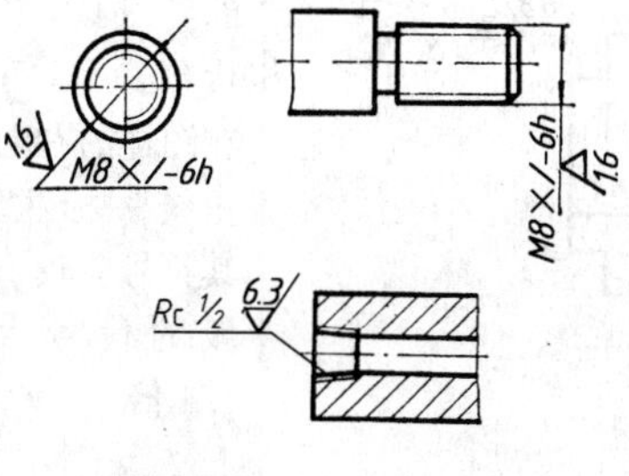	螺纹的注法

续表 8－6

图 例	说 明	图 例	说 明
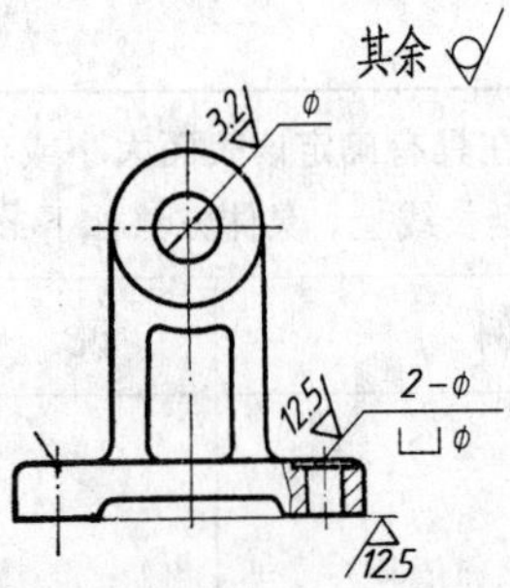	用细线相连的表面也标注一次		各倾斜表面代号的注法。符号的尖端必须从材料外指向表面
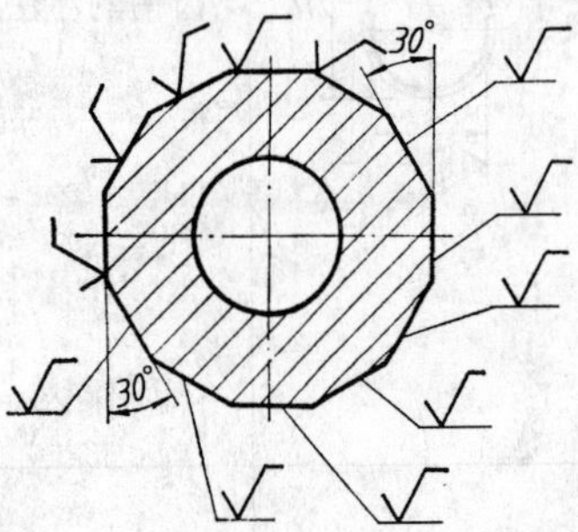	带有横线的表面特征符号的注法		带有横线的表面特征符号的注法
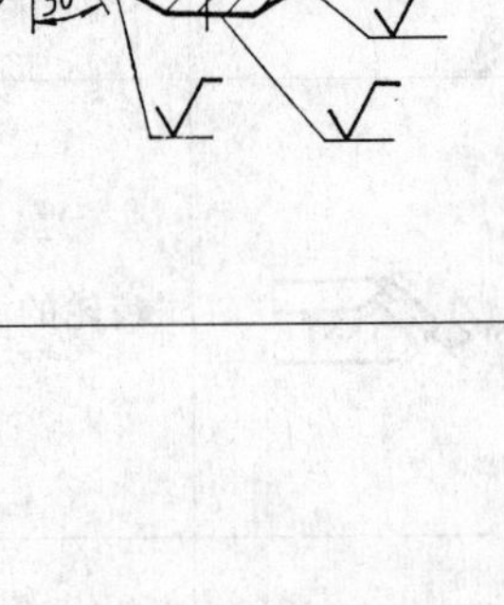	当零件所有表面具有相同的特征时,其代(符)号,可在图样的右上角统一标注。其符号应较一般的代号大1.4倍		同一表面上有不同的表面特征要求,须用细实线画出其分界线,并注出相应的表面特征代号
			表示零件表面镀铬后的粗糙度值和镀铬前的粗糙度值的注法

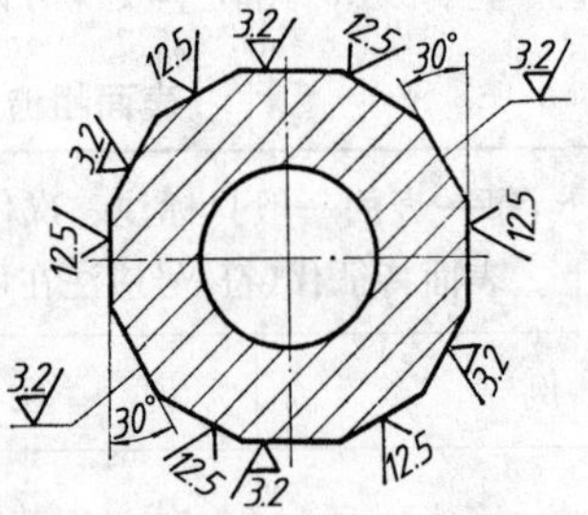

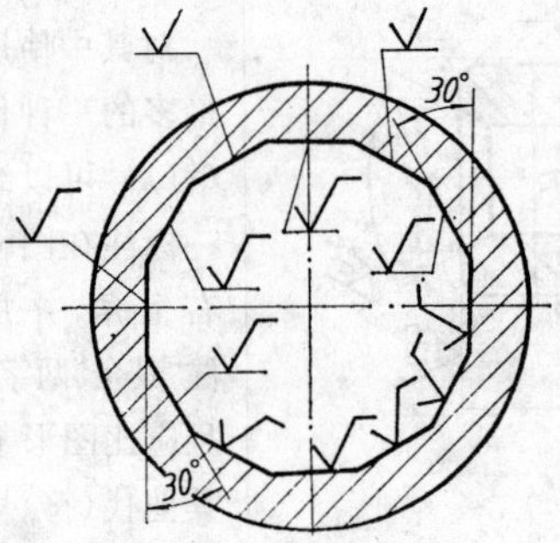

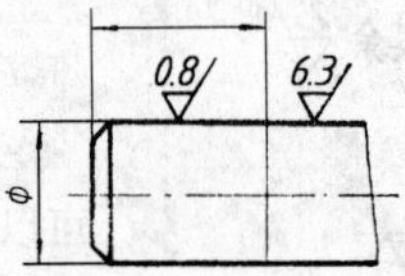

续表 8-6

图 例	说 明	图 例	说 明
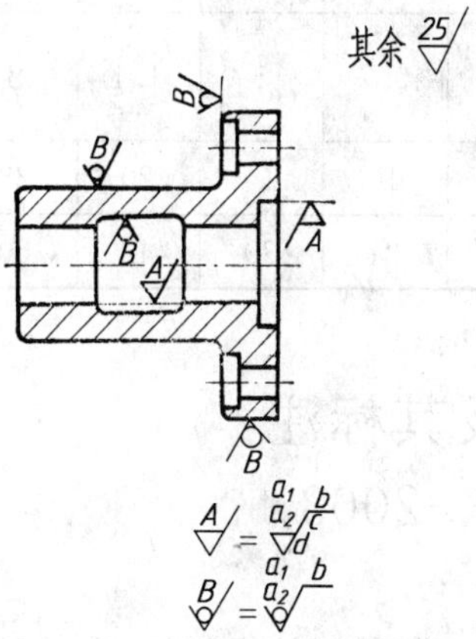 其余 25/ 图	可以标注简化代号,但要在标题栏附近说明这些简化代号的意义	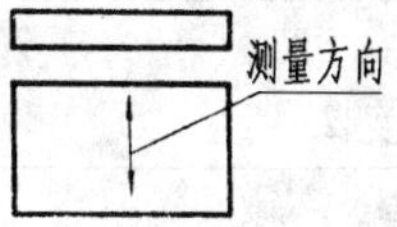 测量方向 图	表示表面粗糙度测量截面的方向
		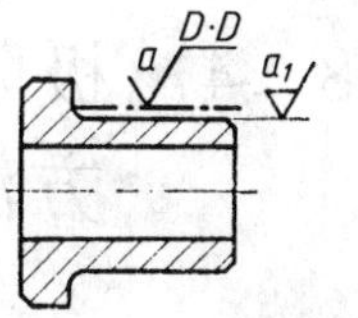 a D·D a₁ 图	同时表示镀铬前及镀铬后的表面粗糙度值的方法
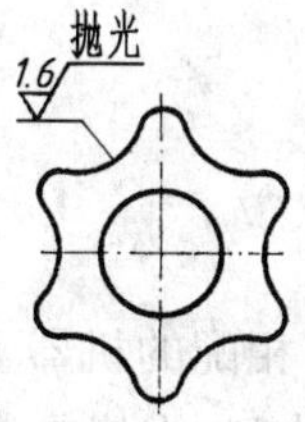 抛光 1.6 图	零件上连续表面及重复要素(孔、槽、齿,等等)的表面,只标注一次	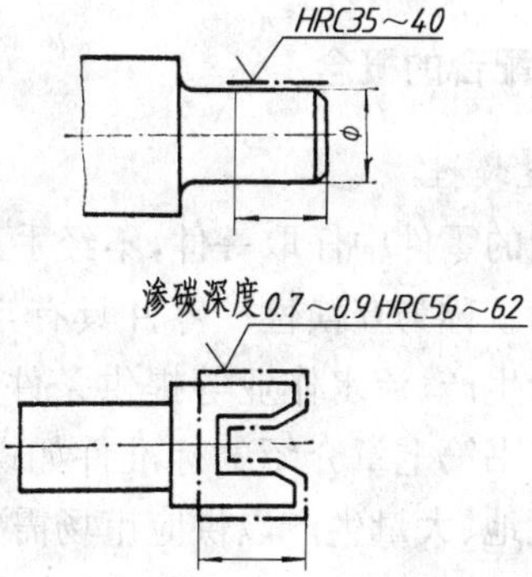 HRC35～40 图 渗碳深度0.7～0.9 HRC56～62 图	零件需要局部热处理或局部镀(涂)时,应用粗点画线画出其范围,并标注相应的尺寸,也可将其要求注写在表面粗糙度符号内
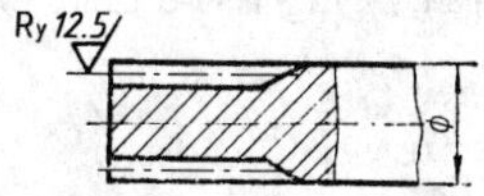 Ry 12.5 图	花键的注法		

4. 表面粗糙度符号的画法

(1) 符号的比例

表面粗糙度符号的各部分比例见图 8-14 所示。

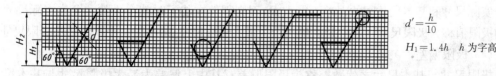

$$d' = \frac{h}{10}$$

$$H_1 = 1.4h \quad h \text{ 为字高}$$

图 8-14 表面粗糙度符号的画法

(2) 符号的尺寸

符号的尺寸见表 8-7 所示。

表 8-7 表面粗糙度符号尺寸

轮廓线的宽度 b	0.35	0.5	0.7	1	1.4	2	2.8
数字与大写字母(或/和小写字母)的高度 h	2.5	3.5	5	7	10	14	20
符号的线宽 d' 数字与字母的笔画宽度 d	0.25	0.35	0.5	0.7	1	1.4	2
高度 H_1	3.5	5	7	10	14	20	28
高度 H_2	8	11	15	21	30	42	60

§8-4 极限与配合的概念及其标注
方法(GB/T 4458.5—2003)

极限与配合是在机械设计和制造中用以保证产品质量的一项重要技术指标；它也是零件图和装配图等生产图纸中最重要的一项技术要求。本节主要介绍其基本概念、主要内容及其在图纸上的标注。

一、极限与配合的概念

1. 零件的互换性

从一批相同的零件中任取一件，不经手工修配就能立即用到和它相配的机器上去，而能达到使用要求的就称为互换性。零件具有互换性后，不但给机器的装配、维修带来方便，更重要的是为大量生产、流水作业等提供条件，从而可以缩短生产周期、提高劳动生产率和提高经济效益。本书第七章介绍的标准件如螺栓、螺柱、螺母等都有互换性，因此它们可由标准件厂专门成批地、大量生产以供应市场需要。

2. 尺寸公差的术语和名词

（1）基本尺寸

设计时所定的尺寸称为基本尺寸。

（2）实际尺寸

加工后实际测得的尺寸。显然，它不可能绝对地等于基本尺寸，而总有一定的误差。

（3）极限尺寸

实际尺寸和基本尺寸间的误差不能太大，否则零件在装配时就会失效。允许实际尺寸变动的极限值称为极限尺寸。其中最大的一个为最大极限尺寸；最小的一个则为最小极限尺寸。

（4）极限偏差

极限尺寸与基本尺寸之代数差称为极限偏差。其中上偏差为最大极限尺寸与基本尺寸之差；下偏差为最小极限尺寸与基本尺寸之差。

上、下偏差之值可以为正、负或等于零。国家标准规定孔的上偏差以大写字母 ES 表示、孔的下偏差以大写字母 EI 表示；轴的上偏差以小写字母 es 表示、轴的下偏差以小写字母 ei

表示。

（5）尺寸公差（简称公差）

尺寸公差等于最大极限尺寸与最小极限尺寸代数差的绝对值，也即允许实际尺寸的变动量。尺寸公差也等于上偏差与下偏差的代数差的绝对值，因为最大极限尺寸总大于最小极限尺寸，故公差总为正值。

（6）公差带、零线和公差带图

图8-15a)表示了孔和轴的公差带，公差带是分别表示孔和轴的公差大小以及相对于零线位置的一个区域。按国家标准图例，孔公差带用阴线表示，而轴公差带则用阴点表示，如图8-15b)所示。

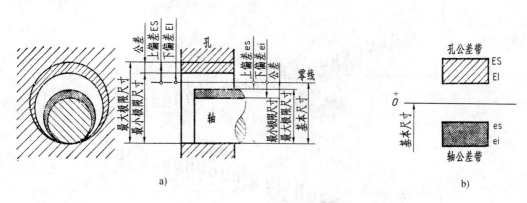

图8-15　公差带和公差带图

这种将孔、轴公差带与基本尺寸相关联并按放大比例画成的简图就叫公差带图；在图中基本尺寸箭头所指向的线，即理论上偏差为零的偏差线就称为零线；国家标准规定零线上方的偏差为正值，而其下方的偏差则为负值，如图8-15b)所示。

（7）公差计算示例

设已知一孔的基本尺寸＝30，其上偏差 ES ＝＋0.010，下偏差 EI ＝－0.010，则

最大极限尺寸＝上偏差＋基本尺寸 ＝＋0.010＋30.000 ＝ 30.010 mm。

最小极限尺寸＝下偏差＋基本尺寸 ＝－0.010＋30.000 ＝ 29.990 mm。

公差＝最大极限尺寸－最小极限尺寸 ＝ 30.010－29.999 ＝ 0.020 mm。或

公差＝上偏差－下偏差 ＝＋0.010－（－0.010）＝ 0.020 mm。

3. 公差带分析

公差带是公差配合制的核心。国家标准规定公差带由"标准公差等级"和"基本偏差系列"两部分组成。前者用以确定公差带的大小，后者则用以确定公差带相对于零线的位置。

（1）标准公差等级

标准公差等级是用以确定尺寸精确程度的等级，国家标准规定将标准公差等级分成 20 级，自 IT01—IT18。代号中的 IT 表示 ISO Tolerance，代号后的阿拉伯数字则表示等级。在 20 级标准公差等级中，以 IT01 级为最高，其公差值最小，尺寸的精确度程度也最高，并从 IT01 级开始，等级依次降至 IT18。在 IT01～IT12 范围内的标准公差等级用于配合尺寸，而 IT12～IT18 则用于非配合尺寸。

20 级标准公差分别依次为 IT01，IT0，IT1 至 IT18。由于 IT0 及 IT01 少用，故标准中已将它们放至附录里。

（2）基本偏差

基本偏差是用以确定公差带相对于零线位置的上偏差或下偏差，一般指较靠近零线的那个偏差。

国家标准对孔、轴分别规定了 28 个基本偏差，并用拉丁字母按其顺序表示。其中大写字母用于孔，小写字母用于轴，图 8-16 即为国家标准规定的基本偏差系列图。

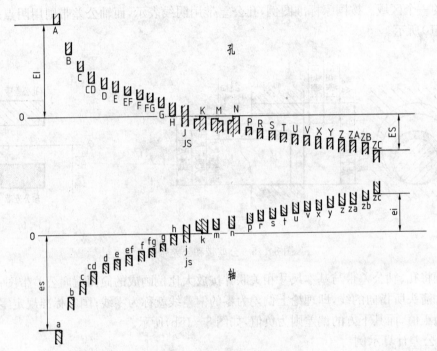

图 8-16　基本偏差系列图

从图 8-16 可见，孔从 A 到 H 时下偏差靠贴零线，故按定义，它们的下偏差即为基本偏差。反之，轴从 a 到 h 时，其上偏差靠贴零线，因此，它们的上偏差即为基本偏差。由于图 8-16 只表示了公差带相对于零线的位置，而不表示公差带的大小，故图中公差带有一端都是开口的。国家标准中还将孔、轴的基本偏差值制成一系列的表格，本书附录中摘录了一些常用的表格可供查阅。

（3）公差的标注示例

孔、轴公差带代号均由基本偏差代号与标准公差等级代号组成。例如：

1）ϕ50H7——因 H 大写，故此尺寸在零件图中应注在孔上。其中 ϕ50 为孔的基本尺寸，H7 则为该孔的公差带代号。在此代号中 H 为孔的基本偏差代号，而"7"则表示标准公差等级为 IT7 级。查阅图 8-16 可见，H 的下偏差为基本偏差，且因它位于零线上，故其下偏差之值等于零。从附录的公差表内，我们可查得 ϕ50H7 的上下偏差值应为 $\phi 50^{+0.025}_{0.000}$。

2）ϕ50g6——因 g 为小写，故此尺寸在零件图中应注在轴上。其中 ϕ50 为轴的基本尺寸，g6 则为该轴的公差带代号。从图 8-16 可知，g 级的基本偏差指的是上偏差，而"6"则表示标准公差等级为 IT6 级。从附录的公差表内可以查得 φ50g6 的上、下偏差值应为 $\phi50_{-0.025}^{-0.009}$。

4. 配合及其基制

(1) 配合的分类

基本尺寸相同相互装配的孔、轴或包容件与被包容件间的关系称为配合。根据零件间的工作要求不同,有时需紧、有时需松,因此配合可分成三类:

1) 间隙配合　当孔的实际尺寸大于轴的实际尺寸时,亦即孔公差带在轴公差带的上方时,孔、轴之间就有间隙,其配合就称间隙配合,前面图 8-15 所示的即为间隙配合。

2) 过盈配合　当轴的实际尺寸大于孔的实际尺寸时,亦即轴的公差带在孔公差带的上方,此时孔、轴之间就有过盈,其配合就称为过盈配合。

3) 过渡配合　当孔、轴相配时可能有间隙,有时也可能有过盈,如以公差带图来看,孔、轴公差带相互交叠部分的配合就称为过渡配合,如图 8-17 所示。

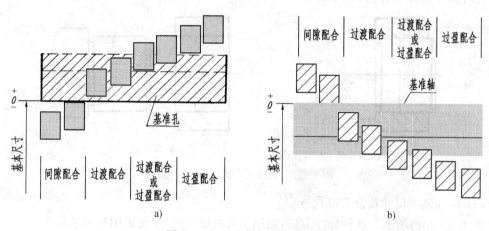

图 8-17　基孔制和基轴制配合

(2) 配合的基制

为了便于零件的设计和制造,国家标准中规定了两种配合的基准制。

1) 基孔制　基本偏差为一定的孔的公差带与不同基本偏差的各个轴的公差带相配而形成各种配合制度就称为基孔制配合。基孔制配合中包括孔、轴二者。规定基孔制中的孔称为基准孔,其基本偏差代号为 H,且基准孔的下偏差等于零,如图 8-16 所示。

2) 基轴制　基本偏差为一定的轴的公差带与不同基本偏差的各个孔的公差带相配而形成各种配合制度就称为基轴制配合。基轴制配合中也包括轴、孔二者。规定基轴制中的轴称为基准轴,其基本偏差代号为 h,且基准轴的上偏差等于零,如图 8-16 所示。

图 8-17a)和图 8-17b)分别表示了基孔制与基轴制中孔、轴公差带之间的关系。在实际生产中采用哪种基制的配合应从工艺要求、经济效益等各方面来考虑。一般说来,基孔制采用较多,因为孔的加工比轴困难,固定孔的公差带可以节省大量刀具和量具。

二、极限与配合在图上的标注

1. 装配图中的标注方法

根据国家标准的规定在装配图中标注线性尺寸的配合代号时,必须在基本尺寸的右边用分数的形式分别标出孔和轴的公差带代号；并规定分子为孔的公差带代号，分母为轴的公差带代号，如图 8－18a)所示。具体标注时还可采用下列三种形式中的任一种：

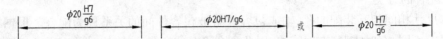

国标也允许在装配图中于基本尺寸的右边用分数形式分别标出孔和轴的极限偏差值。其中分子为孔的极限偏差值，分母为轴的极限偏差值。见如下的形式：

2. 零件图中的标注方法

零件图中的标注有如下三种形式：

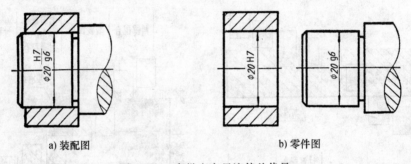

a) 装配图 b) 零件图

图 8－18　大批生产只注偏差代号

(1) 标注基本尺寸及公差带代号

如图 8－18b)所示。这种标注方法，适用于大批量生产，以便采用专用量具。

(2) 标注基本尺寸及极限偏差值

如图 8－19 所示，这种标注方法适用于单件及小批量生产。在标注偏差值时，应用比尺寸数字小一号的字体把上偏差连同其正负号写在基本尺寸的右上角；而把下偏差连同其正负号写在基本尺寸的右下角。当上、下偏差值相等时，则偏差值的字体大小可以和基本尺寸的字体相同，如图 8－20 所示。当上偏差或下偏差为零时，用数字"0"或"0.000"标出，不可省略，如图 8－19 所示。

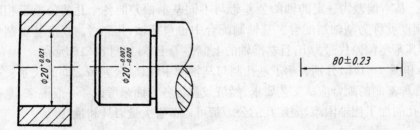

图 8－19　用极限偏差值标注尺寸公差　　　8－20　极限偏差值相同时的注法

(3) 在基本尺寸后同时标注公差带代号及极限偏差值(偏差值应写在括弧内)，如图 8－21 所示，这种标注方法主要用于产量不定的情况。

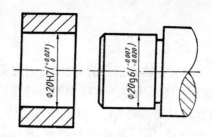

图 8-21 同时标注公差带代号及上、下偏差值

§8-5 形位公差的概念及其标注方法
(GB/T 1182—1996)

一、形位公差的概念

由上节可知,零件在设计时所规定的基本尺寸和经加工后所测得的实际尺寸,不可能绝对相同,总存在着一定的误差。同理,零件的形状及其各表面间的相对位置在加工后,也不可能和理论上所定的完全一样。这种零件的实际形状和实际位置相对于理论形状和理论位置所允许的误差变动全量,称为零件的形状与位置公差。

对一般要求不很高的零件,通常只需尺寸公差就可保证其精度了;但对某些要求较高的零件,则除在零件图上标注尺寸公差外,还应标注其形位公差,以满足设计要求和保证产品质量。

国家标准中规定形位公差共 14 个项目,其代号和名称如表 8-8 所示。

表 8-8 　　　　　　　　　　　　形位公差各项目的符号

分 类	项 目	符 号	有无基准要求	分 类	项 目	符 号	有无基准要求
形状公差	直线度	—	无	定向	平行度	//	有
	平面度	▱	无		垂直度	⊥	有
	圆　度	○	无		倾斜度	∠	有
	圆柱度	⌭	无	定位	同轴度	◎	有
形状或位置	线轮廓度	⌒	有或无		对称度	=	有
					位置度	⊕	有或无
	面轮廓度	⌓	有或无	跳动	圆跳动	↗	有
					全跳动	↗↗	有

二、形位公差的标注

1. 框格

形位公差在图上的标注是通过框格来实现的,框格是用细实线画的长方形格子,其高度为图中尺寸数字的两倍,长度则按需要确定。框格中填写的符号、数字和字母等的大小都和尺寸数字相同。形状公差的框格只需两格,第一格填项目名称的符号,第二格填写公差值。位置公差除第一格填项目名称符号、第二格填公差值外,还应加第三格填写基准名称的字母,如图8-22所示。

2. 带箭头的指引线

用带箭头的指引线将框格和被测要素相连并使箭头指向被测要素,然后填写框格,如图8-23所示。应注意的是箭头所指方向即为公差带的宽度方向或直径方向,当公差带为圆或圆柱时,还应在公差值前加注符号"ϕ"。

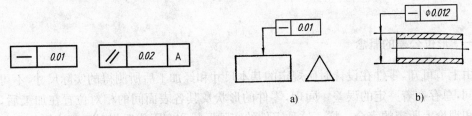

图8-22 形位公差的框格   图8-23 形位公差的标注

3. 带粗短横线的指引线

用带粗短横线的指引线将框格和基准要素相连,框格一侧为带箭头的指引线其箭头指向被测要素;框格的另一侧则为带粗短横线的指引线,其粗短横线指向基准要素,如图8-24所示。

如果两表面间的距离过远,则可用图8-24b)的形式标注,即在框格中增加基准格,并另画一与框格不相连的圆形基准代号。图8-24c)表示了此基准代号的画法,圆圈的直径等于框格高度。

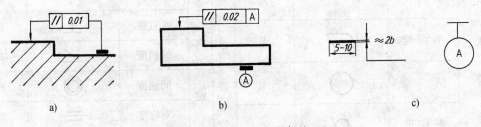

图8-24 位置公差的标注

4. 形位公差标注示例的说明

(1) 轴线的表达

图8-25a)和图8-25b)的含义不同,图8-25a)指的是圆柱素线的直线度公差,而图8-25b)则指的是圆柱轴线的直线度公差。国家标准中规定当被测要素为轴线时,应将指

引线上指向被测要素的箭头对准该回转体的尺寸线,这是在形位公差标注中用以表达轴线的一种专门方法。

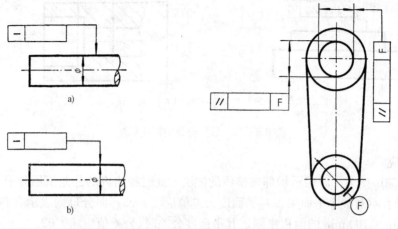

图 8-25　轴线的表达　　　　　图 8-26　给定方向的表达

（2）给定方向的表达

图 8-26 是给定两方向时,两轴线间平行度公差的标注。箭头所指的方向应与公差带宽度的方向一致,对于圆或圆柱的公差带则箭头所指方向为公差带的直径方向。

（3）公共轴线为基准的注法

以公共轴线 A-B 为基准的含义,即以基准 A 所指直径的圆柱轴线长度的中点 A 和基准 B 所指直径的圆柱轴线长度的中点的连线作为基准;图 8-27 就表示了这种注法。

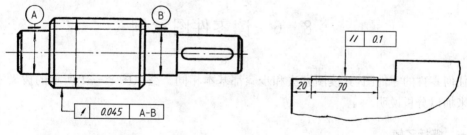

图 8-27　公共轴线为基准的注法　　　　図 8-28　被测范围的标注

（4）被测范围的标注

当被测范围仅为被测表面的局部时,应用尺寸和尺寸线把此段长度和其余部分区分开来,如图 8-28 所示。

（5）几个框格合用一指引线,或几个指引线合用一框格时的标注

如同一表面有几项形位公差要求,则可把几个框格并列起来而采用一根指引线;或当几个表面的形位公差要求相同时,则可把几根指引线同时连于一个框格,如图 8-29 所示。

（6）局部和整体的标注

图 8-30a)表示在很大的平面上任取一 200 mm × 200 mm 的面积来测定其平面度公差

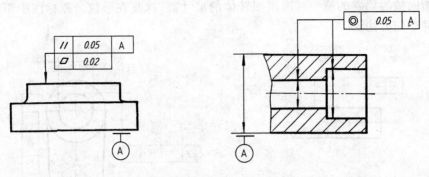

图 8-29　形位公差的简化标注

时,公差值应≤0.04。

图 8-30b)则为同时表示局部与整体的注法。此时框格内的公差值用分子、分母的形式表示。分子表示对整个平面来说其平面度公差值应≤0.05。而分母则表示在整个平面中任取一 100 mm × 100 mm 的面积来测定其平面度公差时,公差值应≤0.02。

a)　　　　　　　　　　　　　　　b)

图 8-30　局部和整体的标注

§8-6　读零件图示例

任何零件的零件图,其读图方法和步骤都基本相同。兹以图 8-31 所示的拨叉零件图为例来加以分析说明。

一、概括了解

首先从标题栏着手,了解该零件的名称、画图所用的比例及制造所用的材料等,从而对该零件应归属到哪一类、其形体大小和制造方法等有一初步认识。以拨叉为例可知它属于一般零件中的叉架类零件,故视图表达、尺寸分析等都具有该类零件的特点;又从其所用材料得知它为铸件,因此它在结构上具有前述铸件的一切特性,从而对该零件有一大致的了解。

二、形体结构分析

主要从分析视图着手,由于叉架类零件多为铸件,故用形体分析法来分析视图最为合适。通过形体分析可见该零件是由下端带键槽的空心圆柱Ⅰ、圆柱右端的圆柱形凸台Ⅱ、顶

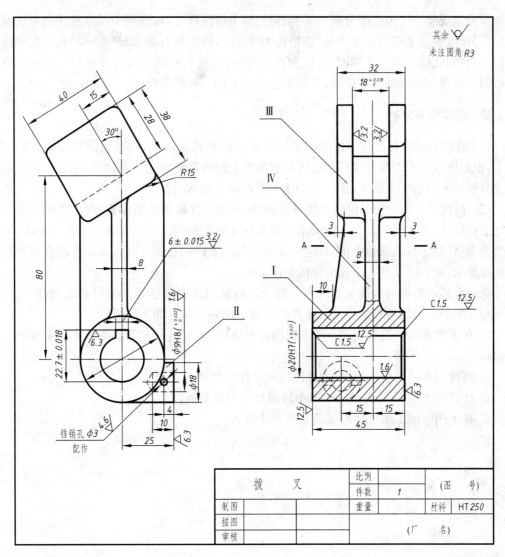

图 8-31 拨叉零件图

端叉口Ⅲ及通过十字筋Ⅳ把顶端的叉口与下端的圆柱相连。整个零件大致可分成四个形体。再从两基本视图中分别找到此四个形体的投影,并把每一形体所在两视图中的部分联系起来就不难想出各个形体及整个零件的形状。其次,拨叉为一铸件,在结构上必具备铸件的特点,如从图上所注可知铸造圆角半径为 R3,在铸造后未经加工的一些部分都应在视图中用圆角过渡,而在两面相交处只要有一表面经过加工,即应呈现尖角。这样通过形体与结构分析,对该零件的认识又进了一步。

三、尺寸基准的分析

主视图中除斜面部分外,其余绝大部分形体均属左右对称,故以主要孔的轴线为长度方向和高度方向主要基准。叉口的倾斜部分则由 30°角度定位。宽度方向以左视图中叉口的对称线为主要基准。根据所分析的基准、对照图上所注尺寸,可见图中尺寸标注的方法是合理的。另外,根据下端的尺寸注解"锥销孔 $\phi3$ 配作",说明与右端 $\phi9H8(^{+0.022}_{0})$ 孔相配必还有一根轴,它和孔的基本尺寸相同、并应和孔同时配钻,故它们的定位尺寸也同。在阅读整套图纸时必须找到那根轴的零件图,并校对它和孔上的一些相关尺寸。

四、技术要求分析

(1)查找表面粗糙度代号以弄清楚哪些表面需经机械加工,哪些表面则在铸成后不再加工;根据所注的表面粗糙度代号还可以看出图上的铸造圆角是否画错等;结合尺寸公差的概念并可知配合表面上的 R_a 值一定小于非配合面上的 R_a 值。

(2)查找尺寸公差与形位公差代号,总的说来该零件的制造精度不很高,故尺寸精度由尺寸公差保证,不再提形位公差的要求。根据尺寸公差的公差带代号如 $\phi9H8$,$\phi20H7$ 等查阅公差表格,找出其极限偏差值,可进一步熟悉公差表格的查阅方法。如零件还有热处理等方面的要求,则还应了解一下这方面的情况。

综合上述内容就可对拨叉零件有一较全面的认识。在读懂零件图的基础上,还可以提出一些读图问题来思考以加深对该零件的了解。例如可研究如下问题:

1)在视图表达上拨叉用两个基本视图还不够完善,应再补充哪些图形才能使视图清晰完整;

2)当视图作适当修改后,尺寸标注应相应作何变动;

3)计算出 $\phi20H7$ 孔的最大与最小极限尺寸与公差值;

4)找出图中加工质量最好及最差的一些表面。

第九章 装配图

§9-1 装配图的作用和内容

一、装配图的作用

表达机器或部件的图样称为装配图,前者称总装配图,后者则称部件装配图。装配图和零件图同属生产中必不可少的技术资料。在设计机器或部件时,总先画出其装配图,然后根据装配图绘制零件图。待零件加工制造完毕后,再根据装配图及其技术要求进行装配成部件或机器。装配图在生产中的作用可归纳为如下两点:

(1)在设计过程中根据装配图所反映的工作原理及装配结构要求,绘出部件中的各零件的零件图。

(2)在装配阶段根据装配图的要求把零件装配成部件或产品。

二、装配图的内容

装配图所反映的部件或机器虽然各不相同,但每张完整的装配图所包含的内容却都是一样的。下面我们就以生产上常见的折角阀为例,来说明装配图上一些共性的问题。

1. 一组视图

采用一组视图(视图数根据需要而定)正确而清晰地反映出该部件的工作原理、零件间的装配关系以及主要零件的主要结构形状。

2. 必需的少量尺寸

根据装配图的作用,在装配图上只需标出部件或机器的性能规格、安装及反映零件间相互配合、连接关系等所需的少量尺寸。由于装配图不用于具体指导零件的加工与检验,所以装配图不要求把其上每一零件的尺寸都标上去,而只需少数和装配有关的尺寸。

3. 编号和明细栏

在装配图的视图中用指引线依次标出各零件的序号。在标题栏上方绘制出各零件的明细栏以注明和图中编号相应的各零件的件号、名称、规格、数量、材料和标准件的标准代号等。

4. 技术要求

用文字或符号写出有关部件或机器的性能规格、装配、检验以及使用、维修等方面的要求。

5. 标题栏

填写部件或机器的名称、绘图所用的比例等。

下面我们以折角阀为例分别对装配图上的各项内容逐个地作一分析和介绍。

§9-2 装配图中的各项内容简介

一、视图画法

在前述章节中已介绍过有关零件的各种表达方法如剖视、断面、局部放大、简化画法等，它们在装配图中仍然适用。但装配图本身还有一些常见的特殊表达方法，本节将对此作一介绍。

1. 沿结合面剖切或拆卸画法

如图 9-1 所示，若手轮的投影在俯视图上也画出来，则阀体轮廓以及比手轮小的零件如盖螺母等都将被遮住看不清楚；因此可设想在画俯、左视图时把手轮及其上紧固用的螺母拆去，这种画法就称为拆卸画法。手轮经拆卸以后单凭主视图中的一个投影表达不清楚，可以在图纸空白处另行补绘它的其他投影。又如常见的齿轮减速箱，其主视图虽可把各零件装在一起再行剖切，但若画俯视图时不把箱盖拆掉，则所有的齿轮传动等关系均被盖住而反映不出来。所以在画齿轮减速箱的俯视图时必然拆去箱盖，这几乎已成惯例。这时的拆卸画法也可理解为沿着箱盖与箱体的结合面（即分界面）剖切，在结合面上不画剖面符号，而箱盖与箱体间的连接螺栓、定位销等则设想均被切断而要在其圆上画出剖面符号；有时也可设想把这些紧固件拆去而只画剩下的相应的孔。应注意的是采用拆卸画法的装配图的各视图中，总有一个视图是完整不拆卸的，否则就无从确定零件间的相对位置。

2. 假想画法

为了表达运动件的极限位置或相邻零件的位置时，可用双点画线（假想线）来绘制其轮廓。例如，图 9-2 中的三星齿轮传动机构就采用了这种画法。

3. 夸大画法

对装配图中的薄片零件或细小的间隙等如按所用的比例绘制，则往往难以绘制。如遇有此种情况时，允许稍加夸大画出而不按图上的比例；如图 9-1 中的垫片即是按此画法绘制并涂黑的。

4. 规定画法和简化画法

在装配图中零件的工艺结构如圆角、退刀槽、倒角等允许不画；对螺纹紧固件等相同的各组零件在不影响理解的情况下，也允许只画一组。例如，图 9-1 的俯视图中的螺栓连接就只画了一组，其他几组都只画了中心线，螺栓及螺栓头上的曲线也允许不画。同理，滚动轴承在装配图中也允许用比例画法或示意画法（见第七章）。

5. 单个零件或相关的几个零件作为一组的画法

在装配图中为了表达需要，常要补充单个零件或几个相邻成为一组的零件的视图。其

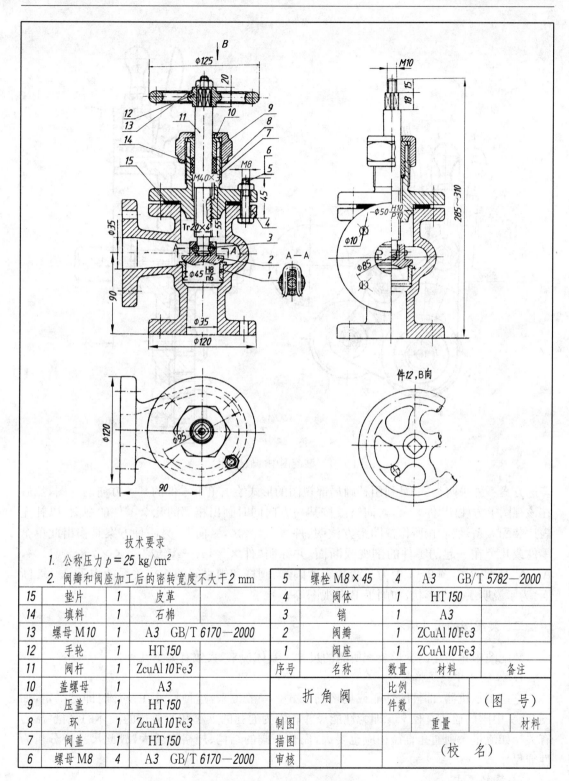

技术要求

1. 公称压力 $p = 25 \, \text{kg/cm}^2$
2. 阀瓣和阀座加工后的密转宽度不大于2 mm

15	垫片	1	皮革		5	螺栓 M8×45	4	A3 GB/T 5782—2000	
14	填料	1	石棉		4	阀体	1	HT 150	
13	螺母 M 10	1	A3 GB/T 6170—2000		3	销	1	A3	
12	手轮	1	HT 150		2	阀瓣	1	ZCuAl 10Fe3	
11	阀杆	1	ZCuAl 10Fe3		1	阀座	1	ZCuAl 10Fe3	
10	盖螺母	1	A3		序号	名称	数量	材料	备注
9	压盖	1	HT 150		折角阀		比例		（图　号）
8	环	1	ZCuAl 10Fe3				件数		
7	阀盖	1	HT 150		制图			重量	材料
6	螺母 M8	4	A3 GB/T 6170—2000		描图			（校　名）	
					审核				

图 9-1　折角装阀配图

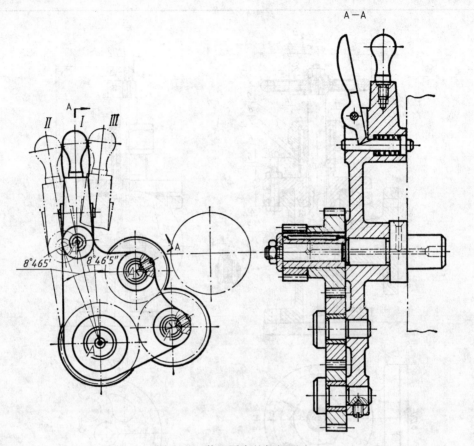

图 9-2　装配图中的假想画法

表达方案不外乎两类：一是利用补画局部视图的形式绘出单个零件的某一方向的视图，然后在该视图上方注明"件××，×向"；或按某一方向同时画出相邻的几个零件的视图，以补充表达装配关系，然后在所作视图上方注明"件××，××，×向"。另一种方案是作出此单个零件或几个在一起的零件的剖视或断面，并标明"件××，A—A"或"件××，××，××，A—A"等。例如，图 9-1 中为了清楚表达阀瓣、阀杆和销之间的连接关系就作了 A—A 断面；为了说明手轮的形状，加画了 B 向视图等。

二、装配图的尺寸标注

装配图中只需注出少量装配所需的尺寸。具体说来，大致有如下几种：

1. 性能尺寸或规格尺寸

它是表示机器、部件的性能或规格的尺寸。一般说来，这种尺寸在设计时即已确定，如图 9-1 中阀的通孔直径 $\phi35$ 即为性能尺寸。因为通孔的大小和所通过的液体的流量、压力有关。如流量大则通孔直径相应也要大，而整个阀的结构、规格也要大，故此尺寸应分析为性能尺寸。

2. 装配尺寸

指在部件内部零件与零件间的配合尺寸以及它们间相对位置的定位尺寸。在装配图中带有配合代号的尺寸必为装配尺寸,如图 9-1 中的 $\phi 50 \dfrac{H10}{h10}$ 和 $\phi 45 \dfrac{H8}{n6}$ 等。又如图 9-1 中的螺纹尺寸 M40×3,Tr20×4 及阀盖和阀体连接法兰小孔的中心距 $\phi 95$ 等均属装配尺寸。

3. 安装尺寸

指的是机器或部件在安装时所需的尺寸。它和装配尺寸的概念不同,装配尺寸指的是部件内部零件间的配合和相对位置尺寸,而安装尺寸则是把整个部件或机器安装到其他机件和机座上去时所需的尺寸,如常见机器底座上的底脚螺孔的直径大小及螺孔间的中心距均属此类尺寸。图 9-1 中阀体上两个成直角的连接法兰的直径 $\phi 120$,及其上通孔 $4×\phi 10$ 及孔间的中心线圆 $\phi 85$ 等也都是安装尺寸。

4. 外形尺寸

指部件或机器的总高、总宽和总长的尺寸。这些尺寸也是产品在装箱时所必须具备的尺寸。

5. 其他主要尺寸

指在设计过程中确定而未归入上述四类尺寸中的主要尺寸。这种尺寸常见的有两大类:一类是限制运动件活动范围的尺寸,如图 9-1 中的尺寸 285~310 表示阀杆的最大升降量为 25 mm。另一类则为装配体中主要零件上的一些重要尺寸。

应说明的是上述几类尺寸并非孤立无关的。有时往往一种尺寸兼具几种功能。另外装配图上的尺寸虽可如上述的分类,但对某一张具体的装配图来说也不一定各类尺寸俱全,所以在标注时还应结合具体装配体作具体分析才是。

三、编号和零件的明细栏

1. 编写序号的方法(见 GB/T 4458.2—2003)

(1) 形状和大小相同的零件只能编一个号。例如,图 9-1 中有四组相同的螺栓连接,在编写序号时,螺栓和螺母都只能分别编一个号,而在明细栏的数量项中填 4。根据国家标准规定,编零件序号时应在零件可见的轮廓范围内画一小点,然后由此点开始用细实线向外画指引线,在指引线的另一端用细实线画一水平短划或圆圈,并在短划上或圆圈内填写编号数字。编号数字应比图中尺寸数字大一号,如图 9-1 所示。由于短划比圆圈易画,故生产上采用短划较多。当很薄的零件在图中涂黑不能再画小点时,可改用带箭头的指引线自轮廓外指向该零件并在指引线另一端的短划上填写其编号数字。

(2) 编号时指引线上的短划应沿纵横方向排列整齐,指引线也不能彼此相交。当指引线通过有剖面线的区域时,它不应与剖面线平行。

必要时指引线可画成折线,但只能曲折一次。一组螺纹紧固件或装配关系清楚的零件组,可以只用一根公共的指引线同时编几个号,如图 9-3 所示。

(3) 视图中零件的编号应按一定的方向如顺时针方向或逆时针方向按序编写。如图 9-1 即是按逆时针方向编写的。

(4) 视图中零件的编号号码必须和零件明细栏中各零件的相应编号完全一致。

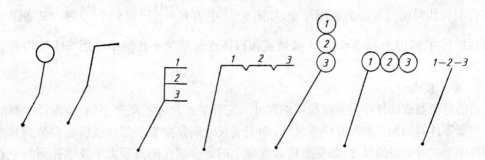

图 9-3　编号时指引线的画法

2. 明细栏的填写

（1）零件的明细栏通常直接接在标题栏的上方。但应注意其编号顺序是自下而上的，而且明细栏顶格的框线要用细实线来画。当装配图内容复杂、零件较多而致明细栏过高时，还可以分些到标题栏的左方去；当装配图上零件过多，在图纸内无法容纳大面积的明细栏时，还允许另用纸书写明细栏。

（2）应先在视图中编好零件序号，然后根据图中的编号顺序来确定明细栏中相应零件的号码。

（3）当填写装配体中的标准件时（见图 9-1，在名称栏内应同时填写其规格如"螺母 M10"，而在备注项内填入其相应的国家标准的代号如 GB/T 6170—2000。

四、技术要求

装配图上有些技术要求，如公差配合是以代号标注在图中的，有些则只能用文字整齐地书写在图纸右下方的空白处。通常可以从装配、调整、检验、使用、维护等方面提出要求。且应按不同部件的具体要求来制订，如能在平时对常见的一些部件如阀、泵、减速箱、虎钳、尾架等的技术要求注意观察和学习，必有助于对装配图技术要求的深入理解。

§9-3　常见的装配工艺结构

在设计和绘制装配图时，必须考虑装配工艺结构的合理性，才能保证机器或部件的性能，使拆卸方便、省时省力。装配结构工艺涉及的面很广，这里仅归纳并例举了一些常见的情况。

一、接触面

在装配图中两相邻零件之间必存在着接触面的问题。

（1）当轴、孔配合且轴和孔的端面接触时，应在孔的端面上制成倒角，或在轴的轴颈上加工退刀槽以保证接触面间的接触良好，如图 9-4 所示。

（2）当阶梯轴和沉孔相配时（见图 9-5），如 ϕA 处已形成配合，而沉孔底又与轴肩处有

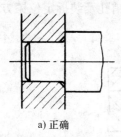 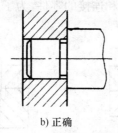 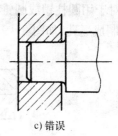

a) 正确　　　　　　　　b) 正确　　　　　　　c) 错误

图9-4　孔、轴之间的接触面

接触面,则 ϕB 和 ϕC 处就不能再形成配合,而必须使 $\phi B > \phi C$ 。两相邻零件上不能同时存在三个接触面,因这将给加工带来极大的困难,而实际上却又是毫无意义和可以避免的。

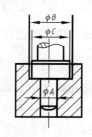

图9-5　阶梯轴与沉孔
相配

图9-6进一步说明了此原则,即两零件的接触面在同一方向上只能有一对平面接触。在图9-6中, $a_1 > a_2$ 即可保证两零件间只有两个接触面,从而降低加工成本,又能保证零件间的接触良好。

(3) 对于锥面的配合,在锥体顶部与锥孔底部之间必须留有间隙,即 $L_2 > L_1$ 才能保证锥面的接触良好,如车床尾架中的顶针与顶针套的配合即属此配合,如图9-7所示。

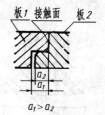 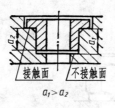 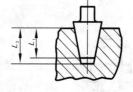

图9-6　不能同时有三接触面　　　　　图9-7　锥面的配合

二、零件连接时的合理结构

(1) 在铸件的底面、端面等需用螺纹紧固件处,往往制成凸台、凹坑等结构以减少加工面和保证接触面良好,如图9-8所示。

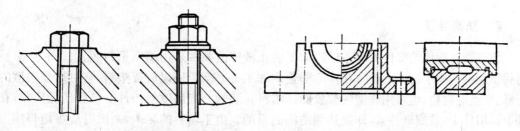

图9-8　凸台、凹坑的应用

（2）对于用圆柱销或圆锥销定位和连接的零件，为了加工销孔及装拆定位销方便起见，应将销孔制成通孔，如图 9-9 所示。

图 9-9　锥销孔应为通孔

三、防松的结构

机器运转时用螺纹连接的紧固件常因振动、冲击等原因而松脱，采用防松的锁紧装置，即可防止此类事故。

（1）利用双螺母锁紧，如图 9-10a)所示。利用两螺母在拧紧后相互间所产生的轴向力将螺纹上的牙齿拉紧而达到防松的目的。

（2）利用弹簧垫圈防松，如图 9-10b)所示。弹簧垫圈上开有槽口且其表面经过扭曲，当螺母拧紧将它压平时，垫圈的反弹力会使螺纹中的牙齿拉紧而防松。

（3）利用开口销防松，如图 9-10c)所示。利用槽形螺母和开口销，可以绝对保证螺纹连接不致松动。

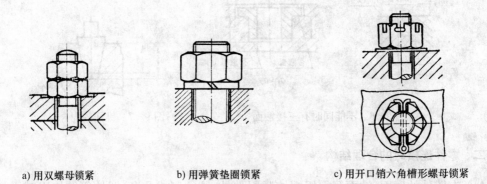

a) 用双螺母锁紧　　　　　b) 用弹簧垫圈锁紧　　　　c) 用开口销六角槽形螺母锁紧

图 9-10　防止螺纹松脱的几种装置

四、防漏装置

装有受压液体的部件如阀、泵等，为了防止液体泄漏常采用填料密封装置。图 9-1 折角阀顶端即采用了这一装置。在件 7 阀盖内加工有一空腔用以放置垫料，它可以是松散的石棉、麻丝等材料，也可用成型的橡胶圈。填料在装到一定高度后用件 9 填料压盖压紧，在其上再用件 10 盖螺母并紧，即能达到防漏的目的。由于填料的装入，画图时应将填料压盖画到较高的位置，如图 9-1 所示。

§9-4 装配图的画法

装配图的画法可通过自行设计和测绘等途径来进行;也可以根据部件的作用原理、轴测装配图或装配示意图和全套零件图而绘制。本书根据教学基本要求的精神,不介绍测绘,而只介绍由零件图绘制装配图的方法;并以打印机为例,具体说明其画法。

(1) 仔细阅读打印机的装配示意图及有关打印机的作用、原理的说明。在绘制装配图前必须做到此点,才能对所绘部件有一较全面的了解。

(2) 阅读示意图上零件的明细栏,了解零件的种类及其中所含标准件的数量。在本例中零件共有 10 种,其中标准件占 4 种,其余一般零件占 6 种,如图 9-11～图 9-14所示。

(3) 对照装配示意图和零件图,检查零件图是否齐全了。在本例中,6 种一般零件均已给出其零件图;而标准件也均已给出其规格、参数和标准号码,不必画零件图,所以,零件图已经齐全了。

(4) 仔细阅读各零件的零件图,并对照装配示意图弄清它们在部件中所处的位置;并注意校对相邻零件间的配合尺寸是否相同。例如,底座上四螺孔的中心距 40 mm×40 mm 和支架上螺栓通孔的中心距 40 mm×40 mm 必须相等。为了加工和装配时的定位,此两零件上销孔的大小和定位尺寸也必须相同。从这些尺寸关系结合对照装配示意图,就可确定各零件在装配图视图中的相对位置及其定位关系。

(5) 画装配图时一般从大零件开始,诸如机座、泵体、箱座、阀体等,然后再依此画出其他零件。本题的作图步骤可为件 1→件 4→件 2→件 3→件 10,然后再画支架上的轴线。在画此轴线上的零件时,又可按如下顺序:件 5→件 7→件 6→件 9→件 8;应当注意在装配图上常会碰到可运动的零件,这些零件应画成处于极限位置。例如,图 9-1 中的折角阀,其阀杆位置应处于阀门关闭时的极限位置;本例中的撞杆工作时也作上下运动,绘图时应根据弹簧在未受外力作用的自由长度位置进行定位,并依此类推。

(6) 在绘装配图时可根据所给主要零件的形体特征来选定主视图的方向,本例按底座及支架的零件图来选定装配图中主视图的方向。在作主视图的过程中,还应根据部件的形体结构考虑作适当的剖切。本例因支架不宜全剖,故整个装配图的主视图以采用局部剖视为宜。

(7) 在选定主视图的同时,还应根据装配图表达的要求,确定所需的视图数以便清晰反映该部件或产品的作用原理、零件的装配关系和连接方式以及主要零件的结构形状。如本例中要反映清楚底座和支架的形状仅用一个视图是不够的。故应在考虑装配图采用两个基本视图的基础上,再行补充 C—C 局部剖视及紧定螺钉处的局部视图。

(8) 在绘毕装配图的视图以后,再标注必要的一些尺寸;并对视图中的零件编号;然后填写标题栏和零件的明细栏。如需注写技术要求的还可补充技术要求,从而完成全图,如图9-15 所示。

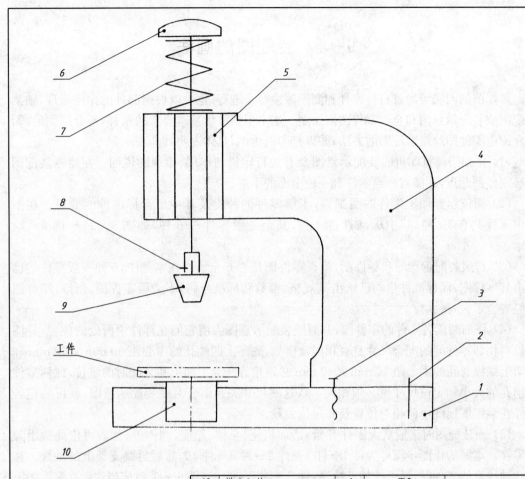

说明

打印机用以在工件表面上打标记。当冲击力作用在撞杆6的顶部时,印模向下运动即可将钢印打在工件的表面上。力去除后,印模通过弹簧作用恢复原位。印模和模座还可根据需要加以调换。

序号	名　称	数量	材　料	备　注
10	模座组件	1	T8	
9	印模	1	T8	
8	螺钉 M3×6	1	A3	GB/T 73—1985
7	弹簧 $d=2.5$ $D=20$ $p=6$ $n=6$ $n_0=8.5$	1	65Mn	GB/T 4459.4—2003
6	撞杆	1	45	
5	衬套	1	ZCuSn5pb5Zn5	
4	支架	1	HT250	
3	螺栓 M6×25	4	A3	GB/T 5782—2000
2	销 8m6×30	2	45	GB/T 119.1—2000
1	底座	1	HT250	

打印机装配示意图	比例		12.01.00
	件数	1	
制图	重量		
描图			(校　名)
审核			

图 9-11 打印机装配示意图

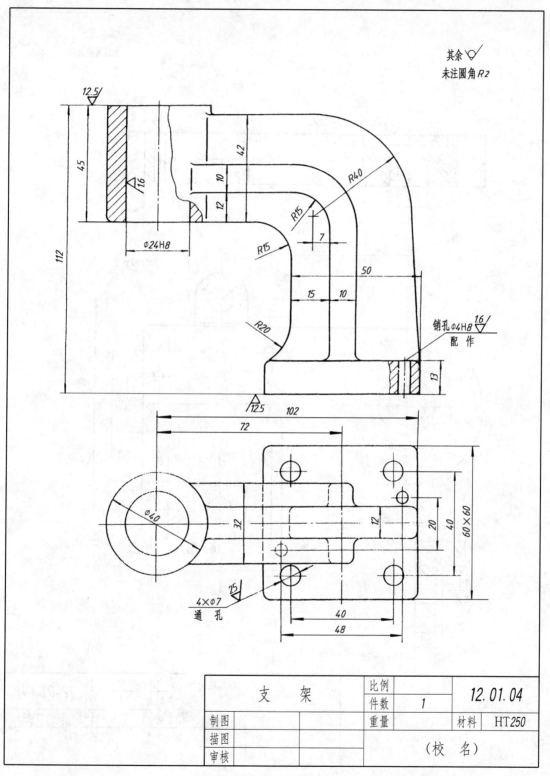

其余 ∨

未注圆角R2

12.5

45

16

Φ24H8

112

4.2

10

12

R40

R15

7

R15

50

15

10

R20

R15

销孔Φ4H8 16
配作

13

12.5 102

72

Φ40

32

12

20

40

60×60

4×Φ7 25
通孔

40

48

支 架	比例		12.01.04
	件数	1	
制图	重量		材料 HT250
描图			（校 名）
审核			

图9-12 打印机的零件图

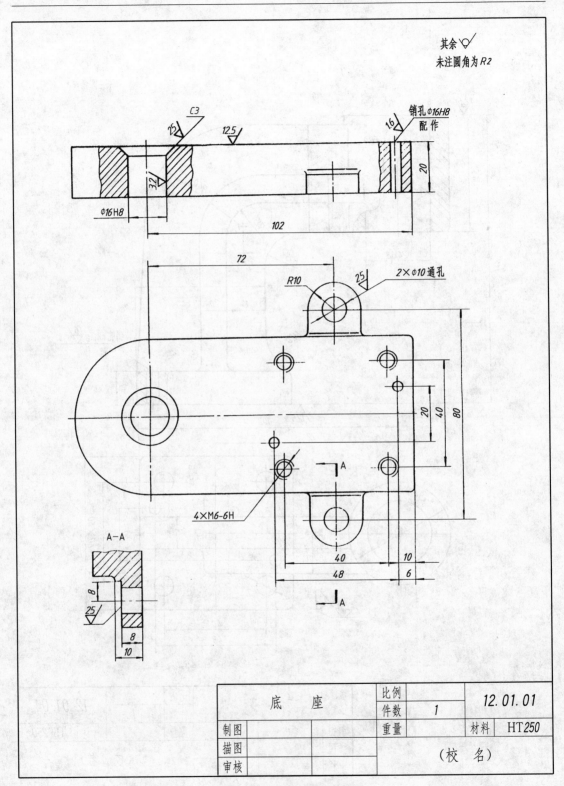

其余 ▽

未注圆角为R2

销孔Φ16H8 配作

图 9-13 打印机的零件图

底 座		比例		12.01.01
		件数	1	
制图		重量		材料 HT250
描图		(校 名)		
审核				

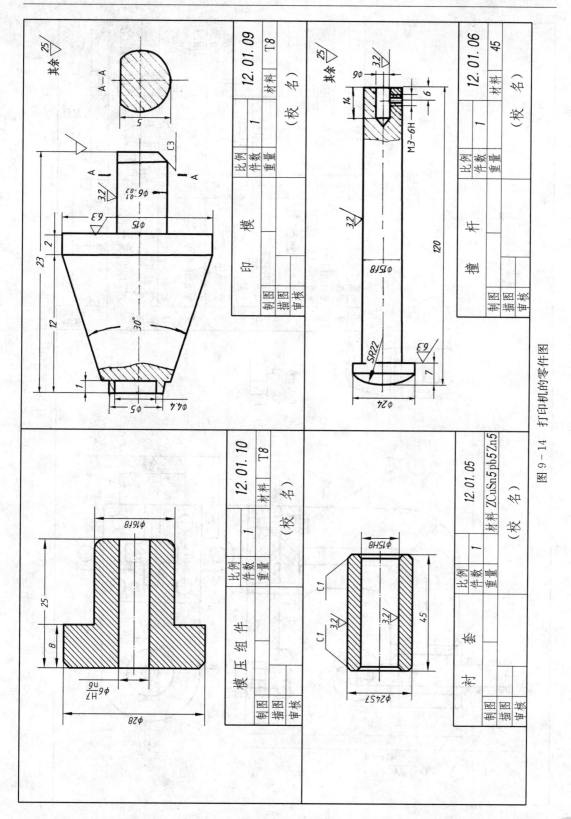

图 9－14 打印机的零件图

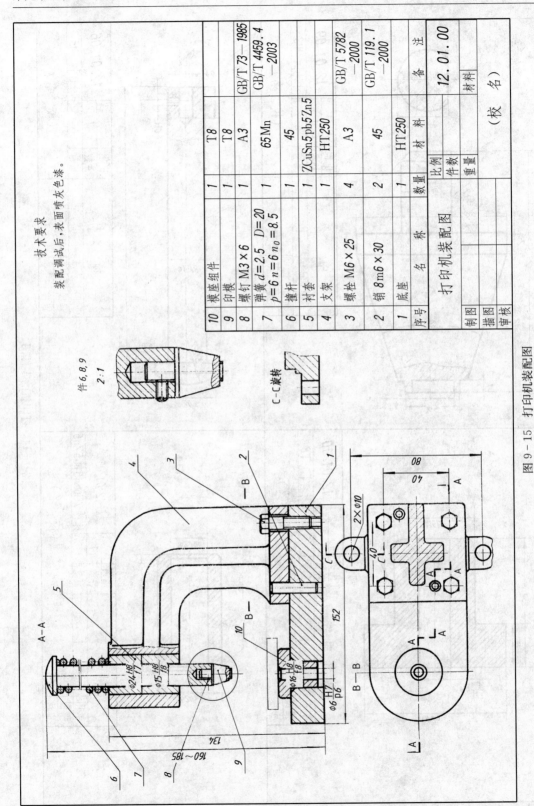

技术要求

装配调试后，表面喷灰色漆。

件 6, 8, 9
2:1

C—C 旋转

10	模座组件	1	T8	
9	印模	1	T8	
8	螺钉 M3×6	1	A3	GB/T 73—1985
7	弹簧 d=2.5 D=20 p=6 n=6 n_0=8.5	1	65Mn	GB/T 4459.4 —2003
6	撞杆	1	45	
5	衬套	1	ZCuSn5pb5Zn5	
4	支架	1	HT250	
3	螺栓 M6×25	4	A3	GB/T 5782 —2000
2	销 8m6×30	2	45	GB/T 119.1 —2000
1	底座	1	HT250	
序号	名 称	数量	材 料	备 注

	打印机装配图			12.01.00
制图		比例		（校 名）
描图		件数		
审核		重量		材 料

图 9—15 打印机装配图

§9-5　读装配图及由装配图拆画零件图

在生产中设计机器、部件,交流技术思想,使用和维修设备等都需用到装配图。因此,工程技术人员除需具备绘制装配图的能力外,还应具备阅读装配图的能力。

阅读装配图应达到如下目的,即读懂机器或部件的作用原理,读懂部件中各零件间的装配关系、连接方式和图中各主要零件以及与之有关的零件的结构形状;并能按装配图拆绘出除标准件外的各种零件,特别是主要零件的零件图。

装配图的内容虽然各异,但其读图方法却基本相同。兹以图9-16齿轮油泵为例来说明其读图步骤。

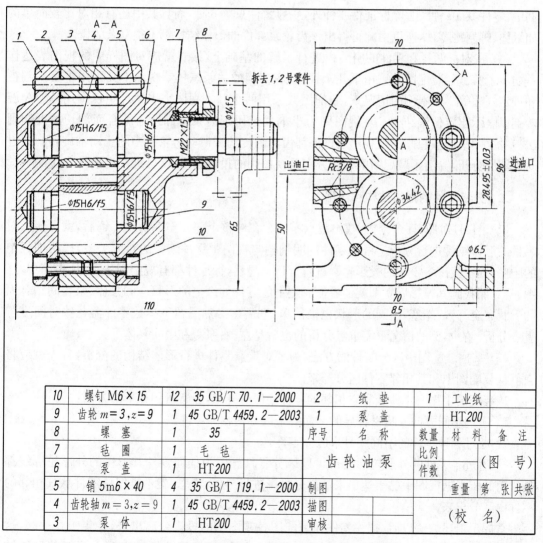

10	螺钉 M6×15	12	35 GB/T 70.1—2000		2	纸 垫	1	工业纸
9	齿轮 $m=3, z=9$	1	45 GB/T 4459.2—2003		1	泵 盖	1	HT200
8	螺 塞	1	35		序号	名　称	数量	材料 备注
7	毡 圈	1	毛 毡		齿 轮 油 泵		比例	(图 号)
6	泵 盖	1	HT200				件数	
5	销 5m6×40	4	35 GB/T 119.1—2000	制图			重量 第 张 共张	
4	齿轮轴 $m=3, z=9$	1	45 GB/T 4459.2—2003	描图				
3	泵 体	1	HT200	审核			(校 名)	

图 9-16　齿轮泵装配图

阅读装配图通常可分成如下的四个阶段：

一、初步了解

（1）了解部件的名称、用途及大小，读图时可首先从标题栏着手了解所读对象的名称和比例。在本例的情况下部件是齿轮油泵，比例1∶1。根据图上所注尺寸及比例，可见该油泵的尺寸不大，结构紧凑，是用齿轮传动的一种齿轮油泵。再联想到泵这类部件的用途，虽然泵的种类繁多，可以有往复式的柱塞泵、旋转式的转子泵和齿轮泵等，但它们的作用基本相仿，都是把吸入的油通过挤压，提高到一定压力然后输送出去。齿轮泵的作用也是如此，只是它是借助于齿动传动来使油压升高的。了解部件的用途通常可由感性认识的积累，如对泵的有关知识的汇总分析而得出，也可通过查阅有关的参考资料如产品说明书等来了解。

（2）粗看一遍零件明细栏，了解该部件中零件总数及零件中标准件所占的比例。在本例中，零件共10种。去除标准件4种外，一般零件只剩6种，而且其中还有相对比较简单的如纸垫、螺塞等零件，所以由此可得出该齿轮泵部件的形体结构都不很复杂的概念。

（3）在对标题栏和零件的明细栏进行了解的基础上，接着就应对图样中的视图表达作一初步了解。如装配图共采用了几个视图，它们间的关系怎样？视图中又采用了哪些剖视和规定画法等。在本例的情况下，装配图共采用两个基本视图来表达。主视图用 A—A 旋转剖以表示出定位销结构。左视图则为半剖并运用了沿泵体和泵盖结合面剖切的拆卸画法。主视图中的假想画法则表示通过外部齿轮的传动来带动齿轮泵中的主动轴旋转。通过对视图的分析，弄清了装配图的表达方案及视图间的投影联系，就可进一步来研究其零件。

二、分析零件的形体结构和作用

（1）图、号对照，逐个分析，找出重点零件。在对整个部件作一初步了解后，就可转入对零件的形体结构进行分析。根据零件的明细栏与视图中零件编号的对应关系，按明细栏中的顺序，逐一找出各零件的投影轮廓进行分析。显然，标准件都有规定画法，形体也简单，经图、号对照找到其投影后立即就能看懂。剩下的零件如纸垫的形状应和泵体、泵盖间结合面的形状完全一致；螺塞，毡圈的形状也极简单，到后来必然只留下少数零件需花些时间进行重点分析。在本例的情况下需重点分析的也就是左、右泵盖和中间泵体了。

（2）掌握装配图中区分零件的方法，为了对重点零件进行形体结构的分析，首先就应将它们从装配图中和其相邻零件区分开来。

从装配图中把一零件从和它相邻的零件中区分开来，通常可用如下的方法：

1）通过不同方向或疏密各异的剖面线来区分两相邻零件。

2）通过各种零件的不同编号来区分零件。

3）通过各零件的外形轮廓线也可以区分零件。因为任何零件其形体的外形轮廓线都是封闭的。根据视图中已表达出来的部分投影进行分析、构思，就不难把一零件从其相邻的零件中区分出来。

掌握了上述方法以后，把一零件在装配图各视图中的投影分离出来，并集中在一起，这时就相当于读零件图的视图一样，可通过投影、形体、线面等分析法来深入了解其形体结构了。

（3）在弄清各零件的形体结构后，还应分析它们在部件中各自的作用。例如，齿轮是用以传动来升高油压的，定位销是装配和加工时用以定位的，主视图右端的毡圈则是用以防漏的等。经过这样的分析就能进一步加深对零件的了解。

三、分析零件间的装配关系以及运动件间的相互作用能力

（1）在研究了单个零件以后，就应进一步了解它们间的连接方法或配合情况。例如是用螺纹紧固件、销连接还是用齿轮传动等。对于孔、轴配合和中心距等还应注意其公差配合要求。

（2）在分析零件间的关系时，还应找出在部件中哪些零件是可以动的，并由于它们的运动又怎样影响到其他零件起作用。这在阅读装配图时是极为重要的。因为它往往有助于我们对整个部件作用原理的理解。例如在本例的情况下，齿轮轴通过轴上用假想画法表示的齿轮的带动，才驱使从动轮旋转，从而在泵体腔内产生真空而把外界的油源源不断地吸入泵体的。

四、归纳、总结和综合

（1）通过对上述各项分析和了解，再把所了解到的情况进行归纳总结，就不难掌握整个部件的作用原理。齿轮泵的作用原理，如图9-17所示。

在两泵盖和泵体中有一安放一对齿轮的密封的空腔。当一对齿轮快速转动时即将腔内空气排出而形成真空。此时油箱内的油受大气压力而被源源吸入空腔。当油进入进口处空腔后，因中间有齿轮阻隔不能直接通向出口，而必须经腔壁由齿轮甩带到出口处。在齿轮泵设计中，齿顶圆与腔壁间的间隙是极为关键的地方，加工时应有严格的规定和要求。如间隙过大则油不经挤压，油压无从升高，如间隙过小则又使出油困难。故必须保持合适的间隙，才能使油进入空腔后经齿轮和腔壁间的挤压而将油压提高到所需的程度。

（2）通过上述分析，对部件中各零件的形状也已了如指掌。因此，在必要时即可分别作出它们的零件图，如图9-18、图9-19、图9-20和图9-21所示。

（3）从装配图拆绘零件图时还应注意如下各点：

1）零件图视图的画法可以参考装配图中的表达方法，但不应一概照抄。因为，零件图应按零件所属种类的形体结构特征来确切表达，且有些在装配图中允许省略的倒角、退刀槽等细节也必须在零件图中详尽、正确地加以表达。

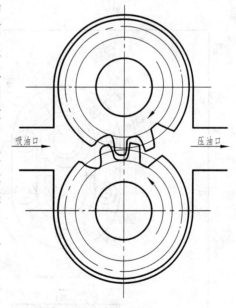

吸油口　　压油口

图9-17　齿轮泵的作用原理

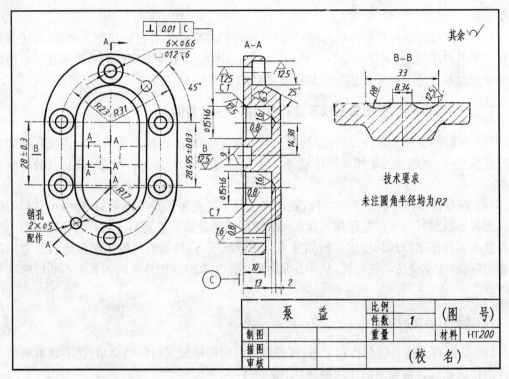

图 9-18　左泵盖零件图

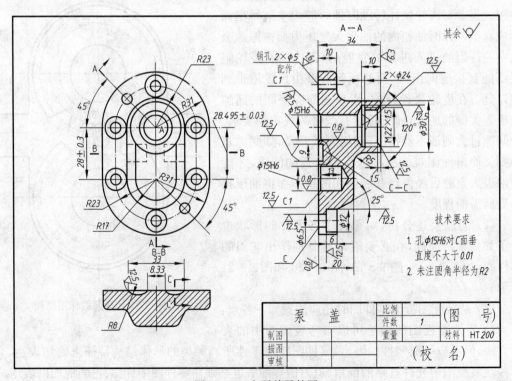

图 9-19　右泵盖零件图

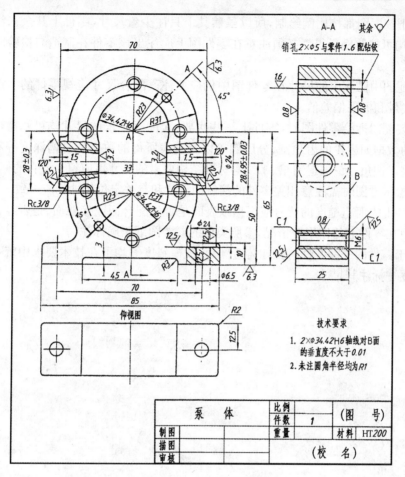

图 9-20　泵体零件图

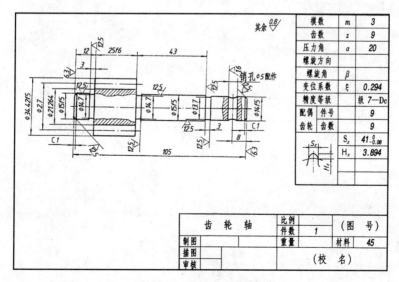

图 9-21　齿轮轴的零件图

2）由于装配图都按比例绘制，所以虽然其上只注少量尺寸，零件上其余未注尺寸的长度、直径等均可按比例量得。必须注意在零件图上应注出该零件在制造与检验时所需的全部详尽的尺寸。

3）装配图中已注出的尺寸在零件图中仍应照注。配合尺寸应视零件的生产情况而确定其配合代号和极限偏差值。

4）从装配图拆绘零件图时，零件上一些次要、无配合要求的尺寸均可圆整成整数。但计算所得的数据如齿轮的齿顶圆、分度圆等以及查表所得的数据如键槽深度等和尺寸偏差均不得圆整。倒角、沉孔、退刀槽、螺纹等标准结构要素的尺寸也应符合各自的标准。

5）拆绘零件图时需注意相关零件的接触面形状和有关定位尺寸均应一致。

6）零件上表面粗糙度的代号应根据该表面是否为配合面或接触面、是否经机械加工以及各该表面在零件上的作用等情况，参照类似的参考图纸正确标注。

7）对于铸件的一些共性特征如铸造圆角、拔模斜度等均可在技术要求中统一注出而不必在图上逐一标注其尺寸。

第十章 计算机绘图

§10-1 AutoCAD 基本知识

一、发展概况

图形是人类传递信息的一种重要形式,在现代生活或生产活动中,人们感受和处理的信息很大部分是图形信息。绘图是工程设计不可分割的重要组成部分,更是众所皆知的,现代计算机应用的一切领域都越来越离不开它。

长期以来,人们一直借助于绘图工具手工绘图,劳动强度大、效率低、精度差,已不能满足现代技术与生活的需要。随着计算机及其外围设备的产生和发展,计算机绘图技术也得到了惊人的飞速发展。自1958年出现世界上第一台滚筒式自动绘图机以来,计算机绘图理论的研究以及大型绘图系统的开发就蓬蓬勃勃地开展起来了。

计算机辅助设计 CAD(Computer Aided Design)是计算机绘图 CG(Computer Graphics)的重要应用领域。随着计算机绘图理论研究的深入发展,国内外出现了许多大型的 CAD 系统。其中 AutoCAD 是全球著名的 Autodesk 公司开发的通用计算机辅助设计系统,自1982年12月推出 AutoCAD1.0版以来,至今已经历了18次的版本升级。每次升级都使其功能进一步加强与完善,使用更为灵活与方便,更适合现代信息社会的需要。由于其易学易用,又具有良好的开放性,是世界上应用最广的 CAD 系统之一,在机械、电子、建筑、航空、纺织等工程设计领域中得到了广泛的应用。

由于计算机软硬件技术的快速提高以及价格的大幅度下降,计算机也已大踏步地走进了普通百姓的家庭。在短短的50多年发展过程中,其发展速度之快、应用领域之广是人们所始料不及的,但它还会继续以这种姿态发展下去,创造出种种奇迹。因此,计算机绘图技术的应用也就成为每一个工科大学生的必备知识。

二、AutoCAD2005 中文版的工作界面

启动 AutoCAD2005 中文版后,出现如图10-1所示的工作界面。其主要由标题栏、菜单栏、工具栏、绘图窗口、命令窗口和状态栏组成。

1. 标题栏

位于屏幕顶部,可显示当前运行的程序或图形文件名,如 Drawing1.dwg,右端为"最大化"、"最小化"和"关闭"三个按钮。

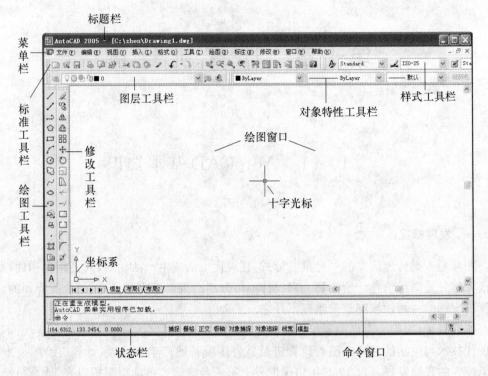

图 10-1 AutoCAD2005 中文版工作界面

2. 菜单栏

位于标题栏下方,其由"文件"、"编辑"、"视图"、"插入"、"格式"、"工具"、"绘图"、"标注"、"修改"、"窗口"和"帮助"11 个菜单项以及最右端的"最小化"、"向下还原"和"关闭"三个按钮组成。用鼠标左键单击某一菜单项,都可出现下拉菜单,如图 10-2 所示为"绘图"下拉菜单。若下拉菜单的命令行末端带有小的黑三角形,则表示该命令下还有子命令项;若命令行末端带有省略号,则表示执行该命令时先打开一个对话框;若命令行末端带有组合键,如 ctrl+2,则表示直接同时按"ctrl"键和"2"键即可执行该命令;若命令行呈灰色(暗显),则表示该命令在当前状态下不可使用。

此外,在绘图窗口、工具栏或状态栏等位置单击鼠标右键,都会弹出一个快捷菜单,其内容与当前 AutoCAD 的状态相关。使用快捷菜单可不必使用下拉菜单而更快捷地完成某些操作,如图 10-3 所示为控制工具栏显示的快捷菜单。

3. 工具栏

工具栏共有 20 多个,每个工具栏均由若干个图形命令的图标按钮组成。AutoCAD 启动时自动显示的 6 个工具栏如图 10-1 所示。位于菜单栏下方第一行的分别是"标准"工具栏和"样式"工具栏;菜单栏下方第二行分别是"图层"工具栏和"对象特性"工具栏;位于绘图窗口左侧的分别是"绘图"工具栏和"修改"工具栏。已显示的工具栏可按用户需要关闭或用鼠标拖至新位置。若要显示当前尚未打开的工具栏,可选择"视图"下拉菜单中的"工具栏"选项,打开"自定义"对话框后选定,如图 10-4 所示,选中需要的工具栏把它打开。也可以

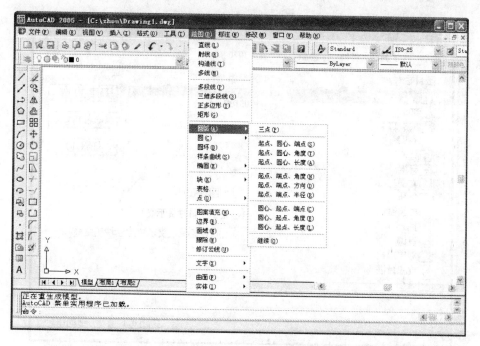

图 10-2 "绘图"下拉菜单

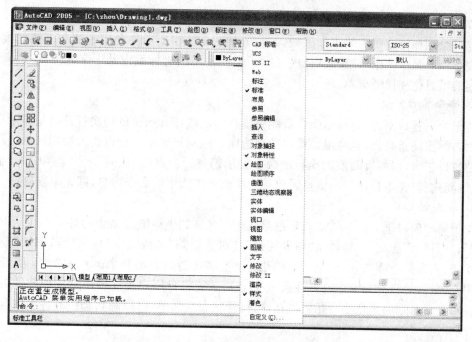

图 10-3 控制工具栏显示的快捷菜单

在已显示的工具栏上单击鼠标右键,从出现的快捷菜单中选择所需工具栏名称,即可显示该工具栏,该快捷菜单如图 10-3 所示。

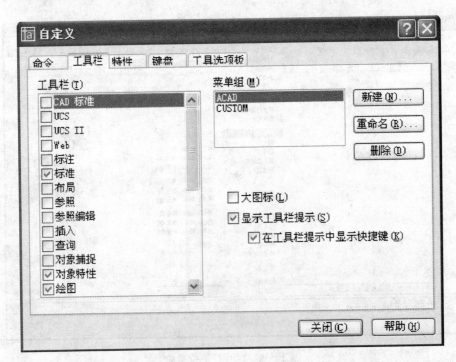

图 10-4 "自定义"对话框

4. 绘图窗口

这是绘图和修改图形的工作区域,其位置如图 10-1 所示。利用右侧和下侧的滚动条可改变图纸的显示范围。绘图窗口内显示了当前使用的坐标系以及十字光标,还可显示用户指定的工具栏和快捷菜单。

5. 命令窗口

位于绘图窗口下方,是显示命令及相关信息的区域,AutoCAD 初次打开时是显示三行,可利用右侧滚动条翻阅,也可沿该窗口的顶边向下拖动只显示一行以扩大绘图区域,或向上拖动使窗口扩大,以便查阅前面执行的命令提示信息。当点击"视图"下拉菜单中的"显示"选项,继而选择"文本窗口"项,则可看到一个类似被扩大了的命令窗口,即文本窗口。

6. 状态栏

位于命令窗口下方。左端动态显示当前十字光标的坐标值或命令的简要功能。中间是"捕捉"、"栅格"、"正交"、"极轴"、"对象捕捉"、"对象跟踪"、"线宽"、"模型"或"图纸"等 8 个功能按钮,右击某功能按钮,可打开、关闭或设置该功能。右端是 AutoCAD2005 版新增的通信中心图标,若打开通信中心并连接 Internet,系统将为用户提供最新通告和软件更新等服务。单击最右端的黑色小三角形按钮,可打开状态栏菜单,以控制状态栏的各项内容是否显示。

三、若干基本规定

1. 命令的输入方法与命令格式

输入一条命令,可以采用下拉菜单或工具栏,也可以直接在键盘上输入命令名(英文字母)。一般说来,使用下拉菜单或工具栏较方便,工具栏图标按钮形象直观,下拉菜单包含的命令则可能较工具栏更多一些。

无论以何种方式输入命令,均会在命令窗口出现命令名以及相应的提示信息,请注意观看。提示信息一般由一个默认选项和几个备选项组成。方括号内为备选项,圆括号内为备选项的英文缩写名,各备选项之间用"/"分隔,尖括号内表示默认的选项或数值。用户要选用某选项,应键入该选项的英文缩写名,系统不区分大小写,否则就表示采用默认选项,直接按提示输入数据或按 Enter 键即可。

例如,画圆时,命令窗口出现:

命令:_circle

指定圆的圆心或[三点(3P)/两点(2P)/相切、相切、半径(T)]:3P ⏎

此命令有四个选项,最前面的是默认选项,如果用户立即指定圆的位置,则系统再提示输入半径或直径值画出圆来。现用户输入"3P"并键入 Enter,表示选用三点作圆法,然后继续按提示信息逐次输入三点坐标即可画出圆来。

以上各点的坐标值既可在键盘上输入数值,也可以移动十字光标至所需位置,然后按鼠标左键确认。若要重复同一条命令,只需直接按 Enter 键;若在中途要中断命令,可按 ESC 键;若要撤销上条命令或恢复刚被撤销的命令,可选用菜单栏的"编辑"下拉菜单中的"放弃"和"重做"命令。

2. 选择样板图形

创建新图形文件时,可单击"文件"菜单选"新建"命令,或单击"标准"工具栏中的"新建"图标□,可打开如图 10-5 所示的"选择样板"对话框,样板文件的后缀名为 dwt。不同的

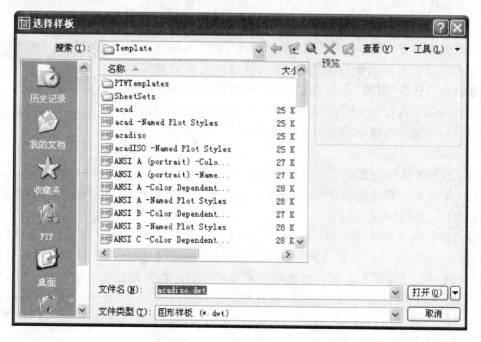

图 10 - 5　"选择样板"对话框

样板图形对绘图环境的基本设置也各不相同,如图幅、绘图单位、线型、文字样式、尺寸标注样式等。以 Gb_a 开头的样板文件基本符合我国制图标准,一般还显示出布局,表示打印输出时在图纸上的样式,绘图时需先切换到模型空间方可进行。

初学者可选择 acadiso. dwt 样板文件,无图框和标题栏,也无需进行模型/图纸空间的切换即可绘图。绘图后保存的图形文件后缀名一般为 dwg。实际上,初次打开 AutoCAD 时,绘图窗口显示的就是默认的 acadiso. dwt 样板文件,所以也可以直接开始画图,画完图保存时请用文件菜单中的"另存为",自定义文件名保存,下次继续绘图时,直接打开自己命名的文件即可。

3. 图形界限

图形界限经设置可以控制画图范围以及绘图区域显示栅格的范围。样板文件 acadiso. dwt 的图幅尺寸为 297 mm×420 mm,如需改变它,可选择"格式"下拉菜单中的"图形界限"项,如图 10 - 6 所示。则命令窗口中可见如下信息(其中带下划线的为用户输入):

命令:_limits

重新设置模型空间界限:

指定左下角点或[开(ON)/关(OFF)]〈0.0000,0.0000〉:↵
(表示采用默认值)

指定右上角点〈420.0000,297.0000〉:297,210 ↵ (表示改为 4 号图纸)

若再次执行图形界限命令并选用"ON",则表示只能在图形界限内画图,若选用"OFF",则表示允许超出图形界限绘图。

但此时绘图窗口显示的并不是 4 号图纸幅面范围,用户可移动十字光标至左下角点和右上角点,并从状态栏中观看其坐标值得知。若再选择"视图"下拉菜单中的"缩放"命令或打开"缩放"工具栏,从中选用"全部"或"范围(E)"子命令,则绘图窗口的显示范围与 4 号图纸幅面相近。

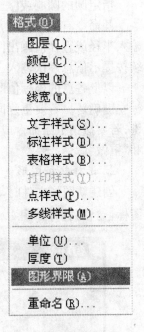

图 10 - 6 格式下拉菜单

4. 绘图单位

用于控制坐标和角度的显示格式和精度。在 acadiso. dwt 样板文件中,图形单位采用公制。长度单位为 mm,十进制,精确到小数点后 4 位;角度单位为度,十进制,精确到整数位,正东方为 0°,逆时针为角度正向。

要改变绘图单位的设置,可由"格式"下拉菜单中的"单位"命令打开"图形单位"对话框进行,如图 10 - 7a)所示。例如,在绘图取值或标注尺寸时,往往只需要精确到整数位或小数后一二位,那么就可以在此改变精度的设置。若需改变角度方向的设置,则可点击图10 - 7a)中的"方向(D)"选项,打开如图 10 - 7b)所示的"方向控制"对话框进行修改。

5. 坐标系与坐标输入格式

系统定义的默认坐标系为世界坐标系(WCS),原点(0,0)在绘图左下角,但非现在显示

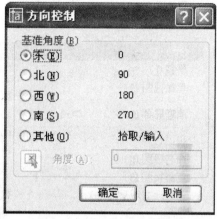

a)　　　　　　　　　　　　b)

图 10-7 "图形单位"和"方向控制"对话框

的坐标轴交点,X 轴水平,向右为正,Y 轴铅垂,向上为正,Z 轴水平指向用户为正,只有在三维作图时才考虑 Z 轴问题。

要建立用户自己的坐标系统(UCS),可通过"工具"下拉菜单中的"新建 UCS"命令来实现。

坐标值既可由键盘输入数字,也可用鼠标左键拾取点直观地输入。当用键盘输入时,应根据需要使用下列格式,并按 Enter 键确认,从而结束命令的输入。

(1)直角坐标

绝对坐标输入格式为 x,y　　　如 30,50

相对坐标输入格式为　@$\Delta x,\Delta y$　如 @15,$-$38

(2)极坐标

绝对坐标输入格式为距离<角度　　　如 43.5<30

相对坐标输入格式为@距离<角度　如 @140<45

6. 控制图形显示

当图形显示的大小未能满足用户要求时,可使用缩放命令控制图形显示的范围或大小,但其空间的实际尺寸不变。

打开"视图"下拉菜单,选取"缩放"项,点击其后的小黑三角形可见到它有多个子命令,如图 10-8a)所示。通常在"标准"工具栏中间已显示了其中最常用的四个缩放命令图标按钮,如图 10-8b)所示,其余缩放命令图标按钮,在"缩放"工具栏里,可由"视图"下拉菜单中的"工具栏"项打开"自定义"对话框,再选择"缩放"工具栏,则被打开的"缩放"工具栏如图 10-8c)所示。

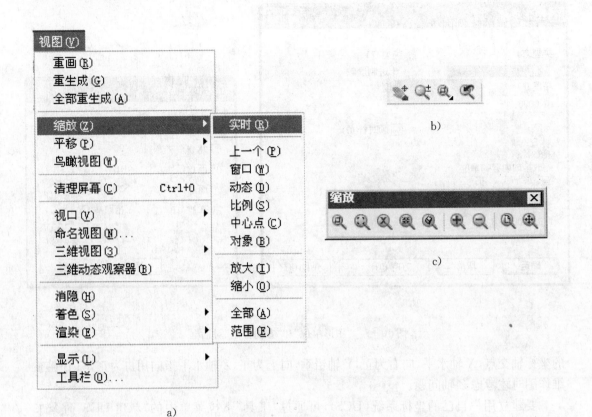

图 10-8 "缩放"工具栏

下面对缩放命令作一简要介绍。

实时平移

单击该图标按钮后,在绘图窗口内移动十字光标时,图形也出现同方向的平移。

实时缩放

当十字光标向左上角移动时,图形被放大,十字光标向右下角移动时,图形被缩小。

窗口缩放

按命令提示指定两角点定义一个窗口,则该窗口内图形被放大至充满绘图窗口。

缩放上一个

恢复显示上一次绘图窗口内的图形。

动态缩放

此命令包含平移和缩放两功能。

首先显示带"×"的可移动的图形显示框,此框可随光标移至所需位置。若框住要缩放的图形,并单击左键,框内"×"变为指向右边的箭头,此框既可移动,又可变化大小,直至满意时再次单击左键,箭头恢复为"×",按 Enter 键则框内图形被缩放。

比例缩放

按指定的比例因子进行缩放,缩放过程中,图形中心位置保持不变。

中心缩放

以指定的中心点作为绘图窗口的中心点,按照指定的比例或高度缩放图形。

缩放对象

指定缩放的对象,使其充满整个绘图窗口。

放大

每选用一次该命令,图形被放大一倍。

缩小

每选用一次该命令,图形被缩小一倍。

全部缩放

按图形界限显示图形,但当图形界限设置为 OFF,允许图形超出图形界限绘制时,则显示全部图形对象。

范围缩放

与全部缩放功能相同。

§10-2 绘 制 图 形

图形通常由许多点、线、圆、弧等基本元素组成,这些图形元素在 AutoCAD 中被称为对象。

一、绘图命令

执行一条绘图命令可以画出相应的对象,最常使用如图 10-9 所示的"绘图"工具栏选用命令,初次打开文件时,它已显示在绘图窗口旁。也可以通过"绘图"下拉菜单选用命令。下面介绍常用的绘图命令。

图 10-9 "绘图"工具栏

1. ╱ 直线

依次输入起点、终点、终点……,可画出一条或数条连续的直线段。每一条线段被视为一个对象,4 条线段就是 4 个对象。下面是命令的操作过程,带下划线部分为用户输入的内容。

[**例**] 用"直线"命令画图形。

命令:_line

指定第一点:90,160 ↙ （输入点 1）

指定下一点或[放弃(U)]:90,110 ↙ （输入点 2,画出线段 12）

指定下一点或[放弃(U)]:145,125 ↙ （输入点 3,画出线段 23）

指定下一点或[闭合(C)/放弃(U)]:150,145 ↙ （输入点 4,画出线段 34,所画图形如图 10-10a)所示。）

指定下一点或[闭合(C)/放弃(U)]:C ↙ （选择闭合,连接起点和终点,如图 10-10b)所示。）

若输入第 4 点后,不再继续画线,可以直接按 Enter 键结束命令。

若输入第 4 点后,以"U"响应,则撤销刚画的线段 34,如图 10-10c)所示。

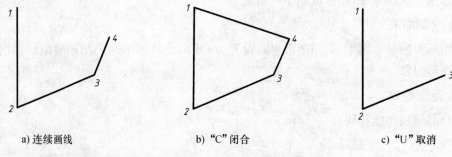

a) 连续画线　　　　　　　　b) "C"闭合　　　　　　　　c) "U"取消

图 10-10 用"直线"命令画图形

2. ▭ 矩形

输入两对角点可画出普通的直角矩形。若首先选择圆角或倒角项并输入相应的值,则可画出圆角矩形或倒角矩形。矩形的相邻边分别平行于 X 轴和 Y 轴。整个矩形仅视为一个对象。

[**例 1**] 画普通直角矩形。

命令:_rectang

指定第一个角点或[倒角(C)/标高(E)/圆角(F)/厚度(T)/宽度(W)]:100,50 ↙

指定第二个角点或[尺寸(D)]:200,120 ↙

绘出如图 10-11a)所示普通矩形。

[**例 2**] 画圆角矩形。

命令:_rectang

指定第一个角点或[倒角(C)/标高(E)/圆角(F)/厚度(T)/宽度(W)]:F ↙

指定矩形的圆角半径〈0.0000〉:10 ↙

指定第一个角点或[倒角(C)/标高(E)/圆角(F)/厚度(T)/宽度(W)]:100,50 ↙

指定另一角点或[尺寸(D)]:D ↙

指定矩形的长度〈0.0000〉:100 ↙

指定矩形的宽度〈0.0000〉:70 ↙

指定另一个角点或[尺寸(D)]:<u>另一个角点的大致方位</u>↵ （用于确定在第一角点的那侧画矩形。）

绘出如图 10-11b)所示的圆角矩形。

[例3] 画倒角矩形。

命令:_rectang

指定第一个角点或[倒角(C)/标高(E)/圆角(F)/厚度(T)/宽度(W)]:<u>C</u>↵

指定矩形的第一个倒角距离〈0.0000〉:<u>10</u>↵

指定矩形的第二个倒角距离〈10.0000〉:<u></u>↵

指定第一角点或[倒角(C)/标高(E)/圆角(F)/厚度(T)/宽度(W)]:<u>100,50</u>↵

指定另一角点或[尺寸(D)]:<u>200,120</u>↵

绘出如图 10-11c)所示的倒角矩形。

画矩形命令中的选项标高(E)和厚度(T)用于绘制三维图形,选项宽度(W)用于设置矩形边的线宽。要画圆角矩形或倒角矩形,必须先设置圆角半径或倒角距离,当圆角半径或倒角距离为零时,画出的都是普通直角矩形。

a) 普通直角矩形　　　　b) 圆角矩形　　　　c) 倒角矩形

图 10-11　用"矩形"命令画矩形

3. ⬠ 正多边形

可用内接于圆、外切于圆或边长方式绘制边数从 3～1024 的正多边形。整个正多边形仅视为一个对象。

[例1] 以内接于圆方式绘制正五边形。

命令:_polygon　输入边的数目〈4〉:<u>5</u>↵

指定正多边形的中心点或[边(E)]:<u>150,100</u>↵

输入选项[内接于圆(I)/外切于圆(C)]〈I〉:<u></u>↵

指定圆的半径:<u>40</u>↵

绘出的正五边形如图 10-12a)所示。

[例2] 以外切于圆方式绘制正五边形。

命令:_polygon　输入边的数目〈5〉:<u></u>↵

指定正五边形的中心点或[边(E)]:<u>150,100</u>↵

输入选项[内接于圆(I)/外切于圆(C)]〈I〉:<u>C</u>↵

指定圆的半径:<u>35</u>↵

绘出的正五边形如图 10 - 12b)所示。

[例3] 以边长方式绘制正五边形。

命令:_polygon 输入边的数目〈5〉:↙

指定正多边形的中心点或[边(E)]:E ↙

指定边的第一个端点:150,100 ↙

指定边的第二个端点:195,100 ↙

绘出的正五边形如图 10 - 12c)所示。

a) 内接于圆方式 b) 外切于圆方式 c) 边长方式

图 10 - 12 用"正多边形"命令画图形

4. ⊘ 圆

可选择用圆心和半(直)径、三点、直径两端点或与两个已知对象相切等几种方式画圆。

[例1] 以圆心和半径方式画圆。

命令:_circle

指定圆的圆心或[三点(3P)/两点(2P)/相切、相切、半径(T)]:150,100 ↙

指定圆的半径或[直径(D)]〈0.0000〉:50 ↙

绘出的圆如图 10 - 13a)所示。

图 10 - 13b)、c)分别是用三点、直径两端点方式画出的圆,过程从略。

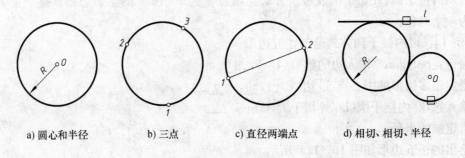

a) 圆心和半径 b) 三点 c) 直径两端点 d) 相切、相切、半径

图 10 - 13 画圆

[例2] 画出与已知直线 l 和已知圆 O 相切且半径为 R 的圆。

命令:_circle

指定圆的圆心或[三点(3P)/两点(2P)/相切、相切、半径(T)]:T ↙

指定对象与圆的第一个切点:直线上一点

指定对象与圆的第二个切点:圆上一点

指定圆的半径〈0.0000〉:25 ↙

绘出的圆如图 10-13d)所示。

要注意的是,输入的半径值应在可能的数值范围内,否则画不出圆。指定切点时,可移动十字光标拾取,不需要准确的切点位置,但与选定的方位相关,一般实际切点与选定切点的距离最为接近。

5. ◠ 圆弧

可按序指定三条件,共 11 种方式画圆弧。

指定的三条件分别为:

(1) 起点、第二点、终点。

(2) 起点、圆心、终点。

(3) 起点、圆心、角度(正值时逆时针画弧,负值时顺时针画弧)。

(4) 起点、圆心、长度(指弦长,正值时从起点逆时针画劣弧,负值时从起点逆时针画优弧)。

(5) 起点、终点、角度。

(6) 起点、终点、方向(圆弧的起点切向)。

(7) 起点、终点、半径。

(8) 圆心、起点、终点。

(9) 圆心、起点、角度。

(10) 圆心、起点、长度。

(11) 继续。在第一提示下即按 Enter 键,本次新圆弧的起点是上一条绘图命令所画的线段或圆弧的终点,并与该线段或圆弧相切。

［例1］ 起点、圆心、终点方式画圆弧。

命令:_arc

指定圆弧的起始点或［圆心(C)］:150,100 ↙   (起点 S)

指定圆弧的第二个点或［圆心(C)/端点(E)］:C ↙

指定圆弧的圆心:160,70 ↙   (圆心 O)

指定圆弧的端点或［角度(A)/弦长(L)］:140,45 ↙   (终点 E)

所绘圆弧如图 10-14a)所示。

［例2］ 起点、圆心、弦长方式画圆弧。

命令:_arc

指定圆弧的起点或［圆心(C)］:250,100 ↙   (起点 S)

指定圆弧的第二个点或［圆心(C)/端点(E)］:C ↙

指定圆弧的圆心:210,125 ↙   (圆心 O)

指定圆弧的端点或［角度(A)/弦长(L)］:L ↙

指定弦长:—90 ↙

所绘圆弧如图 10-14b)所示。

[**例 3**] 起点、终点、角度方式画圆弧。

命令:_arc

指定圆弧的起点或[圆心(C)]:230,100 ↵ （起点 S）

指定圆弧的第二个点或[圆心(C)/端点(E)]:E ↵

指定圆弧的端点:290,130 ↵ （终点 E）

指定圆弧的圆心或[角度(A)/方向(D)/半径(R)]:A ↵

指定包含角:100 ↵ （角度 α）

所绘圆弧如图 10－14c)所示。

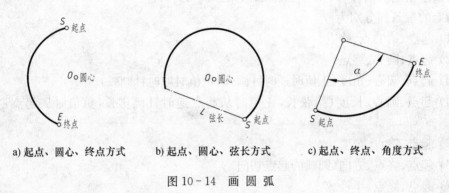

a) 起点、圆心、终点方式 　b) 起点、圆心、弦长方式 　c) 起点、终点、角度方式

图 10－14 画 圆 弧

6. ⬭ 椭圆

用长短轴法或绕长轴旋转法画椭圆和椭圆弧,第一轴可由两端点或由椭圆心及一端点确定。

[**例 1**] 长短轴法画椭圆。

命令:_ellipse

指定椭圆的轴端点或[圆弧(A)/中心点(C)]:C ↵

指定椭圆的中心点:200,150 ↵ （椭圆心 O）

指定轴的端点:250,170 ↵ （轴端点 1）

指定另一条半轴长度或[旋转(R)]:35 ↵ （也可用光标拾取法取点 3,则 03 长为半轴长。）

绘出的椭圆如图 10－15a)所示。

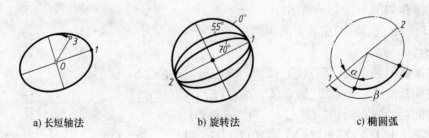

a) 长短轴法 　　　 b) 旋转法 　　　 c) 椭圆弧

10－15 画椭圆和画椭圆弧

[例2] 绕长轴旋转法画椭圆。

命令:_ellipse

指定椭圆的轴端点或[圆弧(A)/中心点(C)]:长轴端点 1

指定轴的另一个端点:长轴端点 2

指定另一条半轴长度或[旋转(R)]:R ↵

指定绕长轴旋转的角度:0 ↵

此时绘出的椭圆是一个椭圆的特例,即圆。但如果旋转角度分别为55°和70°,则分别画出短轴不同的椭圆,如图 10-15b)所示。

7. 🔄 椭圆弧

在画出椭圆的基础上画椭圆弧。可以使用上述的椭圆命令画出,也可以使用椭圆弧命令画出,方法相同。

[例] 用起始角和终止角画椭圆弧。

命令:_ellipse

指定椭圆的轴端点或[圆弧(A)/中心点(C)]:160,120 ↵ （长轴端点 1）

指定轴的另一个端点:240,180 ↵ （长轴端点 2）

指定另一条半轴长度或[旋转(R)]:35 ↵

指定起始角度或[参数(P)]:30 ↵ （α 角）

指定终止角度或[参数(P)/包含角度(D)]:130 ↵ （β 角）

画出的椭圆弧如图 10-15c)所示。若选用参数项 P,则使用 $P(n) = c + a * \cos(n) + b * \sin(n)$ 计算,其中 n 为输入的参数,c 是椭圆弧半焦距,a 和 b 分别是长半轴和短半轴的长度。

8. 🔄 多段线

按提示信息选择各种方式,可画出任意线宽的直线段、圆弧段,或由它们组成的灵活变化的图形,整条多段线仅视为一个对象。

[例] 画出图 10-16 所示的箭头图形。

命令:_pline

指定起点:50,100 ↵ （输入起点1）

当前线宽为 0.0000:

指定下一个点或[圆弧(A)/半宽(H)/长度(L)/放弃(U)/宽度(W)]:W ↵

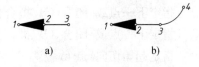

图 10-16 用"多段线"命令画图形

指定起点线宽〈0.0000〉:↵ （设置起点 1 线宽为 0,画出是细线。）

指定端点线宽〈0.0000〉:4 ↵ （设置终点 2 线宽为4）

指定下一点或[圆弧(A)/半宽(H)/长度(L)/放弃(U)/宽度(W)]:62,100 ↵ （输入端点 2）

指定下一点或[圆弧(A)/闭合(C)/半宽(H)/长度(L)/放弃(U)/宽度(W)]:W ↵

指定起点线宽〈4.0000〉:0 ↵ （恢复画细线）

指定端点线宽〈0.0000〉:0 ↵

指定下一点或[圆弧(A)/闭合(C)/半宽(H)/长度(L)/放弃(U)/宽度(W)]:75,100 ↵ （输入点 3,画出图形如图 10-16a))

指定下一点或[圆弧(A)/闭合(C)/半宽(H)/长度(L)/放弃(U)/宽度(W)]:a ↵

指定圆弧的端点或[角度(A)/圆心(CE)/闭合(CL)/方向(D)/半宽(H)/直线(L)/半径(R)/第二个点(S)/放弃(U)/宽度(W)]:88,110 ↵ 输入圆弧终点 4,画出图形如图 10-16b)所示。

指定圆弧的端点或[角度(A)/圆心(CE)/闭合(CL)/方向(D)/半宽(H)/直线(L)/半径(R)/第二个点(S)/放弃(U)/宽度(W)]:↵

选项中的"闭合"使圆弧封闭多段线,同时结束多段线命令;选项"方向"需指定圆弧起点的切线。画完圆弧接下去若要画直线,则可选"L"项,然后设定线段长度,画出的直线段与前段圆弧相切,若前段也是直线段,则为其延长线。

9. ⁀ 样条曲线

对给定的一系列离散点进行曲线拟合,形成一条光滑的样条曲线。拟合曲线与离散点的偏离误差可由拟合公差 F 指定。默认状态时,只显示样条曲线本身,而不显示由各离散点组成的控制多边形,此时,系统变量 splframe=0,若需同时显示样条曲线对应的控制多边形时,可在本命令执行前,先执行 splframe 命令,然后输入新值 1。工程中本命令主要用于绘制一些特殊要求的曲线,也可用于绘制波浪线。

[例] 绘制准确经过离散点的样条曲线。

命令:_spline

指定第一个点或[对象(O)]:点 1

指定下一点:点 2

指定下一点或[闭合(C)/拟合公差(F)]〈起始方向〉:点 3

⋮

指定下一点或[闭合(C)/拟合公差(F)]〈起始方向〉:点 9

指定下一点或[闭合(C)/拟合公差(F)]〈起始方向〉:↵

指定起始切向:点 m

指定端点切向:点 n

绘出的样条曲线如图 10-17a)所示。

选项对象(O)可将由样条拟合的多段线转换为样条曲线;闭合(C)使起点和终点重合,并使闭合的样条曲线在连接该点处相切;拟合公差(F)设置偏离公差,当 F=0 时,样条曲线准确经过各指定点,当 F>0 时,样条曲线不经过指定点,绘制曲线时调整 F 值,可便于观看拟合效果;起始方向即是指定起点处曲线的切线方向,端点切向即曲线在终点处曲线的切线方向。

如图 10-17b)所示,设置 F>0,则曲线与各指定点有偏离误差。

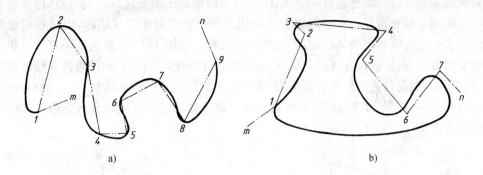

图 10-17　绘制样条曲线

10.　图案填充

可画出各种填充图案,剖面线是常用的填充图案,由填充图案边界组成的封闭区域称为面域,填充的图案整体视为一个对象。

执行本命令时,首先打开如图 10-18 所示的"边界图案填充"对话框。

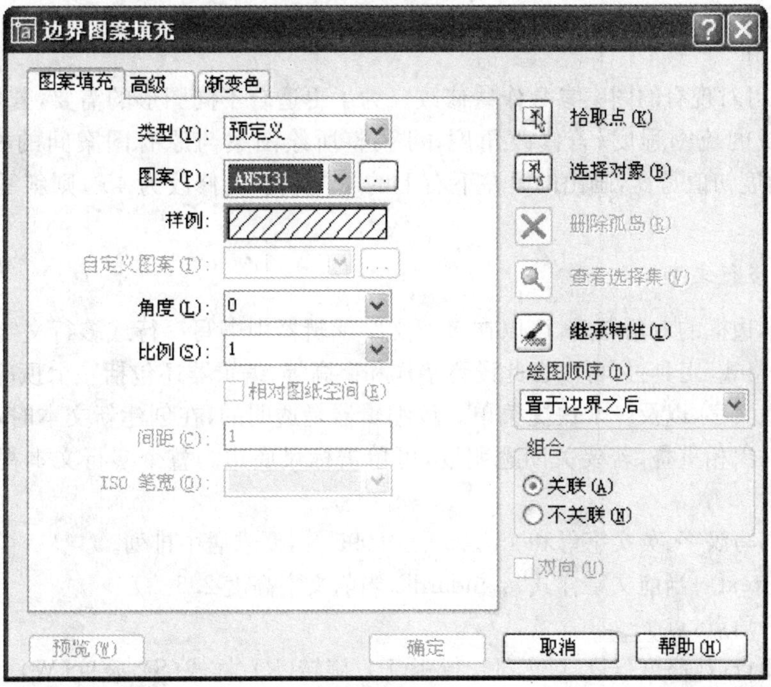

图 10-18　"边界图案填充"对话框

首先可指定图案类型的图案样式。其中 ANSI 系列是最常用的机械图剖面线符号,ANSI31 是 45°剖面线。

其次就是选择指定填充边界的方式,拾取点是给出封闭填充区域内的一点,由系统自动搜索计算再确定填充边界。选择对象方式是用户自己选定对象组成边界,但这些对象应当在它们的端点处准确相交于某已知点,否则可能出错。如图 10‑19 是由 8 条直线段组成的两个相交四边形,用拾取点方式画剖面线正确,如图 10‑19a)所示。而用选择对象方式时却出错,解决的办法是预先用后面介绍的"打断"命令将线段 14、23 和 56 在 m、n 处打断,产生 m 和 n 两个交点,线段 14 和 23 都分别打断成二条线段,线段 56 则被分成三段。此时绘出的剖面线才正确,如图 10‑19b)所示。

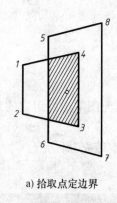

a) 拾取点定边界   b) 打断线段后选择对象定边界

图 10‑19 剖面线画法

需要时,可对现有的图案参数作些修改。为了更适合不同图形的需要,若修改比例值,可调整剖面线的疏密程度;若修改角度,可调整所绘图案与原有图案间的相对转角,如ANSI31 其角度初值是 $0°$,画出的是左下右上的 $45°$ 斜线,若修改为 $45°$,则斜线就变成水平方向了。

11. **A** 多行文字

指定文本边框的对角点后,可以在多行文字编辑器中书写一行或多行文字。编辑器包括一个"文字格式"工具栏,可以在此设置字样和字高等,编辑器还包括一个顶部带标尺的文本边框供输入文字,以及一个快捷菜单。该编辑器是透明的,在创建新文本时,可以看到其是否与其他对象相重叠,若要关闭透明度,可单击标尺底边。整个多行文本视为一个独立对象。

[**例**] 书写汉字、英文字母和 $45°$、$\phi 50\pm 0.095$ 等,要求居中排列。

命令:_mtext 当前文字样式"standard",当前文字高度 2.5

指定第一角点:<u>点 1</u>↵

指定对角点或[高度(H)/对正(J)/行距(L)/旋转(R)/样式(S)/宽度(W)]:<u>点 2</u>↵

出现文本编辑器,即可输入文字。其中特殊字符按系统规定输入,如"$45°$"用"45％％D"输入,"ϕ"用"％％C"输入,如图 10‑20a)所示。

若不指定对角点而选择其他选项,则不出现编辑器,而是以命令行方式进行。

现文本尚未按居中排列,可以单击右键显示编辑文本的快捷菜单,选取"对正"选项下的"正中",如图 10‑20b)所示,则文本排列居中,如图 10‑20c)所示。

文本输入结束时,单击"文字格式"工具栏中的"确定"按钮,最终结果如图 10-20d)所示。

输入特殊字符时,也可以利用快捷菜单的"符号"项,较为方便。当文本输入完成,命令结束以后要对文本修改编辑,可以双击文本,即出现编辑器供修改。

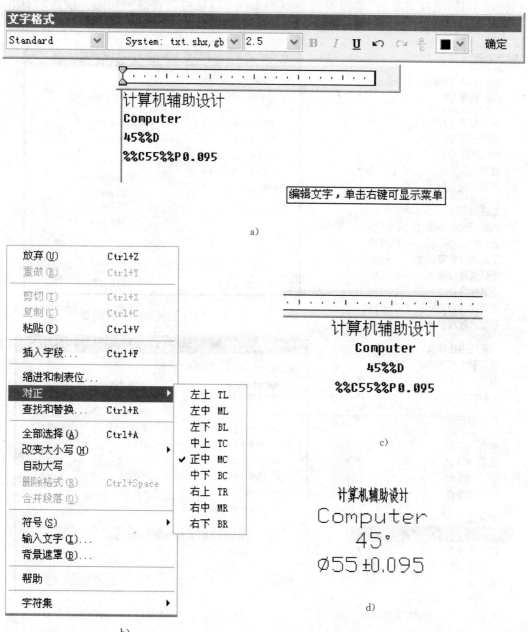

图 10-20 "多行文字"编辑器与快捷菜单

二、绘图辅助工具

实际绘图时,直接输入数据精度虽可满足要求,但当数据不能直接取得而需换算时就不方便了。若用鼠标定位，倒很方便，但精度却不够高。为了解决此类问题，AutoCAD 提供了一些辅助绘图工具，如显示在状态行上的"捕捉"、"栅格"、"正交"、"极轴"、"对象捕捉"、"对象追踪"、线宽等功能。用右键单击这些按钮可以打开、关闭和设置其功能，或通过"工具"下拉菜单的"草图设置"项（图 10－21）也可设置这些功能。设置时打开的"草图设置"对话框如图10－22、图 10－23、图 10－24所示。

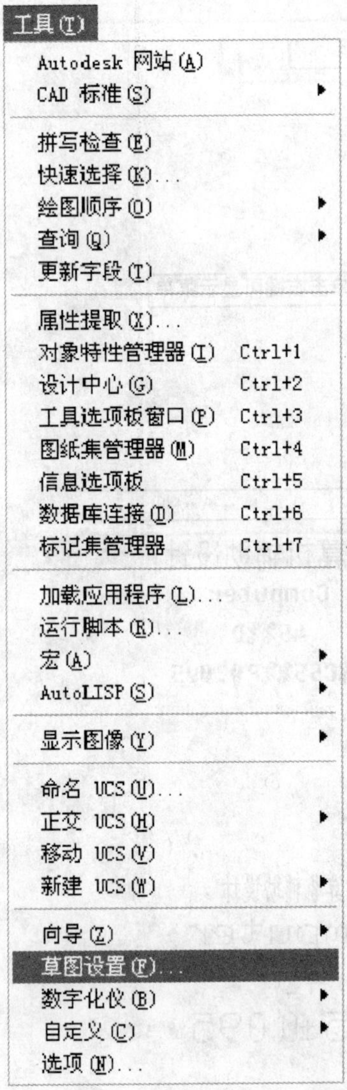

图 10－22　"捕捉和栅格"的设置

图 10－21　"工具"下拉菜单

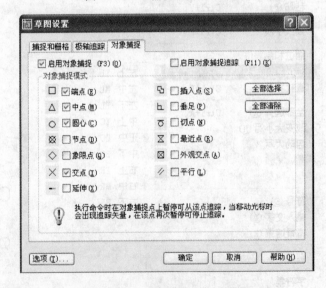

图 10－23a）　"对象捕捉"模式的设置

图 10－23b）　"对象捕捉"工具栏

1. 正交

限制光标只能沿水平或垂直方向移动,当用鼠标定位时,保证了水平线或垂直线的精度。

2. 捕捉和栅格

捕捉用于控制光标移动的间距,常与栅格配合使用。栅格是均匀分布在图形界限内的点所构成,但它并不是图形的组成部分,打开栅格显示栅格点仅提供

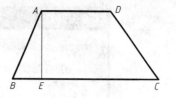

图10-23c) "对象捕捉"的应用

视觉参考辅助作图而已。栅格间距若设置过小会无法显示或降低绘图速度,通常设置栅格间距与捕捉间距相等或为其整数倍。在"草图设置"对话框的"栅格和捕捉"选项卡上可以对它们进行设置,如图10-22所示。

3. 对象捕捉

对象捕捉模式可以使光标快速准确地捕捉到现有对象上指定的某类特征点,如端点、交点、圆心等。要捕捉何类特征点,可在"草图设置"对话框的"对象捕捉"选项卡中设定,如图10-23a)所示,一经设定,此类特征点的捕捉就在整个绘图过程中一直生效,当光标移近该点时,特征点处会出现黄色靶框。但若在命令执行过程中,临时需要捕捉一种尚未设定的特征点时,可以在"对象捕捉"工具栏上指定,如图10-23b),但它只能生效一次,并且在命令提示信息中出现"_于"或"_到"等字样,要求用户选择对象。

例如,在"草图设置"对话框的"对象捕捉"选项卡中已设定要捕捉端点、交点的圆心,未设置捕捉垂足。现有四边形 ABCD,要作 AE⊥BC,也可以使用打开的"对象捕捉"工具栏,如图10-23b)所示,画线时,先指定 A 点、在系统提示指定下一点时,点选工具栏上的 ⊥ 项,然后再选线段 BC,命令行提示信息如下:

命令:_line 指定直线上第一点:<u>端点 A</u>

指定下一点或[放弃(U)]:<u>点选工具栏中 ⊥ __per 到线段 BC</u>

指定下一点或[闭合(C)/放弃(U)]<u>↵</u>　(即画出 AE⊥BC,如图10-23c 所示。)

4. 对象追踪

对象追踪分两种,一种是仅沿水平或垂直方向追踪,称为正交追踪,另一种是沿设定的角度追踪,称为极轴追踪。这两种追踪不能同时使用,开启一个则自动关闭另一个。在"草图设置"对话框的"极轴追踪"选项卡上可以进行设置。如图10-24所示。

"对象追踪"一般与"对象捕捉"同时配合使用。使用"极轴""追踪"时一定要打开"极轴"功能。

进行对象追踪前,应有第一个指定点。

若使用正交追踪,则沿指定点移动光标时,凡经过 0°,90°,180°,270°时,均会出现一条无限长的点线作为导向线并伴有坐标说明,此时若按相对坐标法直接输入长度,则能快速而又准确地找到一个相对点。当光标处于图形中捕捉到的特征点的水平线或垂直线的延长线上位置时,沿这些特征点也会出现水平或垂直方向的导向线,并伴有坐标说明,则很容易把两条导向线的某处交点作为所需。

若使用极轴追踪,则应先设置"用所有极轴角设置追踪",系统会自动关闭正交追踪。

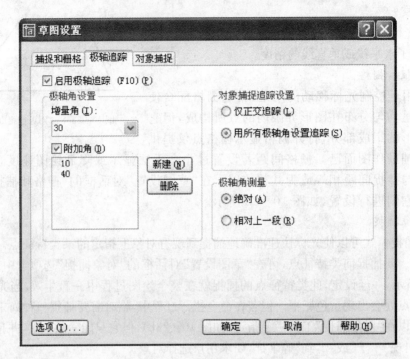

图10-24 "对象追踪"的设置

再设置增量角,若设为 30°,则沿指定点移动光标时,凡经过 0°,30°,60°,90°…即30°的整数倍角度时,都会出现导向线并伴有坐标说明。若要设置附加角进行追踪,可点击"新建",然后填写一个附加角,如 10°,再点击"新建",可再加设附加角 40°,但光标只在这些附加角的角度位置时(如 10°、40°)出现一次导向线,而不会在附加角的整数倍角度时再出现导向线。

§10-3 修改编辑图形

绘图过程中,免不了要对图形作编辑修改工作,如删除多余的稿线和画错的对象,或对已画对象作某些调整,或复制排列,等等,以便组成更复杂的图形。计算机绘图的优势不仅在于有丰富的绘图功能,还在于有高效的修改编辑功能,这是手工绘图所无法比拟的。执行修改图形命令,通常采用如图 10-25 所示的"修改"工具栏,初次打开文件时,它已显示在绘图窗口旁。也可以通过"修改"下拉菜单选用。"编辑"下拉菜单中也可使用常用的编辑命

图10-25 "修改"工具栏

令。此外,还要经常使用前述的绘图辅助工具,提高修改效率。

在对某些对象进行修改时,系统往往首先要求用户选择修改的对象,因此,在介绍修改编辑命令之前,先介绍选择对象的方法。

一、选择对象

如前所述,对象就是执行绘图命令时绘出的图形,点、线、圆、弧是对象,多段线、剖面线、尺寸线、文字、图块等也是对象。当系统提示"选择对象"时,光标变为小方框供拾取对象用,被选中的对象会以高亮的点线显示。如果我们此时不选择对象,而是输入一个"?",则系统显示各种选择方法及名称,如

选择对象:? ⏎

＊无效选择＊

需要点或窗口(W)/上一个(L)/窗交(C)/框(BOX)/全部(ALL)/栏选(F)/圈围(WP)/圈交(CP)/编组(G)/添加(A)/删除(R)/多个(M)/上一个(P)/放弃(U)自动(AU)/单个(SI):

根据以上提示,输入其中的字母可以指定选择模式,下面分别叙述各选项的含义。

1. 窗口(W)

输入两对角点构成一个窗口,则窗口内所有对象被选中。

2. 窗交(C)

输入两对角点构成一个窗口,则窗口内及与窗口边界相交的对象均被选中。

3. 框(BOX)

它包含窗口和窗交两种方式,若从左到右设置窗口,则执行窗口方式,若从右向左设置窗口,则执行窗交方式。

4. 全部(ALL)

可一次性选取图形中未被冻结、未被锁定的所有对象。

5. 栏选(F)

绘制一组不闭合的折线,凡与折线相交的对象均被选中。

6. 圈围(WP)

绘制一个不规则的封闭多边形,在该多边形内的对象均被选中。

7. 圈交(CP)

绘制一个不规则的封闭多边形,凡在该多边形内或与多边形相交的对象均被选中。

8. 上一个(L)

最新绘制的那个对象被选中。

9. 上一个(P)

把最近一次的选择集作为当前的选择。

10. 单个(SI)

一次只选择一个对象,选中后命令即结束。

11. 多个(M)

一次命令可以选择多个对象,但被选中的对象并不立即逐个以高亮点线显示,要待按了

Enter 键后,才集中高亮点线显示。

12. 自动(AU)

可以连续多次选择对象,并且选中一个立即高亮点线显示。

13. 放弃(U)

取消刚才的选择。

14. 编组(G)

使用已命名的对象选择集作为当前的选择,选择了编组对象中的一个对象就是选择编组中的所有对象。

15. 删除(R)

把已选中的对象从选择集中删除掉。

16. 添加(A)

只有使用过删除(R)的选择模式后,要恢复原来的添加选择方式,才使用本选项,表示从删除模式返回到正常的选择模式。

以上选择方式中自动(AU)、框(BOX)、添加(A)方式为系统默认的选择方式,不必输入选项名就可以直接按这些方式进行选择。

二、修改编辑命令

1. ✎ 删除

删除图中被选中的对象。

2. ✛ 移动

将选中的对象移动到新位置。图形的移动方向和距离用基点到另一点的移动矢量确定。

命令:__move

选择对象:四边形

选择对象:↵

指定基点或位移:基点 A

指定位移的第二点或(用第一点作位移):

点 B

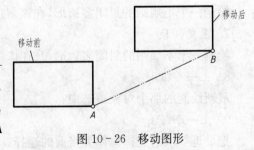

图 10-26 移动图形

则将四边形从 A 点平移至 B 点,如图 10-26 所示。AutoCAD 默认的基点为原点(0,0),现以 A 为基点,**AB** 为移动矢量,若不输入点 B,而直接按 Enter 键,则表示基点为原点 O,**OA** 作为移动矢量。

3. ⟳ 复制

按指定的基点和位移量将选中的对象作一次或多次复制,且对象的大小与方向不变。

命令:__copy

选择对象：<u>六边形</u>

选择对象：<u>↵</u>

指定基点或位移：<u>基点 A</u>

指定位移的第二点〈用第一点作位移〉：<u>点 A_1</u>　　（第一次复制完成）

指定位移的第二点：<u>点 A_2</u>　　（第二次复制完成）

指定位移的第二点：<u>↵</u>　　（结束复制命令）

把六边形以 A 为基点复制到 A_1 和 A_2 两处，如图 10－27 所示。

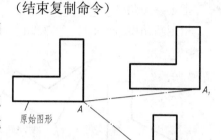

图 10－27　复制图形

4. 镜像

按给定的镜像线作出被选中对象的镜像图形，源对象可保留或删除。当源对象中含有文字，但要求镜像图中文字不呈镜像保持原样可读时，可在命令执行前设置系统变量，使 mintext＝0，而默认值为 1。

命令：__mirror

选择对象：<u>月牙形及文字</u>

选择对象：<u>↵</u>

指定镜像线上第一点：<u>点 1</u>

指定镜像线上第二点：<u>点 2</u>

是否删除源对象［是(Y)/否(N)］(N)：<u>↵</u>　　（图形被镜像，源对象仍保留）

如图 10－28a)所示，作出了月牙形和字母的镜像图形并保留原形，此时，mirrtext＝1。如图 10－28b)所示，字母不镜像显示，此时 mirrtext＝0。

a) Mirrtext＝1　　　　　　　　b) Mirrtext＝0

图 10－28　镜像图形

5. 旋转

使被选中的对象绕基点旋转一个指定角度。当角度＞0 时，逆时针旋转，当角度＜0 时，顺时针旋转。

命令：__rotate

UCS 当前的正角方向：ANGDIR＝逆时针，ANGBASE＝0　　（表示正值逆时针旋转，X 轴正向夹角为 0°。)

选择对角:<u>多边形</u>

选择对象:<u>↵</u>

指定基点:<u>点 O</u>

指定旋转角度或[参照(R)]:<u>α ↵</u>　　　(如图 10-29a)所示。

若不输入 α 角,而输入<u>R ↵</u>则

指定参照角⟨0⟩:<u>120 ↵</u>

指定新角度:<u>75 ↵</u>　　　(如图 10-29b)所示。

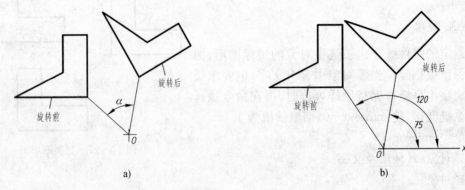

图 10-29　旋转图形

6. 偏移

按指定距离画出与被选中线段或弧等距离的线段或弧。

命令:__offset

指定偏移距离或[通过(T)]⟨通过⟩:<u>23 ↵</u>

选择要偏移的对象或⟨退出⟩:<u>要偏移的对象 AB</u>

指定点以确定偏移所在一侧:<u>AB 线右侧一点</u>

选择要偏移的对象或⟨退出⟩:<u>↵</u>　　　(结束命令)

如图 10-30a)所示,按偏移距离 23 画出线段 AB 的偏移线 CD。若再次执行命令,根据偏移距离 3.5 可分别画出 AB、CD 的偏移线 12 和 34。

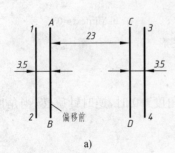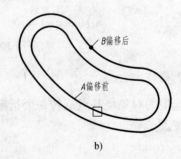

图 10-30　画偏移线

或命令：__offset

指定偏移距离或[通过(T)]<通过>：↵

选择要偏移的对象或〈退出〉：要偏移的对象 A

指出通过点：通过点 B

选择要偏移的对象或〈退出〉：↵

（若不退出命令，也可以继续作偏移线段。）如图 10 - 30b）所示，在 Pline 曲线的外侧经过 B 点画出了偏移线。

7. ⊞ 阵列

把选中的对象按规则复制成矩形阵列或环形阵列。在矩形阵列中，对象排列成若干行和若干列。整个矩形阵列也可以按指定角度旋转。环形阵列绕一个中心点均匀排列，各对象可分别绕中心旋转也可不旋转。

执行阵列命令，先打开"阵列"对话框，如图 10 - 31a）所示。

若选择矩形阵列，先指定行数、列数及行、列间距离，还可指定整个阵列的旋转角度，当行距>0 时，后面的行添加在上边，反之，当行距<0 时，行添加在下边。当列距>0 时，列添加在右边，当列距<0 时，列添加在左边。设置完毕选择对象，然后返回对话框按"确定"，绘出的矩形阵列如图 10 - 31b）所示。

若选择环形阵列，先在对话框中（图 10 - 32a））指定中心点，再选择环形阵列的排列方法，共有项目总数和填充角度、项目总数和项目间角度、填充角度和项目间的角度三种方法。指定其数值及指定绕中心的旋转角度以后，选择对象，再返回对话框点击"确定"。绘出的图形如图 10 - 32b）所示。

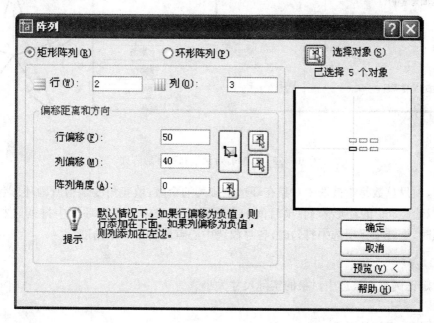

a）

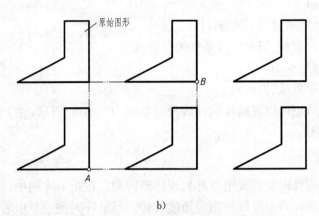

b)

图 10-31 "阵列"对话框和画矩形阵列

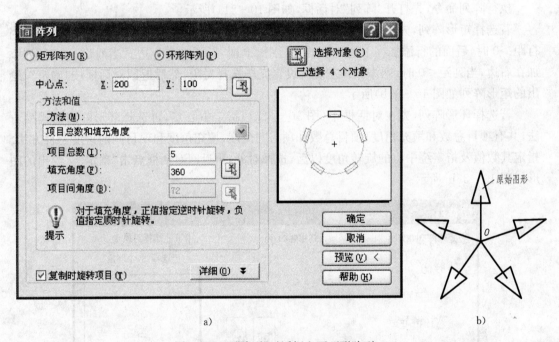

a)   b)

图 10-32 "阵列"对话框和画环形阵列

其中,项目总数是指被选中对象在环形中排列的个数;填充角度是指所画环形包含的圆心角,可以绘≤360°的环形阵列;项目间的角度是指被选中对象在环形中排列时相邻的角度。复制时,旋转项目项选中打勾时,各对象绕中心点旋转了一个角度。

8. ▢ 缩放

按指定比例改变被选中对象的实际尺寸大小。

命令:__scale

选择对象:需缩放对象

选择对象:↵

指定比例因子或[参照(R)]:2 ⏎

即绘出如图10-33a)所示放大一倍的图形。

若采用参照(R)

指定比例因子或[参照(R)]:R ⏎

指定参照长度〈1〉9 ⏎　　（原长）

指定新长度〈　〉:14 ⏎　　（新长）

即绘出如图10-33b)所示放大的图形。

9. ⸜⌁⸝ 修剪

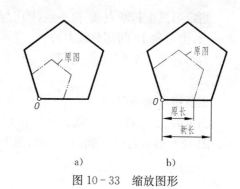

图10-33　缩放图形

沿指定的剪切边界将选中对象部分地剪除。

命令:__trim　当前设置:投影=ucs,边=无

选择剪切边……

选择对象:作为剪切边的对象

选择对象:⏎

选择要修剪的对象,或按住shift键选择要延伸的对象或[投影(P)/边(E)/放弃(U)]:要修剪的对象

选择要修剪的对象,或按住shift键选择要延伸的对象或[投影(P)/边(E)/放弃(U)]:⏎　　（结束命令,也可以继续不断修剪。）

选项投影(P)与三维图形有关;选项边(E)适用于剪切边界与修剪对象无实际交点时的处理,需要延长产生交点再修剪的,设置边=延伸,不需延长修剪的,设置边=不延伸。

把修剪功能当作延长功能使用时,选择对象时要按住shift。

操作熟练时可以先选择多个剪切边,然后同时选择多个对象,则所选的剪切边可以又是另一处的被修剪对象,以提高效率。如图10-34a)所示,先用拾取小方框选取12,34,AB,CD为剪切边,然后拾取在12、34中带"×"的部分作为修剪对象,修剪结果如图10-34b)所示。

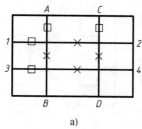

a)

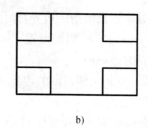

b)

图10-34　修剪图形

10. ⸜⎍⸝ 打断

按指定位置将所选对象截去一部分,一个对象变为两个对象。

命令:__break

选择对象:待打断对象

指定第二个打断点或[第一点(F)]:点 2　　　（此时,前面拾取对象时的位置,被认为是第一点,把对象 12 间部分截去。）

若指定第二个打断点或[第一点(F)]F ↵　　　（认为点 1 位置不准确,要求重新输入。）

重新输入第一点:点 1

指定第二点:点 2　　截去对象上 12 之间的部分。

图 10-35a)表示打断前的图形,图 10-35b)表示打断后图形。

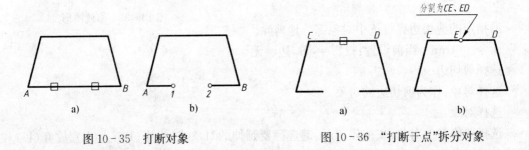

图 10-35　打断对象　　　　　　　　　图 10-36　"打断于点"拆分对象

11. ▢ 打断于点

其本质与打断命令相同,但第一点与第二点重合,故原始对象虽未被截去一部分,但却于该点被打断为两段,也由一个对象变为两个对象。

命令: __break

选择对象:待打断于点的对象

指定第二个打断点或[第一点(F)]: __f

指定第一个打断点: __mid 于E点　　（临时打开捕捉中点功能,单击线段 CD 上任意一点。系统自动在中点 E 处把 CD 拆分为 CE、ED 两段。）

第二个打断点:@　　（自动结束命令）

12. ⊣/ 延伸

将被选对象延长至指定边界,操作与修剪命令相似。

命令: __extend　　当前设置=ucs,边=无

选择边界的边……

选择对象:控制延伸范围的边界

选择对象: ↵

选择要延伸的对象,或按住 shift 键选择要修剪的对象或[投影(P)/边(E)/放弃(U)]:待延伸对象　　（延伸立即完成）

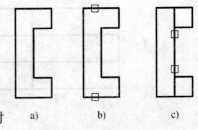

图 10-37　延伸对象

选择要延伸的对象,或按住 shift 键选择要修剪的对象或[投影(P)/边(E)/放弃(U)]: ↵　　　（结束命令。也可继续选择延伸对象。）

图 10-37a)为延伸前,图 10-37b)为选择控制延伸的边界,图 10-37c)为选择延伸对象,实现延伸。

13. █ 拉伸

按指定距离将所选图形对象(集)局部地进行拉伸或压缩,因该部分与其他部分有联系,故选择对象时,必须使用窗交 C 方式、圈交 CP 方式(或直接使用系统默认的框 BOX 方式,用其从右向左设置窗口的窗交方式),并使得拉伸部分的端点落在窗口内,固定不动的端点落在窗口外。

命令:＿stretch

以交叉窗口或交叉多边形选择要延伸的对象……

选择对象:C ↵

指定第一个角点:点 1

指定对角点:点 2

选择对象: ↵

指定基点或位移:点 A

指定位移的第二个点或＜用第一点作位移＞:点 A_1

此时对象上待拉伸部分将按 $\boldsymbol{AA_1}$ 矢量进行拉伸,如果不输入点 A_1 而直接按 Enter 键,则把第一点 A 到原点 O 的连线 OA 作为矢量进行拉抻。

图 10-38a)为拉伸前图形及 C 窗口 1 2,图 10-38b)为拉伸后的图形。纵向对称中心线另用移动命令向右移动 $\dfrac{AA_1}{2}$ 的距离至对称位置。

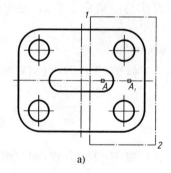
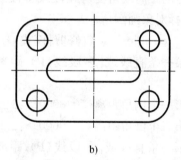

图 10-38   局部伸缩图形

14. █ 圆角

按给定的圆角半径,可将选中的线段、圆弧间交角或多段线内夹角改为圆角,命令执行初先要设置圆角半径。

命令:＿fillit   当前设置:模式＝修剪,半径＝0.0000

选择第一个对象或[多段线(P)/半径(R)/修剪(T)/多个(U)]:R ↵

指定圆角半径＜0.0000＞:3 ↵

选择第一个对象或[多段线(P)/半径(R)/修剪(T)/多个(U)]:U ↵   (要画多处圆角)

选择第一个对象或[多段线(P)/半径(R)/修剪(T)/多个(U)]:线段 A

选择第二个对象:线段 B （画出线段 A 与线段 B 间圆角）

选择第一个对象或[多段线(P)/半径(R)/修剪(T)/多个(U)]:线段 C

选择第二个对象:线段 D （画出线段 C 与线段 D 间圆角）

选择第一个对象或[多段线(P)/半径(R)/修剪(T)/多个(U)]:↵

画出的圆角如图 10-39a)所示。

若在设置圆角半径后,选用多段线(P)选项,则可选择多段线为其画出多处圆角,如图 10-39b)所示。

若在设置圆角半径后,选用修剪(T)选项,则系统提示:

输入修剪模式选项[修剪(T)/不修剪(N)]<修剪>:N↵

则如图 10-39c)所示,既画出了圆角,又保留了原来的夹角不修剪去。

a) 给普通线段画圆角   b) 给多段线画圆角   c) 不修剪方式

图 10-39 画圆角

15. ⌐ 倒角

按指定的距离或角度对线段或多段线倒角,操作方式与圆角命令相似,要先设置倒角值,然后选择对象画倒角。

命令:_chamfer (|修剪|模式) 当前距离 1=0.0000,距离 2=0.0000

选择第一条直线或[多段线(P)/距离(D)/角度(A)/修剪(T)/方式(M)/多个(U)]:D↵

指定第一个倒角距离<0.0000>:3↵

指定第二个倒角距离<3.0000>:↵

选择第一条直线或[多段线(P)/距离(D)/角度(A)/修剪(T)/方式(M)/多个(U)]:U↵

选择第一条直线或[多段线(P)/距离(D)/角度(A)/修剪(T)/方式(M)/多个(U)]:线段 A

选择第二条直线:线段 B

选择第一条直线或[多段线(P)/距离(D)/角度(A)/修剪(T)/方式(M)/多个(U)]:线段 B

选择第二条直线:线段 C

选择第一条直线或[多段线(P)/距离(D)/角度(A)/修剪(T)/方式(M)/多个(U)]:↵

如图 10-40a)所示,画出了线段 B 与线段 A、C 之间的倒角。

多段线(P)选项用于为多段线画倒角,一次选择对象即可对多段线各顶点均进行倒角,如图 10-40b)所示。

方式(M)选项用于选择距离(D)方式还是角度(A)方式定义倒角尺寸。采用距离方式是分别指定二个倒角距离,角度方式是指定第一条直线的倒角长度和第一条直线的倒角角度,图 10-40c)所示为角度方式。

修剪(T)模式用于指定倒角后原来的夹角是否删除。

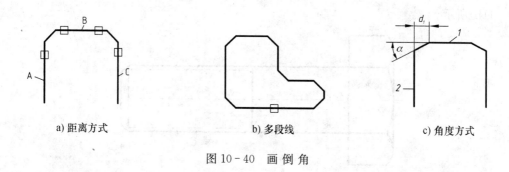

a) 距离方式　　　　　　　　　b) 多段线　　　　　　　　　c) 角度方式

图 10-40　画倒角

16.　📕 分解

把用矩形、正多边形、多段线、剖面线等命令绘出的整体对象分解为一系列独立的线、弧等对象,把组成块的各对象分解为一个个独立的对象,把尺寸标注分解为尺寸线、尺寸界线、箭头和文字等独立对象,把多行文本分解为每行是一个对象等,以便于编辑修改图形。其操作很简单。

命令:__explode
选择对象:待分解对象
选择对象:↵

§10-4　图　　块

一、概念与特点

图块由一组选定的对象构成,被赋予一个图块名,需要时还可以附有文字属性。图块可以作为 AutoCAD 的一个独立对象被编辑修改,整体地移动、旋转、缩放等。也可以用分解命令将其分解,再进行块内内容的修改。图块可以保存在本张图纸内被引用,插入到图纸的其他位置,也可以以文件的方式另外保存,则还可以被其他图纸引用。如果源图块的内容修改了,图纸中引用该块的内容也就随之更新,无需用户一一加以修改。而且系统只需保留源图块信息和引用时的信息,如图块名、插入位置等,大量节省了存贮空间。因此,可以把经常绘制的图形如标准件等创建为图块,建成图形库,或制成自定义的工具选项板,随时插入到图纸中去。也可以将零件图创建为图块文件,经插入后拼装成装配图。这样可大大提高设计、绘图的效率和质量,实现资源共享。

二、 创建图块命令

该命令图标按钮在绘图工具栏中。该命令可把图中选定的一组对象定义为图块,赋以图块名,并设定一个基点,供插入图块时定位之用。

如要把图 10-41a)的螺栓创建为块,可单击创建图块按钮打开"块定义"对话框,如图 10-41b)所示。

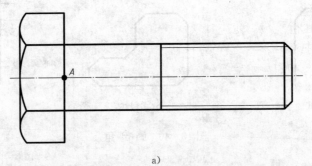

a)

b)

图 10-41 创建图块

先书写图块名"螺栓",再"选择对象",然后定义基点,可以直接填写基点的坐标值,也可以用鼠标"拾取点"方式由系统自动录入,一般基点选择在块的特征位置,如对称中心等。

三、Wblock 写块命令

但用创建块命令制成的图块只能插入到本张图纸使用,若用"写块"命令 Wblock 把图块保存为文件,则可以被其他图纸所引用。"写块"命令将打开"写块"对话框,如图 10-42 所示,"源"选项组用于定义组成块的来源,选中"块"是把要创建的图块写入文件,选中"整个图形"则把图中所有图形存入文件,选中"对象",则把选中的对象存入文件。设定基点和选择对象的方法与创建块相同。"目标"选项组用于定义文件名和路径,以及插入时的图形半径。

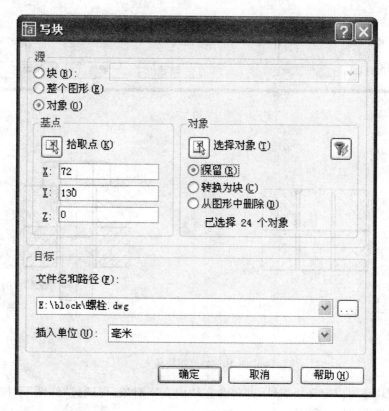

图 10-42 "写块"对话框

四、插入图块命令

该命令的图标按钮也在绘图工具栏中。单击图标按钮将打开如图 10-43a)所示的对话框。首先填写要插入的图块名;通过"浏览"指定图形文件名和路径;再设定插入点位置,即源图块内基点插入时的定位点,还可设置图块插入时的缩放比例和旋转角度,图块插入后需要对内部修改的还可令其分解后再插入。

　　图 10－43b)所示是两块金属板,需用螺栓将其连接,则可通过插入螺栓图块产生,如图
10－43c)所示。

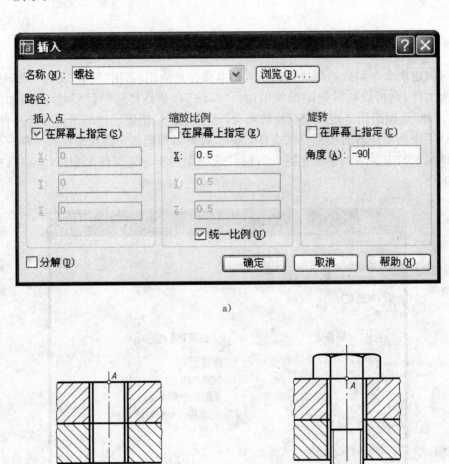

a)

b)

c)

图 10－43　图块插入

　　此外,图块还可以定义块属性,即包含在块内文字对象,可通过"绘图"下拉菜单中"块"
命令下的"属性定义"对话框进行。

　　当图纸中多处调用了某一图块,现欲对某一处略作修改,可仅在修改处将已插入的图块
分解,然后修改即可,不影响源图块的信息和其他插入处的信息。如欲对各处图块作统一修
改,则应将源图块分解,修改后以相同的块名再创建图块,则图纸内凡调用该图块之处均已
自动修改好。

§10-5　图　层

一、概念

一张图纸可含图框、标题栏，以及用各种颜色、线型、线宽绘制的许多图形对象，还有尺寸标注、文本等。若把不同的信息分类，分别绘在不同的透明纸上，再把这些透明纸叠在一起就形成一张完整的图纸，这种方式在计算机中非常有利于图纸管理、修改和使用。因此出现了"图层"的概念。AutoCAD 的图层就相当于这一张张的透明纸，一幅图纸的图层数目不限，每一图层上的对象数目也没限制。通常情况下，一个图层绘制某一分类信息的对象，而且采用与图层相同的一种颜色、线型和线宽，即 Bylayer 随层方式。

"图层"工具栏如图 10-44 所示，初次打开图形文件时，已显示在绘图窗口上方。

图 10-44　"图层"工具栏

二、图层的特性

1. 图层名

当开始绘制新图时，系统将自动创建一个"0"图层，该图层不可更名，不可删除。默认状态下，新建的图层分别称为"图层 1"、"图层 2"……，但用户可把它们更改为能表达其用途特征的名称。

2. 颜色

有许多种具体颜色和两种逻辑颜色，每一图层设置一种具体颜色。默认情况下，"0"层为 7 号颜色(白色或黑色)。绘制图形对象时若采用与图层相同的颜色，就是采用"随层"的逻辑颜色，若采用与源图块相同的颜色，就是采用"随块"的逻辑颜色。

3. 线型

与颜色相类似，也有许多种具体线型和两种逻辑线型。每一图层设置一种具体线型，默认情况下，"0"层为 Continuous 线型，即细实线。

4. 线宽

与颜色相类似，也有许多种具体线宽和两种逻辑线宽，每一图层设置一种具体线宽。默认情况下，"0"层为"默认"线宽，也是细实线。

5. 打开/关闭状态

图层被打开时，图层上的对象均显示，且可打印输出，关闭时既不显示也不能打印输出。用黄色灯泡图标 ♀ 显示打开状态。

6. 冻结/解冻状态

当图层被冻结时,用雪花图标 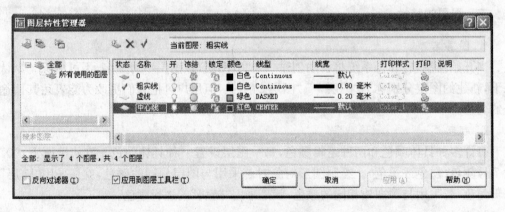 显示,图层上的对象不显示,不能绘图和编辑。解冻时用太阳图标 显示,恢复可绘可改状态。因冻结的对象不参与处理过程中的运算,所以可提高绘图速度。

7. 锁定/解锁

锁定状态用锁定图标 显示,锁定的图层仍可显示图形对象,也可以绘图,但不能编辑修改,对图形实行保护。

8. 打印样式与打印

显示可用的打印格式,设定是否打印。

9. 当前层

绘图和编辑修改操作都只能在当前层中进行,但当前层只能有一个,绘图过程中需经常调换。当前层不能冻结、关闭。关闭和冻结的图层也不能设为当前层,但锁定层却可设为当前层进行绘图操作。绘制新图时,缺省的当前层为"0"层。

三、 图层特性管理器

单击图标按钮可打开图层特性管理器,显示图形中的图层列表及其特性,可以添加、删除或重命名图层,可修改图层特性或添加说明,如图 10-45 所示,也可由"格式"下拉菜单的"图层"选项打开。

图 10-45 图层特性管理器

1. 新建图层

新建图层继承当前层的特性,如需修改,可直接单击新图层上各特性的列图标,如冻结/解冻、锁定/解锁,状态立即改变。如要修改其颜色特性,可单击新图层的颜色图标,打开"选择颜色"对话框选取,如图 10-46 所示,也可由"格式"下拉菜单中的"颜色"项打开对话框。要修改其线型,可单击其线型名打开"选择线型"对话框,如图 10-47a)所示,当要选用的线型尚未列出时,按"加载"按钮,打开"加载或重载线型"对话框,选择要添加的线型后按"确定"按钮,如图 10-47 b)所示,也可由"格式"下拉菜单的"线型"项打开对话框。如要修改其线宽可单击其线宽名,打开"线宽"对话框进行,如图 10-48 a)所示。还可在其中设置是否要在屏幕上显示线宽,若要显示则绘图速度变慢。也可通过"格式"下拉菜单中的"线宽"项,打开"线宽设置"对话框,如图 10-48 b)所示,可以调整线宽显示比例和不显示真实线宽,而采用默认值。

图 10-46 "选择颜色"对话框

a)

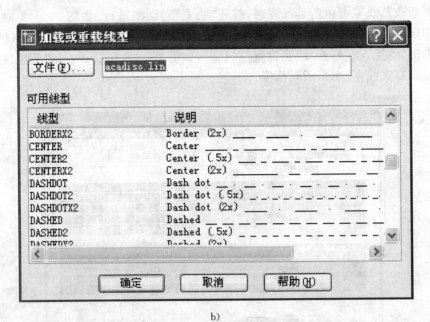

b)

图 10-47 线型选择与加载

a)

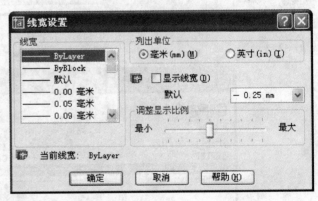

b)

图 10-48 线宽设置

2. ✔ 设置为当前层

在图层列表中,单击某一图层,然后单击"当前层"图标按钮,则该图层设置为当前层。

3. ✖ 删除图层

"0"层、当前层、冻结层均不可删除,删除图层功能慎用。

四、图层列表过滤器

可以设置某些条件作为过滤条件，如图层名、状态、颜色、线型等，定义过滤器，使符合过滤条件的图层才在列表中显示，以便于管理图层。使用反向过滤器则显示不符合过滤条件的图层列表。图 10 - 45 中因图层少不设过滤条件，显示全部图层列表。

在"图层"工具栏中。图层列表应用的过滤器显示在图层特性管理器右侧，如图 10 - 44 所示，单击该过滤器打开图层列表后，再单击某图层，该图层即成为当前层，单击某图层状态图标，即可以改变其打开/关闭、冻结/解冻、锁定/解锁等状态最为方便。

五、将对象的图层置为当前

在"图层"工具栏上单击此图标按钮，则可把选中的对象所在图层设置为当前层。也可以先单击图标，再选择对象。

六、上一个图层

单击"图层"工具栏上该图标按钮，则把当前层使用前的图层恢复为当前层。

七、对象特性的查阅与修改编辑

每一个绘图对象都有图层、颜色、线型、线宽、坐标值等各种特性，需要查阅或编辑修改时，可以使用"对象特性"工具栏设置和修改颜色、线型、线宽，也可以使用"特性"对话框修改其全部特性。

1. 用"对象特性"工具栏修改

"对象特性"工具栏如图 10 - 49 所示，初次打开 AutoCAD 时，已显示在"图层"工具栏旁。共有颜色控制、线型控制和线宽控制等工具。若在颜色控制的位置上单击左键，如图 10 - 49所示即可打开颜色的下拉列表，为对象选择或修改颜色。用相似的方法打开线型、线宽的下拉列表，可为对象选择或修改线型和线宽。

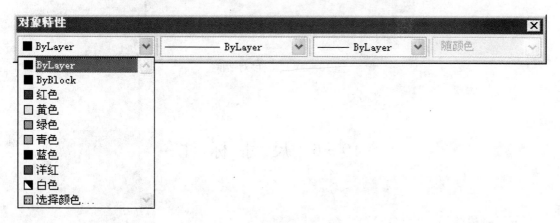

图 10 - 49　"对象特性"工具栏

2. 用"特性"对话框查阅与修改

"特性"对话框上罗列了对象的所有特性,如图 10-50 所示,显示了一个圆的所有特性。打开"特性"对话框的方法有好几种:点击"标准"工具栏中的 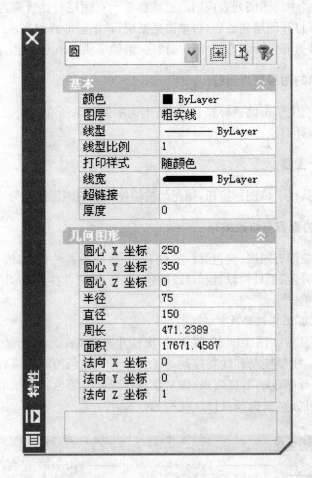 "特性"按钮;由"修改"下拉菜单选"特性"项;由"工具"下拉菜单选"特性编辑管理器"项;或先用左键点击对象然后用右键打开快捷菜单,选"特性"项;最方便的方法是直接双击对象。

图 10-50 "特性"对话框

§10-6 尺寸标注

一、概述

尺寸标注是工程图样不可缺少的重要组成部分。

尺寸标注一般由尺寸界线、尺寸线、箭头和尺寸文本四要素组成。尺寸要素的变化与组合就构成了尺寸标注的各种样式。AutoCAD把每个尺寸标注的四要素视为一个对象。

AutoCAD系统为了适应世界各国的需要,提供了多种尺寸标注型式供选用,但在实际标注时,有时还需根据具体情况对尺寸样式中的一些系统变量作一些修改和设置,以符合我国的制图标准。

"尺寸标准"工具栏如图10-51所示。使用该工具栏或由"标注"下拉菜单可以进行尺寸标注和尺寸编辑修改。

图10-51 "尺寸标注"工具栏

二、尺寸标注命令

尺寸标注命令有多条,各有不同的标注功能,但其操作方法基本相似。通过前几节的学习,读者对命令的操作已具备一定的基础,在此仅以一条命令为例作简单说明,其余命令仅叙述其功能,操作过程不再细述。

例 ⊢⊣是任意方向线段的线性长度标注命令,但尺寸线只呈现为水平线或垂直线方向,文本方向默认情况下与尺寸线平行。适用于水平线或垂直线的尺寸标注。

现给图10-52a)中水平线 AB 标注尺寸,先单击⊢⊣,则命令窗口提示信息为:

命令:__dimlinear

指定第一条尺寸界线原点或〈选择对象〉:↵

选择标注对象:线段 AB

指定尺寸线位置或[多行文字(M)/文字(T)/角度(A)/水平(H)/垂直(V)/旋转(R)]:点 C

则尺寸标注完成如图10-52b)所示,其尺寸数值是系统自动测得的。若第一行提示时以 A 点响应,则第二行提示为"指定第二条尺寸界线原点"时,应以 B 点响应。

若用户对尺寸标注另有要求,可采用方括号内选项,其中"M"允许用户自定义多行文本标注方式和内容;"T"允许用户自己输入尺寸数值,而不采用系统自动标注的数值;"A"可使尺寸数字排列方向与尺寸线倾斜某一角度,系统默认值为尺寸数字的排列方向与尺寸线平行,字体与尺寸线垂直,与我国的标注规则相符;"R"可使尺寸界线旋转某一角度,与尺寸线不再垂直,这种情况用于第一章图1-20a)b)所示情况,即尺寸线不旋转角度则表达不够清楚时有用。

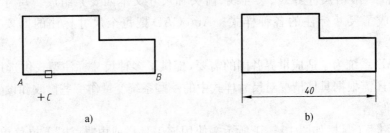

图 10 - 52　用"线性标注"标注长度尺寸

1. 📏 线性标注

给任何方向的线段标注水平或垂直方向的尺寸。

2. ✒ 对齐标注

给非水平、非垂直方向的倾斜线标注尺寸,尺寸线与倾斜线平行。

3. 📐 坐标标注

给对象上指定的点标注 X 坐标或 Y 坐标。

4. ◷ 半径标注

给圆或圆弧标注半径,数值前自动加"R"符号。

5. ◷ 直径标注

给圆或圆弧标注直径,数值前自动加"ϕ"符号。

6. △ 角度标注

标注线段间夹角或圆心角。

7. 📐 快速标注

可按连续、并列、基线、坐标、半径、直径等多种方式快速成组地标注。

8. 📐 基线标注

使几个平行线段的尺寸标注都采用同一个起点,共用第一条尺寸界线。必须先标注出第一个尺寸,然后再使用本命令。

9. 📐 连续标注

使几个线段的尺寸标注首尾相接,前一个尺寸的第二条尺寸界线自动成为下一个尺寸的第一条尺寸界线。必须先标注出第一个尺寸,然后再使用本命令。

10. 📐 引线标注

用于注释多行文字、公差或一些特殊尺寸的标注。当尺寸位置太小容纳不下数字时使用。指引线可以多处转折,也可以是曲线,指引线的形式、位置、作用等可通过"引线设置"对话框指定,如图 10 - 53 所示。

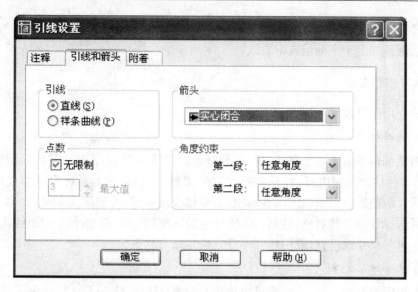

图10-53 "引线设置"对话框

11. 形位公差标注

标注形位公差,包括符号、数值和基准等。形位公差及特征符号对话框如图10-54所示。

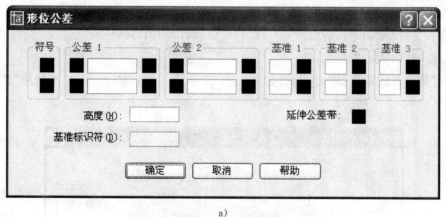

a)

b)

图10-54 形位公差与特征符号对话框

12. ⊕ 圆心标记

给圆或圆弧加上十字标记或中心线。

三、尺寸编辑命令

下列命令用于修改尺寸标注。

1. 编辑标注

共有四项编辑类型。其中默认(H)使经过旋转的文字恢复原来的默认标注方式;新建(N)用于修改标注的文字内容,打开多行文字编辑器,尖括号内为系统自动生成的测量值,可以在尖括号的前后分别添加前缀和后缀,若要修改测量值,可删除尖括号,并写入新数值,设置好然后选择要修改的对象;旋转(R)使尺寸数字旋转一个角度;倾斜(O)使尺寸界线倾斜一角度不再与尺寸线垂直,或由相互不垂直恢复垂直状态。

2. 编辑标注文字

可按新指定的位置书写文字,也可以采用左对齐(C)、右对齐(R)、写在中间(C)、恢复默认方式(H)或将文字旋转一角度等多种方式改变文字的书写状态与位置。

3. 标注更新

对某些不符合当前标注样式规则的尺寸标注进行更新。

4. ISO-25 ▼ 标注样式控制

是各种标注样式的列表,点击某一标注样式即成为当前标注样式。

5. 标注样式

打开"标注样式管理器"对话框,如图 10-55 所示,其有"置为当前"、"新建"、"修改"、"替代"和"比较"五项功能。

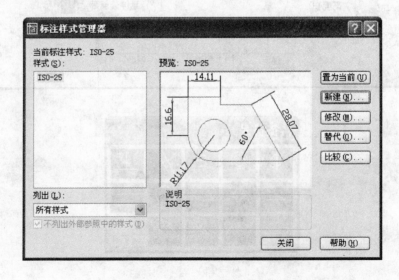

图 10-55 "标注样式管理器"对话框

其中"置为当前"是把选定的样式设为当前使用的标注样式。

"新建"将打开"创建新标注样式"对话框,如图10-56所示,输入相应内容后按"继续"按钮,将打开"新建标注样式"对话框,如图10-57所示,可对各项内容进行设定。其中直线和箭头选项卡中:"超出标记"是指尺寸线超出尺寸界线的长度,机械图设为0;"基线间距"是指每一排尺寸线之间的距离,一般设为5～7 mm;"超出尺寸线"是指尺寸界线超出尺寸线的长度,一般设为2 mm;"起点偏移量"指尺寸界限起始点与轮廓线端点的重合度偏差,一般设为0。

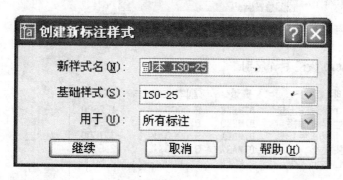

图10-56 "创建新标注样式"对话框

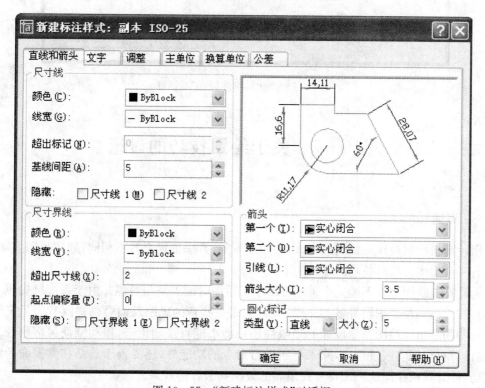

图10-57 "新建标注样式"对话框

"替代"将打开"替代当前样式"对话框,其形式与"新建标注样式"对话框相同,用户可按需重新设置内容。

"修改"将打开"修改标注样式"对话框,其形式也与"新建标注样式对话框相同,但不限于修改当前样式,其他样式只要指定均可修改。

"比较"将打开"比较标注样式对话框",说明某一种指定标注样式的所有特性或说明指定的某两种标注样式的特性区别。如图 10-58 所示。

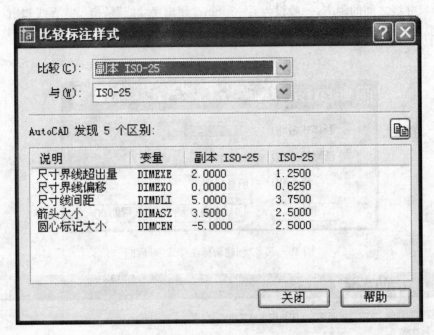

图 10-58　"比较标注样式"对话框

§10-7　关于绘图技巧的讨论

一、概述

用计算机绘制同样一幅图形时,由于用户不同,方法步骤会各不相同,效率也因人而异,这里有一个绘图习惯与技巧问题。

用计算机绘图往往不能完全采用传统手工绘图时的思路与习惯。由于系统已提供了强大丰富的绘图和修改编辑等各类命令,有时采用一些新的思路反而会画得既省力且又快又好。有些图形由于绘图命令设计的局限性还可能不能直接画出来,需动脑筋另辟蹊径。因此,在计算机绘图实践过程中,除了不断学习命令的功能外,还要善于总结和发掘命令的使用技巧,使计算机绘图这一工具发挥最高的效率和最好的效果。

二、建议

初学者由于对命令还不熟悉,传统思路也还没转变过来,开始时往往只考虑如何使用绘图命令直接把图形画出,尚未想到使用编辑修改命令去配合画图,还像手工绘图时那样希望少改动少擦橡皮为好,其他方面的命令便会觉得可有可无了。

其实,系统提供了各种命令和辅助工具,如果绘图过程中充分利用它们,往往可获得事半功倍的效果。

为此,建议初学者在绘制一张图纸时,要注意做到:

(1)积极使用捕捉、栅格、正交等绘图辅助工具。

(2)积极使用捕捉特殊点的对象捕捉功能。

(3)对于相同、重复的结构采用复制、镜像、偏移、陈列、图块等功能。

(4)图形过大过小不易作图时,不要忘了可随时使用控制屏幕上图形显示的缩放、平移等功能。

(5)不要拘泥于只使用绘图命令立即画出无需修改的图形,要善于运用添加辅助线,偏移、修剪、复制、删除等各种编辑修改命令相配合绘图,往往会更快更好。

(6)绘制具有分类特征的图纸时,善于使用图层命令。

这样才能使绘图者的劳动强度大大降低,脑子轻松、眼睛轻松、心情愉快、快速准确地绘制出质量一流的图纸。

三、讨论

下面就图 10-59 吊钩图的绘制方法分为上、下两部分进行讨论。

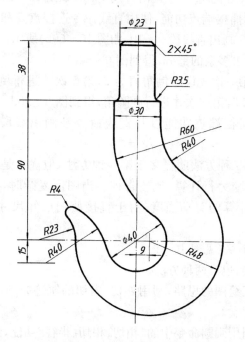

图 10-59 吊钩图

1. 吊钩上半部分画法(见图 10-60)

第一种方法是先按所给定的尺寸——算出各线段的长度和各顶点的位置,再频繁

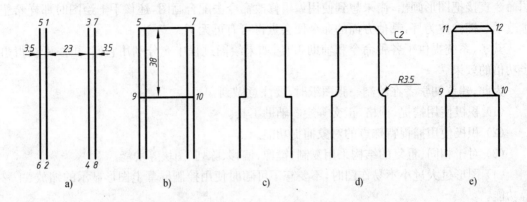

图 10-60　吊钩上半部分画法

使用直线命令,输入坐标和长度,画出图形。其优点是直接成图,无需修改,但用户计算工作量大,当图形复杂时,算得头昏脑胀,还易出错,会感到还不如仍用手工绘图方便。

第二种方法是分几步走,边画边改,绘图命令与编辑命令配合进行。其作图程序有很多种,以下仅以其中的一种为例。

(1)打开捕捉、栅格和正交等功能,用直线命令画出直线 1—2,因切点位置尚未能确定,故长度为任意。然后用偏移命令,以偏移量 23 画出直线 3—4。同样,使用偏移量 3.5 可由直线 1—2 画出直线 5—6,由直线 3—4 画出直线 7—8,如图 10-60a)所示。

(2)利用对象捕捉的捕捉端点功能,使用直线命令连接点 5 和点 7 得直线段 5—7。然后用偏移命令和偏移量 38 画出直线段 9—10,如图 10-60b)所示。

(3)用修剪命令修剪去多余的部分,得到图 6-60c)。

(4)使用倒角命令,第一次先设定倒角值为 2,第二次才进行倒角;再使用圆角命令,第一次先设定圆角半径为 3.5,第二次才进行画圆角,得到图 6-60d)。

(5)用对象捕捉的捕捉端点功能以及直线命令补画出线段 11—12 和 9—10,如图 10-60e)所示。

从操作步骤来看,第二种方法明显多于第一种方法,但优点是用户只需直接使用图中的已知尺寸,几乎不必用脑另行计算,比较省神。当图形复杂时,采用这种类似的方法边画边修剪可以降低人工计算的劳动强度,由于直接使用已知尺寸,可避免过多计算时的失误。

2. 吊钩的下半部分画法(见图 10-61)

这部分都是圆弧连接,也有两种方法。

第一种方法是按手工绘图的思路,利用外切、内切的轨迹原理,找出圆心和切点后再画出连接圆弧。

第二种方法是充分利用画圆命令中的"相切、相切、半径"功能,绘图与编辑修改相结合,必要时添加辅助线的方法。现举例如下:

(1)按上下部分的相对位置,先定出吊钩中心线,再用圆命令画出圆 $O(\phi40)$ 和圆 O_1($R48$)两个整圆,如图 10-61a)所示。

俗话说，熟能生巧。读者在学习、使用的过程中，可不断总结，创造出更多更好的方法与技巧来。

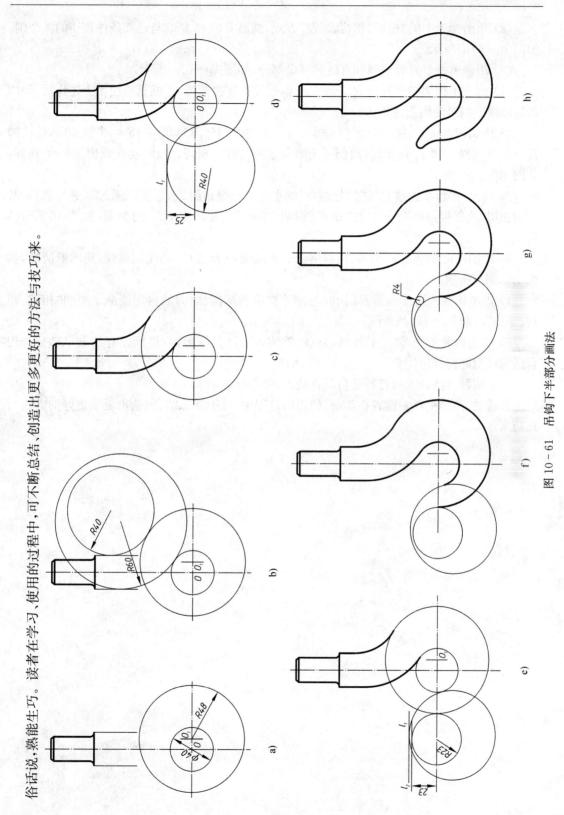

图 10 - 61 吊钩下半部分画法

（2）用圆命令中的"相切、相切、半径"方式，画出 $R40$ 和 $R60$ 与已知条件相切的两个圆，如图 10 - 61b)所示。

（3）用修剪命令修剪去圆和直线的多余部分，如图 10 - 61c)所示。

（4）由于吊钩钩端的 $R4$、$R23$ 和 $R40$ 都连续为连接圆弧，不能直接使用上述作法，但添加辅助线后仍可使用上述作法：

1）添加辅助线 l_1，使其与圆 O 的水平中心线相距 25（因为 $25 + 15 =$ 半径 40），连接圆弧 $R40$ 必与圆 O 及 l_1 均相切，故仍可用圆命令的"相切、相切、半径"功能画出 $R40$ 的整圆，如图 10 - 61d)所示。

2）同理，添加辅助线 l_2，使其与圆 O_1 的水平中心线相距 23，连接圆弧 $R23$ 必与圆 O_1 及 l_2 均相切，故仍可用圆命令中的"相切、相切、半径"功能画出 $R23$ 的整圆，如图 10 - 61e)所示。

3）用删除命令删去 l_1 和 l_2，用修剪命令删除圆 O 及圆 O_1 的无用稿线，使图形清晰，如图 10 - 61f)所示。

4）因吊钩端的连接圆弧 $R4$ 同时与刚才作出的两圆相切，故再用圆命令中的"相切、相切、半径"功能作出 $R4$ 的整圆，如图 10 - 61g)所示。

5）使用修剪命令，将以上各圆切点以外的多余部分修剪掉，连同原有的上半部分选用合适的线型即构成吊钩全图，如图 10 - 61h)所示。

以上两种方法读者可自行分析其优缺点，并作改进。

俗话说，熟能生巧。读者在学习、使用的过程中，可不断总结、创造出更多更好的方法与技巧来。

附录一 螺 纹

附表 1-1   普通螺纹直径与螺距系列、基本尺寸(GB/T 193—1981)   单位:mm

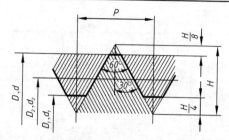

代号示例

公称直径 24 mm,螺距 1.5 mm,

右旋细牙普通螺纹:M24×1.5

公称直径 D,d		螺 距 P		粗牙小径	公称直径 D,d		螺 距 P		粗牙小径
第一系列	第二系列	粗牙	细 牙	D_1,d_1	第一系列	第二系列	粗牙	细 牙	D_1,d_1
3		0.5	0.35	2.459		22	2.5	2,1.5,1,(0.75),(0.5)	19.294
	3.5	(0.6)		2.850	24		3	2,1.5,1,(0.75)	20.752
4		0.7		3.242		27	3	2,1.5,1,(0.75)	23.752
	4.5	(0.75)	0.5	3.688					
5		0.8		4.134	30		3.5	(3),2,1.5,1,(0.75)	26.211
6		1	0.75,(0.5)	4.917		33	3.5	(3),2,1.5,(1),(0.75)	29.211
8		1.25	1,0.75,(0.5)	6.647	36		4	3,2,1.5,(1)	31.670
10		1.5	1.25,1,0.75,(0.5)	8.376		39	4		34.670
12		1.75	1.5,1.25,1,(0.75),(0.5)	10.106	42		4.5		37.129
	14	2	1.5,(1.25)①,1,(0.75),(0.5)	11.835		45	4.5	(4),3,2,1.5,(1)	40.129
16		2	1.5,1,(0.75),(0.5)	13.835	48		5		42.587
	18	2.5	2,1.5,1,(0.75),(0.5)	15.294		52	5		46.587
20		2.5		17.294	56		5.5	4,3,2,1.5,(1)	50.046

注:1. 优先选用第一系列,括号内尺寸尽可能不用。   2. 公称直径 D,d 第三系列未列入。
    3. 中径 D_2,d_2 未列入。   4. M14×1.25 仅用于火花塞。

附表 1-2   细牙普通螺纹螺距与小径的关系(GB/T 196—1981)   单位:mm

螺 距 P	小径 D_1,d_1	螺 距 P	小径 D_1,d_1	螺 距 P	小径 D_1,d_1
0.35	$d-1+0.621$	1	$d-2+0.917$	2	$d-3+0.835$
0.5	$d-1+0.459$	1.25	$d-2+0.647$	3	$d-4+0.752$
0.75	$d-1+0.188$	1.5	$d-2+0.376$	4	$d-5+0.670$

注:表中的小径按 $D_1=d_1=d-2\times\dfrac{5}{8}H$, $H=\dfrac{\sqrt{3}}{2}P$ 计算得出。

附表 1-3 梯形螺纹直径与螺距系列、基本尺寸(GB/T 5796.2—1986,GB/T 5796.3—1986) 单位:mm

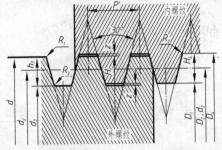

代号示例

公称直径 40 mm,导程 14 mm,螺距 7 mm 的双线左旋梯形螺纹:

Tr40×14(P7)LH

公称直径 d		螺距	中径	大径	小 径		公称直径 d		螺距	中径	大径	小 径	
第一系列	第二系列	P	$d_2=D_2$	D_4	d_3	D_1	第一系列	第二系列	P	$d_2=D_2$	D_4	d_3	D_1
8		1.5	7.25	8.30	6.20	6.50			3	24.50	26.50	22.50	23.00
	9	1.5	8.25	9.30	7.20	7.50	26		5	23.50	26.50	22.50	21.00
		2	8.00	9.50	6.50	7.00			8	22.00	27.00	17.00	18.00
10		1.5	9.25	10.30	8.20	8.50			3	26.50	28.50	24.50	25.00
		2	9.00	10.50	7.50	8.00	28		5	25.50	28.50	22.50	23.00
	11	2	10.00	11.00	8.50	9.00			8	24.00	29.00	19.00	20.00
		3	9.50	11.50	7.50	8.00			3	28.50	30.50	26.50	29.00
12		2	11.00	12.50	9.50	10.00	30		6	27.00	31.00	23.00	24.00
		3	10.50	12.50	8.50	9.00			10	25.00	31.00	19.00	20.00
	14	2	13.00	14.50	11.50	12.00			3	30.50	32.50	28.50	29.00
		3	12.50	14.50	10.50	11.00	32		6	29.00	33.00	25.00	26.00
16		2	15.00	16.50	13.50	14.00			10	27.00	33.00	21.00	22.00
		4	14.00	16.50	11.50	12.00			3	32.50	34.50	30.50	31.00
	18	2	17.00	18.50	15.50	16.00	34		6	31.00	35.00	27.00	28.00
		4	16.00	18.50	13.50	14.00			10	29.00	35.00	23.00	24.00
20		2	19.00	20.50	17.50	18.00			3	34.50	36.50	32.50	33.00
		4	18.00	20.50	15.50	16.00		36	6	33.00	37.00	29.00	30.00
	22	3	20.50	22.50	18.50	19.00			10	31.00	37.00	25.00	26.00
		5	19.50	22.50	16.50	17.00			3	36.50	38.50	34.50	35.00
		8	18.00	23.00	13.00	14.00	38		7	34.50	39.00	30.00	31.00
24		3	22.50	24.50	20.50	21.00			10	33.00	39.00	27.00	28.00
		5	21.50	24.50	18.50	19.00			3	38.50	40.50	36.50	37.00
		8	20.00	25.00	15.00	16.00	40		7	36.50	41.00	32.00	33.00
									10	35.00	41.00	29.00	30.00

附表 1−4 **非螺纹密封的管螺纹的基本尺寸(GB/T 7307—2001)** 单位:mm

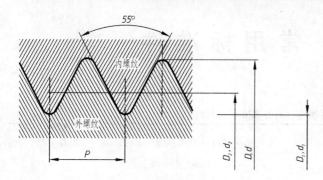

标记示例

1 1/2 左旋内螺距:G1½- LH(右旋不标)

1 1/2A 级外螺纹:G1½A

1 1/2B 级外螺纹:G1½B

内外螺纹装配:G1½ G1½A

尺寸代号	每25.4mm内的牙数 n	螺距 P	牙高 h	圆弧半径 r≈	基 本 直 径		
					大径 $d=D$	中径 $d_2=D_2$	小径 $d_1=D_1$
1/16	28	0.907	0.581	0.125	7.723	7.142	6.561
1/8	28	0.907	0.581	0.125	9.728	9.147	8.566
1/4	19	1.337	0.856	0.184	13.157	12.301	11.445
3/8	19	1.337	0.856	0.184	16.662	15.806	14.950
1/2	14	1.814	1.162	0.249	20.955	19.793	18.631
5/8	14	1.814	1.162	0.249	22.911	21.749	20.587
3/4	14	1.814	1.162	0.249	26.441	25.279	24.117
7/8	14	1.814	1.162	0.249	30.201	29.039	27.877
1	11	2.309	1.479	0.317	33.249	31.770	30.291
1⅓	11	2.309	1.479	0.317	37.897	36.418	34.939
1½	11	2.309	1.479	0.317	41.910	40.431	38.952
1⅔	11	2.309	1.479	0.317	47.803	46.324	44.845
1¾	11	2.309	1.479	0.317	53.746	52.267	50.788
2	11	2.309	1.479	0.317	59.614	58.135	56.656
2¼	11	2.309	1.479	0.317	65.710	64.231	62.752
2½	11	2.309	1.479	0.317	75.184	73.705	72.226
2¾	11	2.309	1.479	0.317	81.534	80.055	78.576
3	11	2.309	1.479	0.317	87.884	86.405	84.926
3½	11	2.309	1.479	0.317	100.330	98.851	97.372
4	11	2.309	1.479	0.317	113.030	111.551	110.072
4½	11	2.309	1.479	0.317	125.730	124.251	122.722
5	11	2.309	1.479	0.317	138.430	136.951	135.472
5½	11	2.309	1.479	0.317	151.130	149.651	148.172
6	11	2.309	1.479	0.317	163.830	162.351	160.872

注:本标准适应用于管接头、旋塞、阀门及其附件。

附录二　常用标准件

六角头螺栓—C级(GB/T 5780—2000)　　　　　六角头螺栓—A和B级(GB/T 5782—2000)

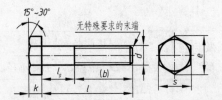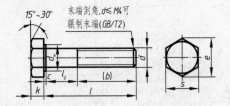

标记示例

螺纹规格 d = M12、公称长度 l = 80 mm、性能等级为8.8级,表面氧化、A级的六角头螺栓:

螺栓　GB/T 5782—2000 M12×80

螺纹规格 d			M3	M4	M5	M6	M8	M10	M12	M16	M20	M24	M30	M36	M42
b 参考	$l \leqslant 125$		12	14	16	18	22	26	30	38	46	54	66	—	—
	$125 < l \leqslant 200$		18	20	22	24	28	32	36	44	52	60	72	84	96
	$l > 200$		31	33	35	37	41	45	49	57	65	73	85	97	109
c			0.4	0.4	0.5	0.5	0.6	0.6	0.6	0.8	0.8	0.8	0.8	0.8	1
d_w	产品等级	A	4.57	5.88	6.88	8.88	11.63	14.63	16.63	22.49	28.19	33.61	—	—	—
		B	4.45	5.74	6.74	8.74	11.47	14.47	16.47	22	27.7	33.25	42.75	51.11	59.95
e	产品等级	A	6.01	7.66	8.79	11.05	14.38	17.77	20.03	26.75	33.53	39.98	—	—	—
		B、C	5.88	7.50	8.63	10.89	14.20	17.59	19.85	26.17	32.95	39.55	50.85	60.79	72.02
k 公称			2	2.8	3.5	4	5.3	6.4	7.5	10	12.5	15	18.7	22.5	26
r			0.1	0.2	0.2	0.25	0.4	0.4	0.6	0.6	0.8	0.8	1	1	1.2
s 公称			5.5	7	8	10	13	16	18	24	30	36	46	55	65
l(商品规格范围)			20~30	25~40	25~50	30~60	45~80	45~100	65~120	80~160	90~200	110~240	110~300	140~360	160~400
l(系列)			\multicolumn{13}{c}{12, 16, 20, 25, 30, 35, 40, 45, 50, 55, 60, 65, 70, 80, 90, 100, 110, 120, 130, 140, 150, 160, 180, 200, 220, 240, 260, 280, 300, 320, 340, 360, 380, 400, 420, 440, 460, 480, 500}

注:1. A级用于 $d \leqslant 24$ mm和 $l \leqslant 10d$ 或 $\leqslant 150$ mm的螺栓;B级用于 $d > 24$ mm和 $l > 10d$ 或 > 150 mm的螺栓。

　　2. 螺纹规格 d 范围:GB/T 5780 为M5~M64;GB/T 5782 为M1.6~M64。

　　3. 公称长度 l 范围:GB/T 5780 为25~500;GB/T 5782 为12~500。

　　4. 材料为钢的螺栓性能等级有5.6、8.8、9.8、10.9级,其中8.8级为常用。

附表 2−2 双头螺柱（$b_m = d$）（GB/T 897—1988）、（$b_m = 1.25d$）（GB/T 898—1988）、（$b_m = 1.5d$）（GB/T 899—1988）、（$b_m = 2d$）（GB/T 900—1988）　　单位:mm

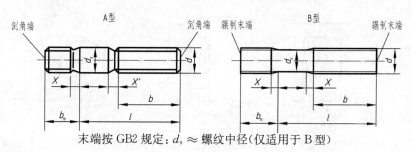

末端按 GB2 规定：$d_s \approx$ 螺纹中径（仅适用于 B 型）

标 记 示 例

粗牙普通螺纹，$b_m = d = 10$ mm、$l = 50$ mm，性能等级为 4.8 级，按 B 型制造的双头螺柱；螺柱 GB/T 897 M10×50，若为 A 型，则标成：螺柱 GB/T 897 AM10×50

旋入机体一端为粗牙普通螺纹，旋螺母一端为螺距 1 mm 的细牙普通螺纹，$b_m = d = 10$ mm，$l = 50$ mm，性能等级为 4.8 级，不经表面处理，按 A 型制造的双头螺柱：螺柱 GB/T 897 AM10—M10×1×50

d	b_m				l/b
	GB/T 897 —1988	GB/T 898 —1988	GB/T 899 —1988	GB/T 900 —1988	
2			3	4	12～16/6, 20～25/10
2.5			3.5	5	16/8, 20～30/11
3			4.5	6	16～20/6, 25～40/12
4			6	8	16～20/8, 25～40/14
5	5	6	8	10	16～20/10, 25～50/16
6	6	8	10	12	20/10, 25～30/14, 35～70/18
8	8	10	12	16	20/12, 25～30/16, 35～90/22
10	10	12	15	20	25/14, 30～35/16, 40～120/26, 130/32
12	12	15	18	24	25～30/16, 35～40/20, 45～120/30, 130～180/36
16	16	20	24	32	30～35/20, 40～55/30, 60～120/38, 130～200/44
20	20	25	30	40	35～40/25, 45～65/35, 70～120/46, 130～200/52
24	24	30	36	48	45～50/33, 55～75/45, 80～120/54, 130～200/60
30	30	38	45	60	60～65/40, 70～90/50, 95～120/66, 130～200/72, 210～250/85
36	36	45	54	72	65～75/45, 80～110/60, 120/78, 130～200/84, 210～300/97
42	42	52	63	84	70～80/50, 85～110/70, 120/90, 130～200/96, 210～300/109
48	48	60	72	96	80～90/60, 95～110/80, 120/102, 130～200/108, 210～300/121
l(系列)	12、16、20、25、30、35、40、45、50、(55)、60、(65)、70、(75)、80、(85)、90、(95)、100、120、130、140、150、160、170、180、190、200、210、220、230、240、250、260、280、300				

注：1. P 粗牙螺距。　2. 当 $b-b_m \leqslant 5$ mm 时,旋螺母一端应制成倒圆端。　3. 尽可能不采用括号内的规格。

附表 2-3   **1 型六角螺母—A 级和 B 级(GB/T 6170—2000)**   单位:mm

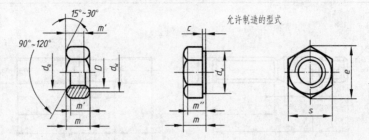

螺纹规格 D = M12,性能等级为 8 级表面氧化,A 级的 1 型六角螺母:螺母 GB/T 6170 M12

螺纹规格 D		M1.6	M2	M2.5	M3	M4	M5	M6	M8	M10	M12
c	max	0.2	0.2	0.3	0.4	0.4	0.5	0.5	0.6	0.6	0.6
d_a	max	1.84	2.3	2.9	3.45	4.6	5.75	6.75	8.75	10.8	13
	min	1.6	2	2.5	3	4	5	6	8	10	12
d_w	min	2.4	3.1	4.1	4.6	5.9	6.9	8.9	11.6	14.6	16.6
e	min	3.41	4.32	5.45	6.01	7.66	8.79	11.05	14.38	17.77	20.03
m	max	1.3	1.6	2	2.4	3.2	4.7	5.2	6.8	8.4	10.8
	min	1.05	1.35	1.75	2.15	2.9	4.4	4.9	6.44	8.04	10.37
m'	min	0.8	1.1	1.4	1.7	2.3	3.5	3.9	5.1	6.4	8.3
m''	min	0.7	0.9	1.2	1.5	2	3.1	3.4	4.5	5.6	7.3
s	max	3.2	4	5	5.5	7	8	10	13	16	18
	min	3.02	3.82	4.28	5.32	6.78	7.78	9.78	12.73	15.73	17.73

螺纹规格 D		M16	M20	M24	M30	M36	M42	M48	M56	M64
c	max	0.8	0.8	0.8	0.8	0.8	1	1	1	1.2
d_a	max	17.3	21.6	25.9	32.4	38.9	45.4	51.8	60.5	69.1
	min	16	20	24	30	36	42	48	56	64
d_w	min	22.5	27.7	33.2	42.7	51.1	60.6	69.4	78.7	88.2
e	min	26.75	32.95	39.55	50.85	60.79	72.02	82.6	93.56	104.86
m	max	14.8	18	21.5	25.6	31	34	38	45	51
	min	14.1	16.9	20.2	24.3	29.4	32.4	36.4	43.4	49.1
m'	min	11.3	13.5	16.2	19.4	23.5	25.9	29.1	34.7	39.3
m''	min	9.9	11.8	14.1	17	20.6	22.7	25.5	30.4	34.4
s	max	24	30	36	46	55	65	75	85	95
	min	23.67	29.16	35	45	53.8	63.8	73.1	82.8	92.8

注:1. A 级用于 $D \leqslant 16$ 的螺母;B 级用于 $D > 16$ 的螺母。本表仅按商品规格和通用规格列出。

    2. 螺纹规格为 M8~M64。细牙、A 级和 B 级的 1 型六角螺母,请查阅 GB/T 6171—2000。

附表 2-4 平垫圈—A 级(GB/T 97.1—2002) 平垫圈倒角型—A 级(GB/T 97.2—2002)
小垫圈—A 级(GB/T 848—2002)　　　　　　　　单位:mm

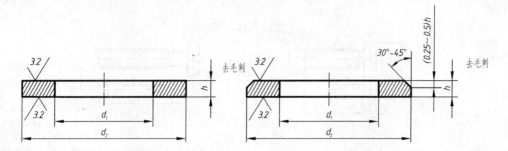

标 记 示 例

标准系列,公称尺寸 $d = 8$ mm,性能等级为 140 HV 级,不经表面处理的平垫圈:

平垫圈:垫圈　GB/T 97.1　8

平垫圈(倒角型):垫圈　GB/T 97.2　8

公称尺寸(螺纹规格)d		1.6	2	2.5	3	4	5	6	8	10	12	14	16	20	24	30	36
内径 d_1	GB/T 848—2002	1.7	2.2	2.7	3.2	4.3	5.3	6.4	8.4	10.5	13	15	17	21	25	31	37
	GB/T 97.1—2002	1.7	2.2	2.7	3.2	4.3	5.3	6.4	8.4	10.5	13	15	17	21	25	31	37
	GB/T 97.2—2002	—	—	—	—	—	5.3	6.4	8.4	10.5	13	15	17	21	25	31	37
外径 d_2	GB/T 848—2002	3.5	4.5	5	6	8	9	11	15	18	20	24	28	34	39	50	60
	GB/T 97.1—2002	4	5	6	7	9	10	12	16	20	24	28	30	37	44	56	66
	GB/T 97.2—2002	—	—	—	—	—	10	12	16	20	24	28	30	37	44	56	66
厚度 h	GB/T 848—2002	0.3	0.3	0.5	0.5	0.5	1	1.6	1.6	1.6	2	2.5	2.5	3	4	4	5
	GB/T 97.1—2002	0.3	0.3	0.5	0.5	0.8	1	1.6	1.6	2	2.5	2.5	3	4	4	5	
	GB/T 97.2—2002	—	—	—	—	—	1	1.6	1.6	2	2.5	2.5	3	4	4	5	

注:1. 性能等级有 140 HV、200 HV、300 HV 级,其中 140 HV 级最常用(HV 表示维氏硬度,140 则为硬度值)。
　　2. d 的范围:GB/T 848 为 1.6～36 mm,GB/T 97.1 为 1.6～64 mm,GB/T 97.2 为 5～64 mm。表中所列仅为 $d \leqslant 36$ 的常用尺寸。

附表 2‑5　　开槽圆柱头螺钉（GB/T 65—2000）　　开槽盘头螺钉（GB/T 67—2000）　　单位：mm

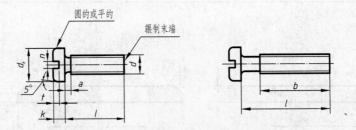

标记示例

螺纹规格 $d = $ M5、公称长度 $l = 20$ mm、性能等级为 4.8 级、不经表面处理的 A 级开槽圆柱头螺钉，其标记为：

螺钉　GB/T 65　M5×20

mm

螺纹规格 d		M3	M4	M5	M6	M8	M10
a　max		1	1.4	1.6	2	2.5	3
b　min		25	38	38	38	38	38
n　公称		0.8	1.2	1.2	1.6	2	2.5
GB/T 65 —2000	d_k 公称＝max	5.5	7	8.5	10	13	16
	k 公称＝max	2	2.6	3.3	3.9	5	6
	t　min	0.85	1.1	1.3	1.6	2	2.4
	$\dfrac{l}{b}$	$\dfrac{4\sim30}{l-a}$	$\dfrac{5\sim40}{l-a}$	$\dfrac{6\sim40}{l-a}$ $\dfrac{45\sim50}{b}$	$\dfrac{8\sim40}{l-a}$ $\dfrac{45\sim60}{b}$	$\dfrac{10\sim40}{l-a}$ $\dfrac{45\sim80}{b}$	$\dfrac{12\sim40}{l-a}$ $\dfrac{45\sim80}{b}$
GB/T 67 —2000	d_k 公称＝max	5.6	8	9.5	12	16	20
	k 公称＝max	1.8	2.4	3	3.6	4.8	6
	t　min	0.7	1	1.2	1.4	1.9	2.4
	$\dfrac{l}{b}$	$\dfrac{4\sim30}{l-a}$	$\dfrac{5\sim40}{l-a}$	$\dfrac{6\sim40}{l-a}$ $\dfrac{45\sim50}{b}$	$\dfrac{8\sim40}{l-a}$ $\dfrac{45\sim60}{b}$	$\dfrac{10\sim40}{l-a}$ $\dfrac{45\sim80}{b}$	$\dfrac{12\sim40}{l-a}$ $\dfrac{45\sim80}{b}$

注：1. 标准规定螺纹规格 $d = $ M1.6—M10

　　2. 公称长度 l 系列为：2，2.5，3，4，5，6，8，10，12，(14)，16，20，25，30，35，40，45，50，(55)，60，(65)，70，(75)，80 mm(GB/T 65 的长 l 中无 2.5)，并应尽可能不用括号内的数值。

　　3. 当表中 $\dfrac{l}{b}$ 中的 $b = l - b$ 或 $b = l - (k + a)$ 时表示全螺纹。

　　4. 无螺纹部分杆径约等于中径或螺纹大径。

　　5. 材料为钢的螺钉性能等级有 4.8 级和 5.8 级，其中 4.8 级最为常用。

附表 2－6　开槽沉头螺钉(GB/T 68—2000)　开槽半沉头螺钉(GB/T 69—2000)　单位:mm

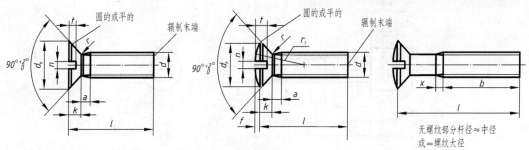

标 记 示 例

螺纹规格 d = M5,公称长度 l = 20 mm,性能等级为 4.8 级,不经表面处理的开槽沉头螺钉:

螺钉　GB/T 68　M5×20

螺纹规格 d			M1.6	M2	M2.5	M3	M4	M5	M6	M8	M10
P			0.35	0.4	0.45	0.5	0.7	0.8	1	1.25	1.5
a	max		0.7	0.8	0.9	1	1.4	1.6	2	2.5	3
b	min		25					38			
d_k	理论值	max	3.6	4.4	5.5	6.3	9.4	10.4	12.6	17.3	20
	实际值	max	3	3.8	4.7	5.5	8.4	9.3	11.3	15.8	18.3
		min	2.7	3.5	4.4	5.2	8	8.9	10.9	15.4	17.8
k	max		1	1.2	1.5	1.65	2.7	2.7	3.3	4.65	5
n	公称		0.4	0.5	0.6	0.8	1.2	1.2	1.6	2	2.5
	min		0.46	0.56	0.66	0.86	1.26	1.26	1.66	2.06	2.56
	max		0.6	0.7	0.8	1	1.51	1.51	1.91	2.31	2.81
r	max		0.4	0.5	0.6	0.8	1	1.3	1.5	2	2.5
x	max		0.9	1	1.1	1.25	1.75	2	2.5	3.2	3.8
f	≈		0.4	0.5	0.6	0.7	1	1.2	1.4	2	2.3
r_f	≈		3	4	5	6	9.5	9.5	12	16.5	19.5
t	max	GB/T 68—85	0.5	0.6	0.75	0.85	1.3	1.4	1.6	2.3	2.6
		GB/T 69—85	0.8	1	1.2	1.45	1.9	2.4	2.8	3.7	4.4
	min	GB/T 68—85	0.32	0.4	0.5	0.6	1	1.1	1.2	1.8	2
		GB/T 69—85	0.64	0.8	1	1.2	1.6	2	2.4	3.2	3.8
l(商品规格范围公称长度)			2.5~16	3~20	4~25	5~30	6~40	8~50	8~60	10~80	12~80
l(系列)			2.5,3,4,5,6,8,10,12,(14),16,20,25,30,35,40,45,50,(55),60,(65),70,(75),80								

注: 1. P——螺距。

　　2. 公称长度 l≤30 mm,螺纹规格 d 在 M1.6~M3 的螺钉;公称长度 l≤45 mm,螺纹规格在 M4~M10 的螺钉,
　　　 应制出全螺纹 [$b = l-(k+a)$]。

　　3. 尽可能不采用括号内的规格。

附表 2-7　　　　内六角圆柱头螺钉(GB/T 70.1—2000)　　　　单位:mm

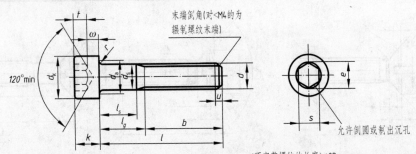

标 记 示 例

螺纹规格 d = M5,公称长度 l = 20 mm,性能等级为 12.9 级,表面氧化的内六角圆柱头螺钉:

螺钉　GB/T 70.1　M5×20 - 12.9

螺纹规格 d		M3	M4	M5	M6	M8	M10	M12	M16	M20	M24
螺距 P		0.5	0.7	0.8	1	1.25	1.5	1.75	2	2.5	3
b　参考		18	20	22	24	28	32	36	44	52	60
d_k	max	5.5	7	8.5	10	13	16	18	24	30	36
	min	5.32	6.78	8.28	9.78	12.73	15.73	17.73	23.67	29.67	35.61
d_a　max		3.6	4.7	5.7	6.8	9.2	11.2	13.7	17.7	22.4	26.4
d_s	max	3	4	5	6	8	10	12	16	20	24
	min	2.86	3.82	4.82	5.82	7.78	9.78	11.73	15.73	19.67	23.67
e　min		2.87	3.44	4.58	5.72	6.86	9.15	11.43	16.00	19.44	21.73
k	max	3	4	5	6	8	10	12	16	20	24
	min	2.86	3.82	4.82	5.70	7.64	9.64	11.57	15.57	19.48	23.48
r　min		0.1	0.2	0.2	0.25	0.4	0.4	0.6	0.6	0.8	0.8
s	公　称	2.5	3	4	5	6	8	10	14	17	19
	min	2.52	3.02	4.02	5.02	6.02	8.025	10.025	14.032	17.05	19.065
	max	2.56	3.08	4.095	5.095	6.095	8.115	10.115	14.142	17.32	19.275
t　min		1.3	2	2.5	3	4	5	6	8	10	12
w　min		1.15	1.4	1.9	2.3	3.3	4	4.8	6.8	8.6	10.4
l(商品规格范围公称长度)		5~30	6~40	8~50	10~60	12~80	16~100	20~120	25~160	30~200	40~200
l≤表中数值时,制出全螺纹		20	25	25	30	35	40	45	55	65	80
l(系列)		5,6,8,10,12,(14),16,20,25,30,35,40,45,50,(55),60,(65),70,80,90, 100,110,120,130,140,150,160,180,200									

注：1. P——螺距。

　　2. l_{gmax}(夹紧长度)=$l_{公称}$-$b_{参考}$；l_{smin}(无螺纹杆部长)=l_{gmax}-5P。

　　3. 尽可能不采用括号内的规格,GB70—85 包括 d=M1.6~M36,本表只摘录其中一部分。

附表 2 – 8 开槽锥端紧定螺钉(GB/T 71—1985)　开槽平端紧定螺钉(GB/T 73—1985)　开槽长圆柱端紧定螺钉(GB/T 75—1985)

单位:mm

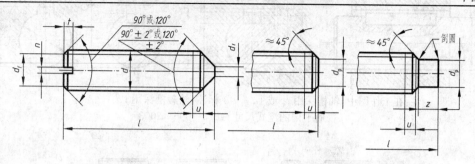

公称长度为短螺钉时,应制成120°,u 为不完整螺纹的长度≤2P

标 记 示 例

螺纹规格 d = M5,公称长度 l = 12 mm,性能等级为 **14H** 级,表面氧化的开槽平端紧定螺钉:

螺钉　GB/T **73**　　M**5×12**

螺纹规格 d		M1.2	M1.6	M2	M2.5	M3	M4	M5	M6	M8	M10	M12
螺距 P		0.25	0.35	0.4	0.45	0.5	0.7	0.8	1	1.25	1.5	1.75
d_f ≈		螺 纹 小 径										
d_t	min	—	—	—	—	—	—	—	—	—	—	—
	max	0.12	0.16	0.2	0.25	0.3	0.4	0.5	1.5	2	2.5	3
d_p	min	0.35	0.55	0.75	1.25	1.75	2.25	3.2	3.7	5.2	6.64	8.14
	max	0.6	0.8	1	1.5	2	2.5	3.5	4	5.5	7	8.5
n	公称	0.2	0.25	0.25	0.4	0.4	0.6	0.8	1	1.2	1.6	2
	min	0.26	0.31	0.31	0.46	0.46	0.66	0.86	1.06	1.26	1.66	2.06
	max	0.4	0.45	0.45	0.6	0.6	0.8	1	1.2	1.51	1.91	2.31
t	min	0.4	0.56	0.64	0.72	0.8	1.12	1.28	1.6	2	2.4	2.8
	max	0.52	0.74	0.84	0.95	1.05	1.42	1.63	2	2.5	3	3.6
z	min	—	0.8	1	1.2	1.5	2	2.5	3	4	5	6
	max	—	1.05	1.25	1.25	1.75	2.25	2.75	3.25	4.3	5.3	6.3
GB/T 71—1985	l(公称长度)	2~6	2~8	3~10	4~12	4~16	6~20	8~25	8~30	10~40	12~50	14~60
	l(短螺钉)	2	2~2.5	2~2.5	2~3	2~3	2~4	2~5	2~6	2~8	2~10	2~12
GB/T 73—1985	l(公称长度)	2~6	2~8	2~10	2.5~12	3~16	4~20	5~25	6~30	8~40	10~50	12~60
	l(短螺钉)	—	2	2~2.5	2~3	2~3	2~4	2~5	2~6	2~6	2~8	2~10
GB/T 75—1985	l(公称长度)	—	2.5~8	3~10	4~12	5~16	6~20	8~25	8~30	10~40	12~50	14~30
	l(短螺钉)	—	2~2.5	2~3	2~4	2~5	2~6	2~8	2~10	2~14	2~16	2~20
l(系列)		2,2.5,3,4,5,6,8,10,12,(14),16,20,25,30,35,40,45,50,(55),6										

注:1. 公称长度为商品规格尺寸。　　2. 尽可能不采用括号内的规格。

附表 2 - 9　　　　　普通平键键槽的尺寸与公差(GB/T 1095—2003)　　　　　单位:mm

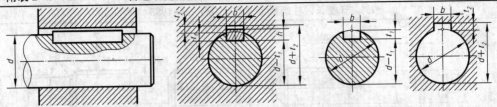

注:在工作图中,轴槽深用 t_1 或 $(d-t_1)$ 标注,轮毂槽深用 $(d+t_2)$ 标注。

普通平键的型式尺寸 GB/T 1096—2003

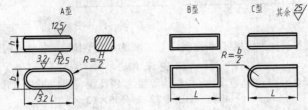

标 记 示 例

普通 A 型平键	$b=16$ mm, $h=10$ mm, $L=100$ mm	GB/T 1096　键 $16\times10\times100$
普通 B 型平键	$b=16$ mm, $h=10$ mm, $L=100$ mm	GB/T 1096　键 $B\ 16\times10\times100$
普通 C 型平键	$b=16$ mm, $h=10$ mm, $L=100$ mm	GB/T 1096　键 $C\ 16\times10\times100$

键尺寸 $b\times h$	宽 度 b						深 度				半径 r	
	基本尺寸	极 限 偏 差					轴 t_1		毂 t_2			
		正常联结		紧密联结	松联结		基本尺寸	极限偏差	基本尺寸	极限偏差		
		轴 N9	毂 JS9	轴和毂 P9	轴 H9	毂 D10					min	max
2×2	2	-0.004 -0.029	±0.0125	-0.006 -0.031	$+0.025$ 0	$+0.060$ $+0.020$	1.2		1.0		0.08	0.16
3×3	3						1.8		1.4			
4×4	4						2.5	$+0.1$ 0	1.8	$+0.1$ 0		
5×5	5	0 -0.030	±0.015	-0.012 -0.042	$+0.030$ 0	$+0.078$ $+0.030$	3.0		2.3		0.16	0.25
6×6	6						3.5		2.8			
8×7	8	0 -0.036	±0.018	-0.015 -0.051	$+0.036$ 0	$+0.098$ $+0.040$	4.0		3.3			
10×8	10						5.0		3.3			
12×8	12						5.0	$+0.2$ 0	3.3	$+0.2$ 0		
14×9	14	0 -0.043	±0.0215	-0.018 -0.061	$+0.043$ 0	$+0.120$ $+0.050$	5.5		3.8		0.25	0.40
16×10	16						6.0		4.3			
18×11	18						7.0		4.4			

续 表 2-9

键尺寸 $b \times h$	宽 度 b						键 槽 深 度				半径 r	
	基本尺寸	极 限 偏 差					轴 t_1		毂 t_2			
		正常联结		紧密联结	松联结		基本尺寸	极限偏差	基本尺寸	极限偏差		
		轴 N9	毂 JS9	轴和毂 P9	轴 H9	毂 D10					min	max
20×12	20						7.5		4.9			
22×14	22	$\begin{array}{c}0\\-0.052\end{array}$	± 0.026	$\begin{array}{c}-0.022\\-0.074\end{array}$	$\begin{array}{c}+0.052\\0\end{array}$	$\begin{array}{c}+0.149\\+0.065\end{array}$	9.0	$\begin{array}{c}+0.2\\0\end{array}$	5.4	$\begin{array}{c}+0.2\\0\end{array}$	0.40	0.60
25×14	25						9.0		5.4			
28×16	28						10.0		6.4			
32×18	32						11.0		7.4			
36×20	36						12.0		8.4			
40×22	40	$\begin{array}{c}0\\-0.062\end{array}$	± 0.031	$\begin{array}{c}-0.026\\-0.088\end{array}$	$\begin{array}{c}+0.062\\0\end{array}$	$\begin{array}{c}+0.180\\+0.080\end{array}$	13.0		8.4		0.70	1.00
45×25	45						15.0		10.4			
50×28	50						17.0		11.4			
56×32	56						20.0	$\begin{array}{c}+0.3\\0\end{array}$	12.4	$\begin{array}{c}+0.3\\0\end{array}$		
63×32	63	$\begin{array}{c}0\\-0.074\end{array}$	± 0.037	$\begin{array}{c}-0.032\\-0.106\end{array}$	$\begin{array}{c}+0.074\\0\end{array}$	$\begin{array}{c}+0.220\\+0.100\end{array}$	20.0		12.4		1.20	1.60
70×36	70						22.0		14.4			
80×40	80						25.0		15.4			
90×45	99	$\begin{array}{c}0\\-0.087\end{array}$	± 0.0435	$\begin{array}{c}-0.037\\-0.124\end{array}$	$\begin{array}{c}+0.087\\0\end{array}$	$\begin{array}{c}+0.260\\+0.120\end{array}$	28.0		17.4		2.00	2.50
100×50	100						31.0		19.5			

注:1. 键长 L 系列:6, 8, 10, 12, 14, 16, 18, 20, 22, 25, 28, 32, 36, 40, 45, 50, 56, 63, 70, 80, 90, 100, 110, 125, 140, 160, 180, 200, 220, 250, 280, 320, 360, 400, 450, 500。

2. 平键轴槽的长度公差用 H14。

3. 轴槽、轮毂槽的键槽宽度 b 两侧面粗糙度参数 R_a 值推荐为 1.6～3.2 μm。轴槽底面、轮毂槽底面的表面粗糙度参数 R_a 值为 6.3 μm。

附表 2-10 　　　　　　　圆柱销(GB/T 119.1—2000)　　　　　　　单位:mm

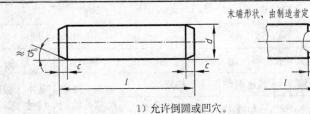

1) 允许倒圆或凹穴。

标 记 示 例

公称直径 $d=8$ mm,公差为 m6,公称长度 $l=30$ mm,材料为钢、不经淬火、不经表面处理的圆柱销的标记:

销 GB/T 119.1　　6m6×30

d(公称)m6/h8	0.6	0.8	1	1.2	1.5	2	2.5	3	4	5
$c=$	0.12	0.16	0.20	0.25	0.30	0.35	0.40	0.50	0.63	0.80
l(商品规格范围公称长度)	2~6	2~8	4~10	4~12	4~16	6~20	6~24	8~30	8~40	10~50
d(公称)m6/h8	6	8	10	12	16	20	25	30	40	50
$c≈$	1.2	1.6	2.0	2.5	3.0	3.5	4.0	5.0	6.3	8.0
l(商品规格范围公称长度)	12~60	14~80	18~95	22~140	26~180	35~200	50~200	60~200	80~200	95~200
l(系列)	2,3,4,5,6,8,10,12,14,16,18,20,22,24,26,28,30,32,35,40,45,50,55,60,65,70,75,80,85,90,95,100,120,140,160,180,200(公称长度大于 200 mm,按 20 mm 递增。)									

附表 2-11 　　　　　　　圆锥销(GB/T 117—2000)　　　　　　　单位: mm

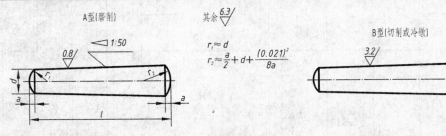

$$r_1≈d$$
$$r_2≈\frac{a}{2}+d+\frac{(0.021)^2}{8a}$$

标 记 示 例

公称直径 $d=10$ mm,长度 $l=60$ mm,材料为 35 号钢,热处理硬度 HRC28~38,表面氧化处理的 A 型圆锥销:

销 GB/T 117　　10×60

d(公称)h10	0.6	0.8	1	1.2	1.5	2	2.5	3	4	5
$a≈$	0.08	0.1	0.12	0.16	0.2	0.25	0.3	0.4	0.5	0.63
l(商品规格范围公称长度)	4~8	5~12	6~16	6~20	8~24	10~35	10~35	12~45	14~55	18~60
d(公称)h10	6	8	10	12	16	20	25	30	40	50
$a≈$	0.8	1	1.2	1.6	2	2.5	3	4	5	6.3
l(商品规格范围公称长度)	22~90	22~120	26~160	32~180	40~200	45~200	50~200	55~200	60~200	65~200
l(系列)	2,3,4,5,6,8,10,12,14,16,18,20,22,24,26,28,30,32,35,40,45,50,55,60,65,70,75,80,85,90,95,100,120,140,160,180,200(公称长度大于 200 mm,按 20 mm 递增。)									

附表 2-12　　　　　深沟球轴承(GB/T 276—1994)　　　　单位：mm

标记示例
滚动轴承　6308
GB/T 276—1994
60000 型

轴承代号	d	D	B
6008		68	15
6208		80	18
6308		90	23
6408		110	27
61809	45	58	7
16009		75	10
6009		75	16
6209		85	19
6309		100	25
6409		120	29
61810	50	65	7
61910		72	12
16010		80	10
6010		80	16
6210		90	20
6310		110	27
6410		130	31
61811	55	72	9
16011		90	11
6011		90	18
6211		100	21
6311		120	29
6411		140	33
61812	60	78	10
61912		85	13
16012		95	11
6012		95	18
6212		110	22
6312		130	31
6412		150	35
61913	65	90	13
16013		100	11
6013		100	18
6213		120	23
6313		140	33
6413		160	37
61814	70	90	10
16014		110	13
6014		110	20
6214		125	24
6314		150	35
6414		180	42

轴承代号	d	D	B
61815	75	95	10
61915		105	16
16015		115	13
6015		115	20
6215		130	25
6315		160	37
6415		190	45
61816	80	100	10
61916		110	16
16016		125	14
6016		125	22
6216		140	26
6316		170	39
6416		200	48
61817	85	110	13
61917		120	18
16017		130	14
6017		130	22
6217	85	150	28
6317		180	41
6417		210	52
61918	90	125	18
16018		140	16
6018		140	24
6218		160	30
6318		190	43
6418		225	54
61819	95	120	13
16019		145	16
6019		145	24
6219		170	32
6319		200	45
61920	100	140	20
16020		150	16
6020		150	24
6220		180	34
6320		215	47
6420		250	58

轴承代号	d	D	B
61800	10	19	5
61900		22	6
6000		26	8
6200		30	9
6300		35	11
61801	12	21	5
61901		24	6
16001		28	7
6001		28	8
6201		32	10
6301		37	12
61802	15	24	5
61902		28	7
16002		32	8
6002		32	9
6202		35	11
6302		42	13
61803	17	26	5
61903		30	7
16003		35	8
6003		35	10
6203		40	12
6303		47	14
6403		62	17

轴承代号	d	D	B
61804	20	32	7
61904		37	9
16004		42	8
6004		42	12
6204		47	14
6304		52	15
6404		72	19
61805	25	37	7
61905		42	9
16005		47	8
6005		47	12
6205		52	15
6305		62	17
6405		80	21
61806	30	42	7
61906		47	9
16006		55	9
6006		55	13
6206		62	16
6306		72	19
6406		90	23
61807	35	47	7
61907		55	10
16007		62	9
6007		62	14
6207		72	17
6307		80	21
6407		100	25
61808	40	52	7
61908		62	12
16008		68	9

附表 2－13　　　　圆锥滚子轴承（GB/T 297—1994）

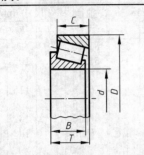

标记示例
圆锥滚子轴承　30209
GB/T 297—1994
30000 型

轴承代号	尺寸/mm d	D	T	B	C
30214		125	26.25	24	21
32214		125	33.25	31	27
30314		150	38	35	30
31314		150	38	35	25
32314		150	54	51	42
32015	75	115	25	25	19
30215		130	27.25	25	22
32215		130	33.25	31	27
30315		160	40	37	31
31315		160	40	37	26
32315		160	58	55	45
32016	80	125	29	29	22
30216		140	28.25	26	22
32216		140	35.25	33	28
30316		170	42.5	39	33
31316		170	42.5	39	27
32316		170	61.5	58	48
32917	85	120	23	23	18
30217		150	30.5	28	24
32017		130	29	29	22
32217		150	38.5	36	30
30317		180	44.5	41	34
31317		180	44.5	41	28
32317		180	63.5	60	49
32918	90	125	23	23	18
32018	90	140	32	32	24
30218		160	32.5	30	26
32218		160	42.5	40	34
30318		190	46.5	43	36
31318		190	46.5	43	30
32318		190	67.5	64	53
32019	95	145	32	32	24
30219		170	34.5	32	27
32219		170	45.5	43	37
30319		200	49.5	45	38
31319		200	49.5	45	32
32319		200	71.5	67	55

轴承代号	尺寸/mm d	D	T	B	C
30204	20	47	15.25	14	12
30304		52	16.25	15	13
32304		52	22.25	21	18
30205	25	52	16.25	15	13
30305		62	18.25	17	15
31305		62	18.25	17	13
32305		62	25.25	24	20
32006	30	55	17	17	13
30206	30	62	17.25	16	14
32206		62	21.25	20	17
30306		72	20.75	19	16
31306		72	20.75	19	14
32306		72	28.75	27	23
32007	35	62	18	18	14
30207		72	18.25	17	15
32207		72	24.25	23	19
30307		80	22.75	21	18
31307		80	22.75	21	15
32307		80	32.75	31	25
32908	40	62	15	15	12
32008		68	19	18	16
30208		80	19.75	18	16
32208		80	24.75	23	19
30308		90	25.25	23	20
31308		90	25.25	23	17
32308		90	35.25	33	27
32909	45	68	15	15	12
32009		75	20	20	15.5

轴承代号	尺寸/mm d	D	T	B	C
30209		85	20.75	19	16
32209		85	24.75	23	19
30309		100	27.75	25	22
31309		100	27.75	25	18
32309		100	38.25	36	30
32910	50	72	15	15	12
32010		80	20	20	15.5
30210		90	21.75	20	17
32210		90	24.75	23	19
30310		110	29.25	27	23
31310		110	29.25	27	19
32310		110	42.25	40	33
32011	55	90	23	23	17.5
30211		100	22.75	21	18
32211		100	26.75	25	21
30311		120	31.5	29	25
31311		120	31.5	29	21
32311		120	45.5	43	35
32912	60	85	17	17	14
32012		95	23	23	17.5
30212		110	23.75	22	19
32212		110	29.75	28	24
30312		130	33.5	31	26
30213	65	120	24.75	23	20
32213		120	32.75	31	27
30313		140	36	33	28
31313		140	36	33	23
32313		140	51	48	39
32914	70	100	20	20	16
32014		110	25	25	19

附表 2 – 14　　　　单向推力球轴承（GB/T 301—1995）

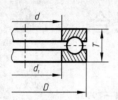

标记示例
滚动轴承　51205
GB/T 301—1995
51000 型

轴承代号	尺寸/mm			
	d	D	T	$d_1\min$
51322		190	63	113
51422		230	95	113
51124	120	155	25	122
51224		170	39	123
51324		210	70	123
51126	130	170	30	132
51226		190	45	133
51326		225	75	134
51426		270	110	134
51128	140	180	31	142
51228		200	46	143
51328		240	80	144
51428		280	112	144
51130	150	190	31	152
51230		215	50	152
51330		250	80	154
51430		300	120	154
51132	160	200	31	162
51232		225	51	163
51332		270	87	164
51134	170	215	34	172
51234		240	55	173
51334		280	87	174
51136	180	225	34	183
51236		250	56	183
51336		300	95	184
51138	190	240	37	193
51238		270	62	194
51338		320	105	195
51140	200	250	37	203
51240		280	62	204
51340		340	110	205

轴承代号	尺寸/mm			
	d	D	T	$d_1\min$
51104	20	35	10	21
51204		40	14	22
51304		47	18	22
51105	25	42	11	26
51205		47	15	27
51305		52	18	27
51405		60	24	27
51106	30	47	11	32
51206		52	16	32
51306		60	21	32
51406		70	28	32
51107	35	52	12	37
51207		62	18	37
51307		68	24	37
51407		80	32	37
51108	40	60	13	42
51208		68	19	42
51308		78	26	42
51408		90	36	42
51109	45	65	14	47
51209		73	20	47
51309		85	28	47
51409		100	39	47
51110	50	70	14	52
51210		78	22	52
51310		95	31	52
51410		110	43	52
51111	55	78	16	57
51211		90	25	57
51311		105	35	57
51411		120	48	57
51112	60	85	17	62
51212		95	26	62

轴承代号	尺寸/mm			
	d	D	T	$d_1\min$
51312		110	35	62
51412		130	51	62
51113	65	90	18	67
51213		100	27	67
51313		115	36	67
51413		140	56	68
51114	70	95	18	72
51214		105	27	72
51314		125	40	72
51414		150	60	73
51115	75	100	19	77
51215		110	27	77
51315		135	44	77
51415		160	65	78
51116	80	105	19	82
51216		115	28	82
51316		140	44	82
51416		170	68	83
51117	85	110	19	87
51217		125	31	88
51317		150	49	88
51417		180	72	88
51118	90	120	22	92
51218		135	35	93
51318		155	50	93
51418		190	77	93
51120	100	135	25	102
51220		150	38	103
51320		170	55	103
51420		210	85	103
51122	110	145	25	112
51222		160	38	113

附录三　极限与配合

附表 3-1　　　　优先配合中轴的极限偏差(摘自 GB/T 1800.4—1999)　　　　单位:μm

基本尺寸 mm		公差带												
		c	d	f	g	h				k	n	p	s	u
大于	至	11	9	7	6	6	7	9	11	6	6	6	6	6
—	3	−60 / −120	−20 / −45	−6 / −16	−2 / −8	0 / −6	0 / −10	0 / −25	0 / −60	+6 / 0	+10 / +4	+12 / +6	+20 / +14	+24 / +18
3	6	−70 / −145	−30 / −60	−10 / −22	−4 / −12	0 / −8	0 / −12	0 / −30	0 / −75	+9 / +1	+16 / +8	+20 / +12	+27 / +19	+31 / +23
6	10	−80 / −170	−40 / −76	−13 / −28	−5 / −14	0 / −9	0 / −15	0 / −36	0 / −90	+10 / +1	+19 / +10	+24 / +15	+32 / +23	+37 / +28
10	14	−95 / −205	−50 / −93	−16 / −34	−6 / −17	0 / −11	0 / −18	0 / −43	0 / −110	+12 / +1	+23 / +12	+29 / +18	+39 / +28	+44 / +33
14	18	−95 / −205	−50 / −93	−16 / −34	−6 / −17	0 / −11	0 / −18	0 / −43	0 / −110	+12 / +1	+23 / +12	+29 / +18	+39 / +28	+44 / +33
18	24	−110 / −240	−65 / −117	−20 / −41	−7 / −20	0 / −13	0 / −21	0 / −52	0 / −130	+15 / +2	+28 / +15	+35 / +22	+48 / +35	+54 / +41
24	30	−110 / −240	−65 / −117	−20 / −41	−7 / −20	0 / −13	0 / −21	0 / −52	0 / −130	+15 / +2	+28 / +15	+35 / +22	+48 / +35	+61 / +48
30	40	−120 / −280	−80 / −142	−25 / −50	−9 / −25	0 / −16	0 / −25	0 / −62	0 / −160	+18 / +2	+33 / +17	+42 / +26	+59 / +43	+76 / +60
40	50	−130 / −290	−80 / −142	−25 / −50	−9 / −25	0 / −16	0 / −25	0 / −62	0 / −160	+18 / +2	+33 / +17	+42 / +26	+59 / +43	+86 / +70
50	65	−140 / −330	−100 / −174	−30 / −60	−10 / −29	0 / −19	0 / −30	0 / −74	0 / −190	+21 / +2	+39 / +20	+51 / +32	+72 / +53	+106 / +87
65	80	−150 / −340	−100 / −174	−30 / −60	−10 / −29	0 / −19	0 / −30	0 / −74	0 / −190	+21 / +2	+39 / +20	+51 / +32	+78 / +59	+121 / +102
80	100	−170 / −390	−120 / −207	−36 / −71	−12 / −34	0 / −22	0 / −35	0 / −87	0 / −220	+25 / +3	+45 / +23	+59 / +37	+93 / +71	+146 / +124
100	120	−180 / −400	−120 / −207	−36 / −71	−12 / −34	0 / −22	0 / −35	0 / −87	0 / −220	+25 / +3	+45 / +23	+59 / +37	+101 / +79	+166 / +144
120	140	−200 / −450	−145 / −245	−43 / −83	−14 / −39	0 / −25	0 / −40	0 / −100	0 / −250	+28 / +3	+52 / +27	+68 / +43	+117 / +92	+195 / +170
140	160	−210 / −460	−145 / −245	−43 / −83	−14 / −39	0 / −25	0 / −40	0 / −100	0 / −250	+28 / +3	+52 / +27	+68 / +43	+125 / +100	+215 / +190
160	180	−230 / −480	−145 / −245	−43 / −83	−14 / −39	0 / −25	0 / −40	0 / −100	0 / −250	+28 / +3	+52 / +27	+68 / +43	+133 / +108	+235 / +210
180	200	−240 / −530	−170 / −285	−50 / −96	−15 / −44	0 / −29	0 / −46	0 / −115	0 / −290	+33 / +4	+60 / +31	+79 / +50	+151 / +122	+265 / +236
200	225	−260 / −550	−170 / −285	−50 / −96	−15 / −44	0 / −29	0 / −46	0 / −115	0 / −290	+33 / +4	+60 / +31	+79 / +50	+159 / +130	+287 / +258
225	250	−280 / −570	−170 / −285	−50 / −96	−15 / −44	0 / −29	0 / −46	0 / −115	0 / −290	+33 / +4	+60 / +31	+79 / +50	+169 / +140	+313 / +284
250	280	−300 / −620	−190 / −320	−56 / −108	−17 / −49	0 / −32	0 / −52	0 / −130	0 / −320	+36 / +4	+66 / +34	+88 / +56	+190 / +158	+347 / +315
280	315	−330 / −650	−190 / −320	−56 / −108	−17 / −49	0 / −32	0 / −52	0 / −130	0 / −320	+36 / +4	+66 / +34	+88 / +56	+202 / +170	+382 / +350
315	355	−360 / −720	−210 / −350	−62 / −119	−18 / −54	0 / −36	0 / −57	0 / −140	0 / −360	+40 / +4	+73 / +37	+98 / +62	+226 / +190	+426 / +390
355	400	−400 / −760	−210 / −350	−62 / −119	−18 / −54	0 / −36	0 / −57	0 / −140	0 / −360	+40 / +4	+73 / +37	+98 / +62	+244 / +208	+471 / +435
400	450	−440 / −840	−230 / −385	−68 / −131	−20 / −60	0 / −40	0 / −63	0 / −155	0 / −400	+45 / +5	+80 / +40	+108 / +68	+272 / +232	+530 / +490
450	500	−480 / −880	−230 / −385	−68 / −131	−20 / −60	0 / −40	0 / −63	0 / −155	0 / −400	+45 / +5	+80 / +40	+108 / +68	+292 / +252	+580 / +540

附表 3-2　　　　优先配合中孔的极限偏差（摘自 GB/T 1800.4—1999）　　　单位：μm

基本尺寸 mm 大于	至	C 11	D 9	F 8	G 7	H 7	H 8	H 9	H 11	K 7	N 7	P 7	S 7	U 7
—	3	+120 / +60	+45 / +20	+20 / +6	+12 / +2	+10 / 0	+14 / 0	+25 / 0	+60 / 0	0 / −10	−4 / −14	−6 / −16	−14 / −24	−18 / −28
3	6	+145 / +70	+60 / +30	+28 / +10	+16 / +4	+12 / 0	+18 / 0	+30 / 0	+75 / 0	+3 / −9	−4 / −16	−8 / −20	−15 / −27	−19 / −31
6	10	+170 / +80	+76 / +40	+35 / +13	+20 / +5	+15 / 0	+22 / 0	+36 / 0	+90 / 0	+5 / −10	−4 / −19	−9 / −24	−17 / −32	−22 / −37
10	14	+205 / +95	+93 / +50	+43 / +16	+24 / +6	+18 / 0	+27 / 0	+43 / 0	+110 / 0	+0 / −12	−5 / −23	−11 / −29	−21 / −39	−26 / −44
14	18	+205 / +95	+93 / +50	+43 / +16	+24 / +6	+18 / 0	+27 / 0	+43 / 0	+110 / 0	+0 / −12	−5 / −23	−11 / −29	−21 / −39	−26 / −44
18	24	+240 / +110	+117 / +65	+53 / +20	+28 / +7	+21 / 0	+33 / 0	+52 / 0	+130 / 0	+6 / −15	−7 / −28	−14 / −35	−27 / −48	−33 / −54
24	30	+240 / +110	+117 / +65	+53 / +20	+28 / +7	+21 / 0	+33 / 0	+52 / 0	+130 / 0	+6 / −15	−7 / −28	−14 / −35	−27 / −48	−40 / −61
30	40	+280 / +120	+142 / +80	+64 / +25	+34 / +9	+25 / 0	+39 / 0	+62 / 0	+160 / 0	+7 / −18	−8 / −33	−17 / −42	−34 / −59	−51 / −76
40	50	+290 / +130	+142 / +80	+64 / +25	+34 / +9	+25 / 0	+39 / 0	+62 / 0	+160 / 0	+7 / −18	−8 / −33	−17 / −42	−34 / −59	−61 / −86
50	65	+330 / +140	+174 / +100	+76 / +30	+40 / +10	+30 / 0	+46 / 0	+74 / 0	+190 / 0	+9 / −21	−9 / −39	−21 / −51	−42 / −72	−76 / −106
65	80	+340 / +150	+174 / +100	+76 / +30	+40 / +10	+30 / 0	+46 / 0	+74 / 0	+190 / 0	+9 / −21	−9 / −39	−21 / −51	−48 / −78	−91 / −121
80	100	+390 / +170	+207 / +120	+90 / +36	+47 / +12	+35 / 0	+54 / 0	+87 / 0	+220 / 0	+10 / −25	−10 / −45	−24 / −59	−58 / −93	−111 / −146
100	120	+400 / +180	+207 / +120	+90 / +36	+47 / +12	+35 / 0	+54 / 0	+87 / 0	+220 / 0	+10 / −25	−10 / −45	−24 / −59	−66 / −101	−131 / −166
120	140	+450 / +200	+245 / +145	+106 / +43	+54 / +14	+40 / 0	+63 / 0	+100 / 0	+250 / 0	+12 / −28	−12 / −52	−28 / −68	−77 / −117	−155 / −195
140	160	+460 / +210	+245 / +145	+106 / +43	+54 / +14	+40 / 0	+63 / 0	+100 / 0	+250 / 0	+12 / −28	−12 / −52	−28 / −68	−85 / −125	−175 / −215
160	180	+480 / +230	+245 / +145	+106 / +43	+54 / +14	+40 / 0	+63 / 0	+100 / 0	+250 / 0	+12 / −28	−12 / −52	−28 / −68	−93 / −133	−195 / −235
180	200	+530 / +240	+285 / +170	+122 / +50	+61 / +15	+46 / 0	+72 / 0	+115 / 0	+290 / 0	+13 / −33	−14 / −60	−33 / −79	−105 / −151	−219 / −265
200	225	+550 / +260	+285 / +170	+122 / +50	+61 / +15	+46 / 0	+72 / 0	+115 / 0	+290 / 0	+13 / −33	−14 / −60	−33 / −79	−113 / −159	−241 / −287
225	250	+570 / +280	+285 / +170	+122 / +50	+61 / +15	+46 / 0	+72 / 0	+115 / 0	+290 / 0	+13 / −33	−14 / −60	−33 / −79	−123 / −169	−267 / −313
250	280	+620 / +300	+320 / +190	+137 / +56	+69 / +17	+52 / 0	+81 / 0	+130 / 0	+320 / 0	+16 / −36	−14 / −66	−36 / −88	−138 / −190	−295 / −347
280	315	+650 / +330	+320 / +190	+137 / +56	+69 / +17	+52 / 0	+81 / 0	+130 / 0	+320 / 0	+16 / −36	−14 / −66	−36 / −88	−150 / −202	−330 / −382
315	355	+720 / +360	+350 / +210	+151 / +62	+75 / +18	+57 / 0	+89 / 0	+140 / 0	+360 / 0	+17 / −40	−16 / −73	−41 / −98	−169 / −226	−369 / −426
355	400	+760 / +400	+350 / +210	+151 / +62	+75 / +18	+57 / 0	+89 / 0	+140 / 0	+360 / 0	+17 / −40	−16 / −73	−41 / −98	−187 / −244	−414 / −471
400	450	+840 / +440	+385 / +230	+165 / +68	+83 / +20	+63 / 0	+97 / 0	+155 / 0	+400 / 0	+18 / −45	−17 / −80	−45 / −108	−209 / −272	−467 / −530
450	500	+880 / +480	+385 / +230	+165 / +68	+83 / +20	+63 / 0	+97 / 0	+155 / 0	+400 / 0	+18 / −45	−17 / −80	−45 / −108	−229 / −292	−517 / −580

附录四　常用材料及热处理

　　　　　　　　　　　　　常用钢材牌号

标　准	名称	牌　号		应 用 举 例	说　明
GB/T 700 —1988	碳素结构钢	Q215	A级	金属结构件、拉杆、套圈、铆钉、螺栓、短轴、心轴、凸轮(载荷不大的)、垫圈、渗碳零件及焊接件	"Q"为碳素结构钢屈服点"屈"字的汉语拼音首位字母,后面数字表示屈服点数值。如Q235表示碳素结构钢屈服点为235 N/mm²。
			B级		
		Q235	A级	金属结构件,心部强度要求不高的渗碳或液体碳氮共渗零件,吊钩、拉杆、套圈、气缸、齿轮、螺栓、螺母、连杆、轮轴、楔、盖及焊接件	新旧牌号对照: Q215——A2　Q235——A3 Q275——A5
			B级		
			C级		
			D级		
		Q275		轴、轴销、刹车杆、螺母、螺栓、垫圈、连杆、齿轮以及其他强度较高的零件	
GB/T 699 —1999	优质碳素结构钢	10F　10		用作拉杆、卡头、垫圈、铆钉及用作焊接零件	牌号的两位数字表示平均碳的质量分数,45 号钢即表示碳的质量分数为 0.45%;
		15F 15		用于受力不大和韧性较高的零件、渗碳零件及紧固件(如螺栓、螺钉)、法兰盘和化工贮器	碳的质量分数≤0.25%的碳钢属低碳钢(渗碳钢);
		35		用作制造曲轴、转轴、轴销、杠杆连杆、螺栓、螺母、垫圈、飞轮(多在正火、调质下使用)	碳的质量分数在 0.25%～0.6%之间的碳钢属中碳钢(调质钢);
		45		用作要求综合机械性能高的各种零件,通常经正火或调质处理后使用。用于制造轴、齿轮、齿条、链轮、螺栓、螺母、销钉、键、拉杆等	沸腾钢在牌号后加符号"F";
		65		用于制造弹簧、弹簧垫圈、凸轮、轧辊等	锰的质量分数较高的钢,需加注化学元素符号"Mn"
		15Mn		制作心部力学性能要求较高且需渗碳的零件	
		65Mn		用作要求耐磨性高的圆盘、衬板、齿轮、花键轴、弹簧等	
GB/T 3077 —1999	合金结构钢	30Mn2		起重机行车轴、变速箱齿轮、冷镦螺栓及较大截面的调质零件	钢中加入一定量的合金元素,提高了钢的力学性能和耐磨性,也提高了钢的淬透性,保证金属在较大截面上获得高的力学性能
		20Cr		用于要求心部强度较高,承受磨损,尺寸较大的渗碳零件,如齿轮、齿轮轴、蜗杆、凸轮、活塞销等,也用于速度较大、中等冲击的调质零件	
		40Cr		用于受变载、中速、中载、强烈磨损而无很大冲击的重要零件,如重要的齿轮、轴、曲轴、连杆、螺栓、螺母	
		35SiMn		可代替 40Cr 用于中小型轴类、齿轮等零件及430℃以下的重要紧固件等	
		20CrMnTi		强度韧性均高,可代替镍铬钢用于承受高速、中等或重负荷以及冲击、磨损等重要零件,如渗碳齿轮、凸轮等	
GB11352 —1989	铸钢	ZG230—450		轧机机架、铁道车辆摇枕、侧梁、铁铮台、机座、箱体、锤头、450℃以下的管路附件等	"ZG"为铸钢汉语拼音的首位字母,后面数字表示屈服点和抗拉强度,如 ZG230—450 表示屈服点230 N/mm²,抗拉强度450 N/mm²
		ZG310—570		联轴器、齿轮、汽缸、轴、机架、齿圈等	

附表 4-2　　　　　　　　　　　常用铸铁牌号

标　准	名称	牌　号	应　用　举　例	说　　明
GB/T 9439 —1988	灰铸铁	HT150	用于小负荷和对耐磨性无特殊要求的零件,如端盖、外罩、手轮、一般机床底座、床身及其复杂零件、滑台、工作台和低压管件等	"HT"为灰铁的汉语拼音的首位字母,后面的数字表示抗拉强度。如 HT200 表示抗拉强度为 200 N/mm² 的灰铸铁
		HT200	用于中等负荷和对耐磨性有一定要求的零件,如机床床身、立柱、飞轮、气缸、泵体、轴承座、活塞、齿轮箱、阀体等	
		HT250	用于中等负荷和对耐磨性有一定要求的零件,如阀壳、油缸、气缸、联轴器、机体、齿轮、齿轮箱外壳、飞轮、衬套、凸轮、轴承座、活塞等	
		HT300	用于受力大的齿轮、床身导轨、车床卡盘、剪床床身、压力机的床身、凸轮、高压油缸、液压泵和滑阀壳体、冲模模体等	

附表 4-3　　　　　　　　　　　常用有色金属牌号

标　准	名称	牌　号	应　用　举　例	说　　明
GB/T 1176 —1987	锡青铜	ZCuSn5 Pb5Zn5	耐磨性和耐蚀性均好,易加工,铸造性和气密性较好。用于较高负荷、中等滑动速度下工作的耐磨、耐磨蚀零件,如轴瓦、衬套、缸套、油塞、离合器、蜗轮等	"Z"为铸造汉语拼音的首位字母,各化学元素后面的数字表示该元素的质量分数,如 ZCuAl10Fe3 表示含 Al(8.5%～11%),Fe (2%～4%),其余为 Cu 的铸造铝青铜
	铝青铜	ZCuAl10 Fe3	机械性能高,耐磨性、耐蚀性、抗氧化性好,可焊接性好,不易钎焊,大型铸件自 700℃空冷可防止变脆。可用于制造强度高、耐磨、耐蚀的零件,如蜗轮、轴承、衬套、管嘴、耐热管配件等	
	铝黄铜	ZCuZn25Al6 Fe3Mn3	有很高的力学性能,铸造性良好,耐蚀性较好,有应力腐蚀开裂倾向,可以焊接。适用于高强耐磨零件,如桥梁支承板、螺母、螺杆、耐磨板、滑块和蜗轮等	
	锰黄铜	ZCu58 Mn2Pb2	有较高的力学性能和耐蚀性,耐磨性较好,切削性良好。可用于一般用途的构件,船舶仪表等使用的外型简单的铸件,如套筒、衬套、轴瓦、滑块等	
GB/T 1173 —1995	铸造铝合金	ZL102 ZL201	耐磨性中上等,用于制造负荷不大的薄壁零件	ZL102 表示硅的质量分数(10%～13%)、余量为铝的铝硅合金;ZL201 表示含铜(45%～53%)、余量为铝的铝铜合金
GB/T 3190 —1996	硬　铝	2A12	焊接性能好,适于制作中等强度的零件	2A12 表示含铜(3.8%～4.9%)、镁(1.2%～1.8%)、锰(0.3%～0.9%)、余量为铝的硬铝
	工业纯铝	1060	适于制作贮槽、塔、热交换器、防止污染及深冷设备等	1060 表示含杂质≤0.4%的工业纯铝

附表 4-4　常用热处理和表面处理(GB/T 7232—1999 和 JB/T 8555—1997)

名　称	有效硬化层深度和硬度标注举例	说　明	目　的
退火(Th)	退火(163~197)HBS 或退火	加热→保温→缓慢冷却	用来消除铸、锻、焊零件的内应力,降低硬度,以利切削加工,细化晶粒,改善组织,增加韧性
正火(Z)	正火(170~217)HBS 或正火	加热→保温→空气冷却	用于处理低碳钢、中碳结构钢及渗碳零件,细化晶粒,增加强度与韧性,减少内应力,改善切削性能
淬火(C)	淬火(42~47)HRC	加热→保温→急冷 工件加热奥氏体化后以适当方式冷却获得马氏体或(和)贝氏体的热处理工艺	提高机件强度及耐磨性。但淬火后引起内应力,使钢变脆,所以淬火后必须回火
回　火	回火	回火是将淬硬的钢件加热到临界点(Ac_1)以下的某一温度,保温一段时间,然后冷却到室温	用来消除淬火后的脆性和内应力,提高钢的塑性和冲击韧性
调质(T)	调质(200~230)HBS	淬火→高温回火	提高韧性及强度、重要的齿轮、轴及丝杠等零件需调质
感应淬火	感应淬火 DS =0.8~1.6, (48~52)HRC	用感应电流将零件表面加热→急速冷却	提高机件表面的硬度及耐磨性,而心部保持一定的韧性,使零件既耐磨又能承受冲击,常用来处理齿轮
渗碳淬火	渗碳淬火 DC =0.8~1.2, (58~63)HRC	将零件在渗碳介质中加热、保温,使碳原子渗入钢的表面后,再淬火回火渗碳深度 0.8~1.2 mm	提高机件表面的硬度、耐磨性、抗拉强度等适用于低碳、中碳(C<0.40%)结构钢的中小型零件
渗　氮	渗氮 DN=0.25~0.4, ≥850 HV	将零件放入氨气内加热,使氮原子渗入钢表面。氮化层 0.25~0.4 mm, 氮化时间 40~50 h	提高机件的表面硬度、耐磨性、疲劳强度和抗蚀能力。适用于合金钢、碳钢、铸铁件,如机床主轴、丝杠、重要液压元件中的零件
碳氮共渗淬火	碳氮共渗淬火 DC=0.5~0.8, (58~63)HRC	钢件在含碳氮的介质中加热,使碳、氮原子同时渗入钢表面。可得到 0.5~0.8 mm 硬化层	提高表面硬度、耐磨性、疲劳强度和耐蚀性,用于要求硬度高、耐磨的中小型、薄片零件及刀具等
时　效	自然时效 人工时效	机件精加工前,加热到100 ℃~150 ℃后,保温 5~20 h,空气冷却,铸件也可自然时效(露天放一年以上)	消除内应力,稳定机件形状和尺寸,常用于处理精密机件,如精密轴承、精密丝杠等
发蓝、发黑	—	将零件置于氧化剂内加热氧化、使表面形成一层氧化铁保护膜	防腐蚀、美化,如用于螺纹紧固件
镀　镍		用电解方法,在钢件表面镀一层镍	防腐蚀、美化

续附表 4 - 4

名　称	有效硬化层深度和硬度标注举例	说　明	目　的
镀　铬		用电解方法,在钢件表面镀一层铬	提高表面硬度、耐磨性和耐蚀能力,也用于修复零件上磨损了的表面
硬　度	HBS(布氏硬度见 GB/T 231.1—2002) HRC(洛氏硬度见 GB/T 230—1991) HV(维氏硬度见 GB/T 4340.1—1999)	材料抵抗硬物压入其表面的能力 依测定方法不同而有布氏、洛氏、维氏等几种	检验材料经热处理后的力学性能 ——硬度 HBS 用于退火、正火、调制的零件及铸件 ——HRC 用于经淬火、回火及表面渗碳、渗氮等处理的零件 ——HV 用于薄层硬化零件

注:"JB/T"为机械工业行业标准的代号。

附录五　常用简化表示法

1. 图样画法（GB/T 16675.1—1996）

以下是从《技术制图》国家标准中摘录的一些常用简化画法,其中有些画法已在教材的有关章节中引用和介绍的就不再列入。

附表 5-1 　　　　　　　　　　　　　　简化画法

简　化　后	简　化　前	说　明
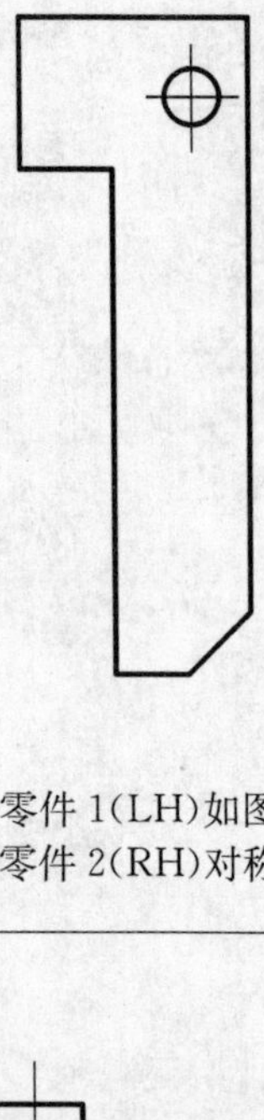 零件 1(LH)如图 零件 2(RH)对称	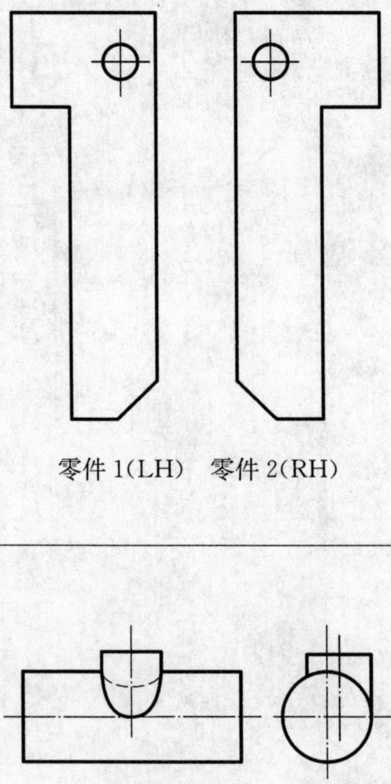 零件 1(LH)　零件 2(RH)	对于左右手零件和装配件,允许仅画出其中一件,另一件则用文字说明,其中"LH"为左件,"RH"为右件
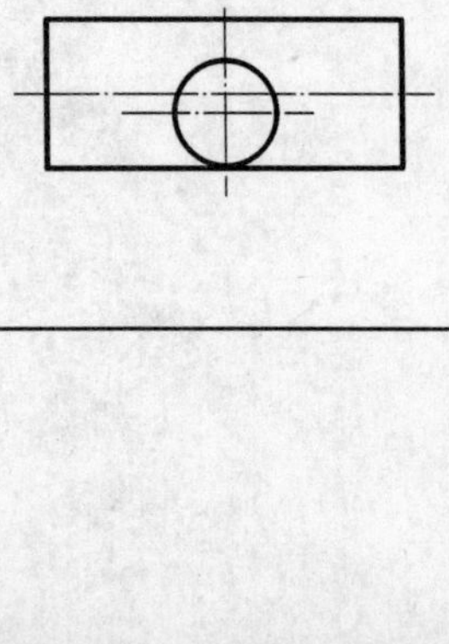	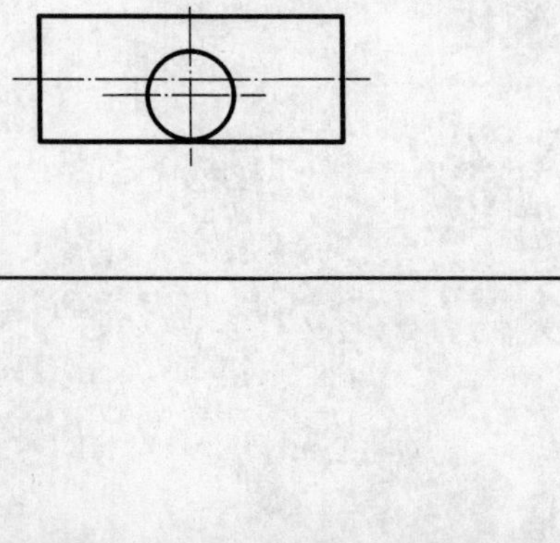	在不致引起误解时,图形中的过渡线、相贯线可以简化,例如用圆弧或直线代替非圆曲线

续附表 5-1

简 化 后	简 化 前	说 明
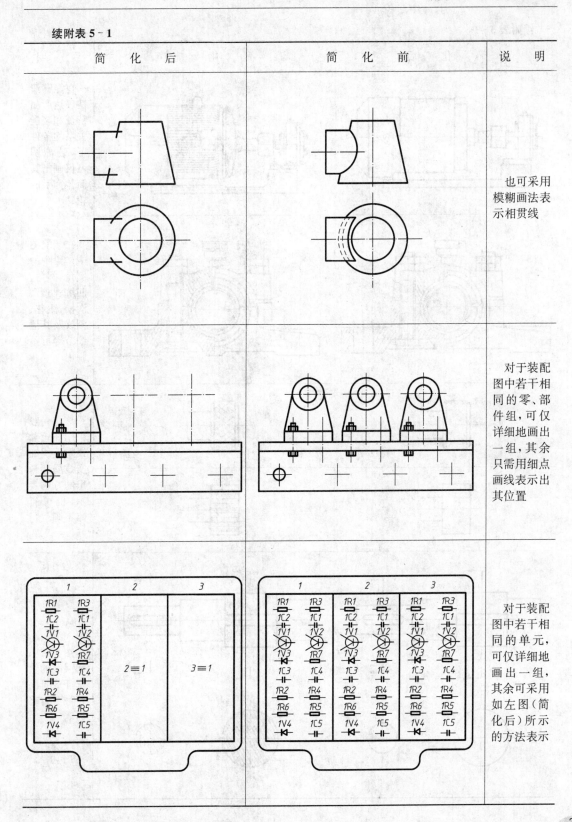		也可采用模糊画法表示相贯线
		对于装配图中若干相同的零、部件组,可仅详细地画出一组,其余只需用细点画线表示出其位置
		对于装配图中若干相同的单元,可仅详细地画出一组,其余可采用如左图(简化后)所示的方法表示

续附表 5 - 1

简 化 后	简 化 前	说 明
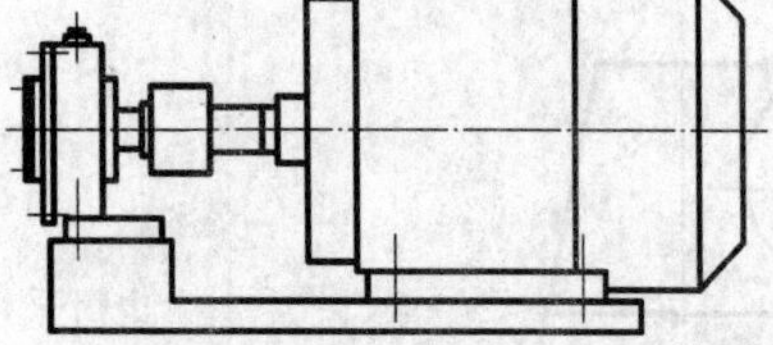	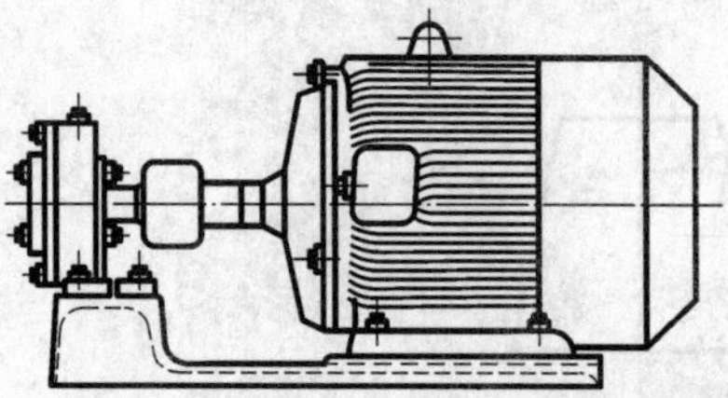	在能够清楚表达产品特征和装配关系的条件下,装配图可仅画出其简化后的轮廓
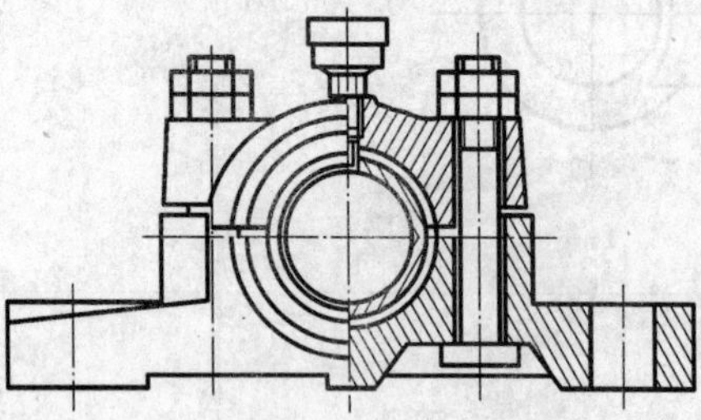	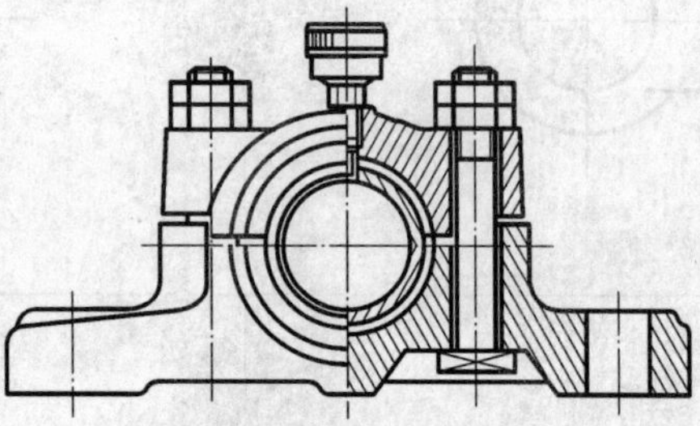	在装配图中,零件的倒角、圆角、凹坑、凸台、沟槽、滚花、刻线及其他细节等可不画出
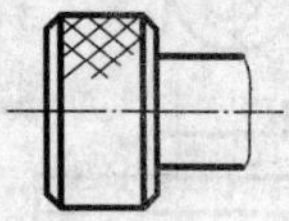	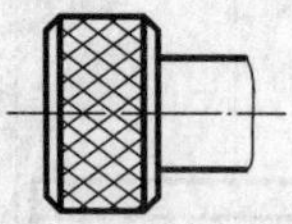	滚花一般采用在轮廓线附近用细实线局部画出的方法表示,也可省略不画
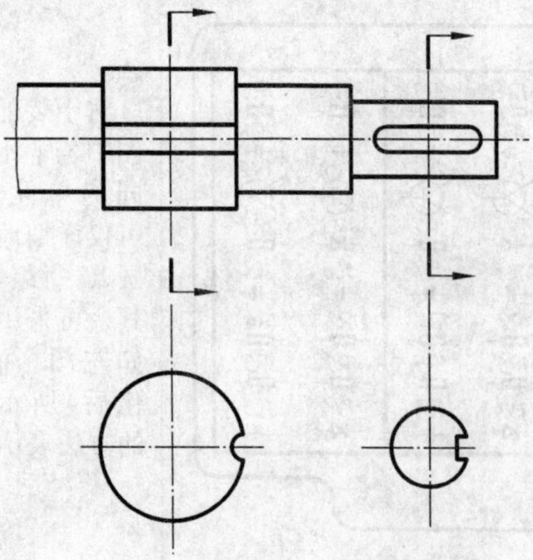	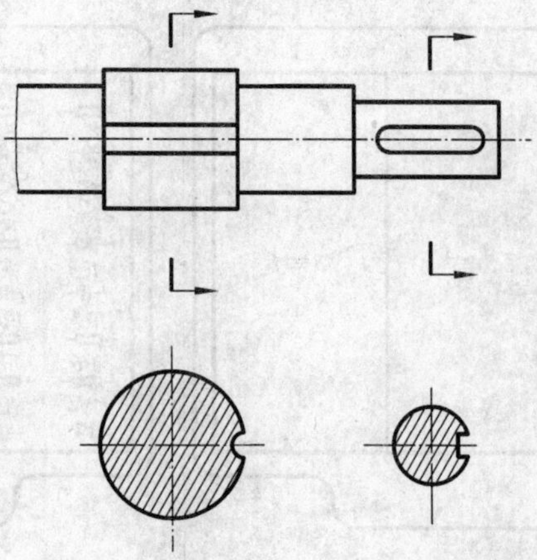	在不致引起误解的情况下,剖面符号可省略

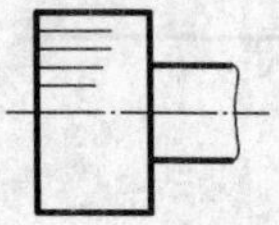

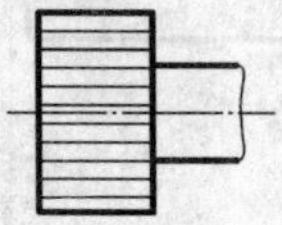

附注1

在装配图中可省略螺栓、螺母、销等紧固件的投影,而用点画线和指引线指明它们的位置。此时,表示紧固件组的公共指引线应根据其不同类型从被连接件的某一端引出,如螺钉、螺柱、销连接从其装入端引出,螺栓连接从其装有螺母一端引出,如下图

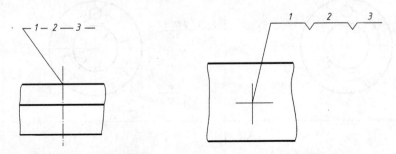

附注2

被网状物挡住的部分均按不可见轮廓绘制。由透明材料制成的物体,均按不透明物体绘制。对于供观察用的刻度、字体、指针、液面等可按可见轮廓线绘制。例如仪表的表面在玻璃后,其指针、刻度等均可按可见轮廓绘制。(图从略)

2. 尺寸注法(GB/T 16675.2—1996)

附表5-2 简化注法

简 化 后	简 化 前	说 明
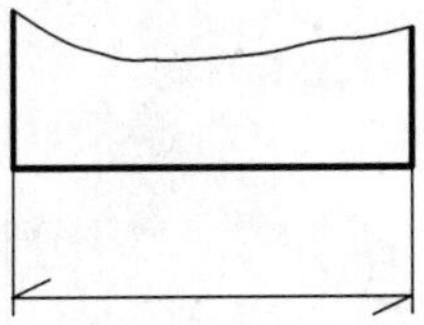	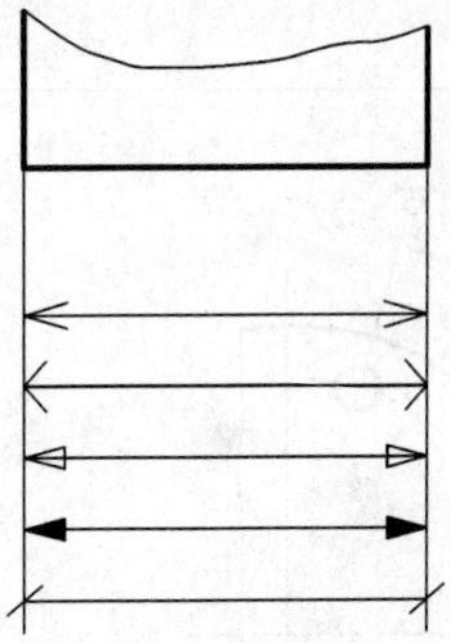	标注尺寸时,可使用单边箭头
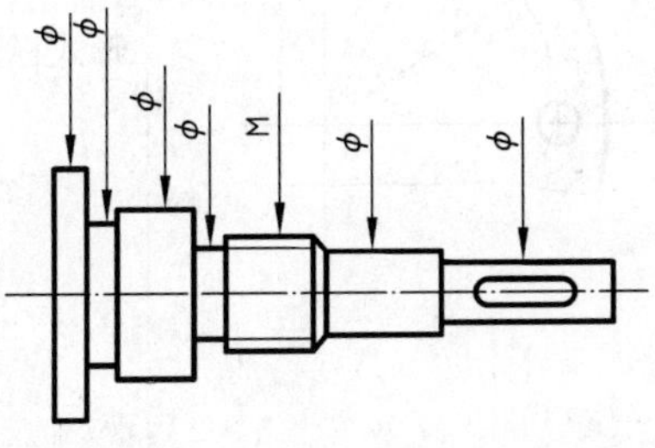	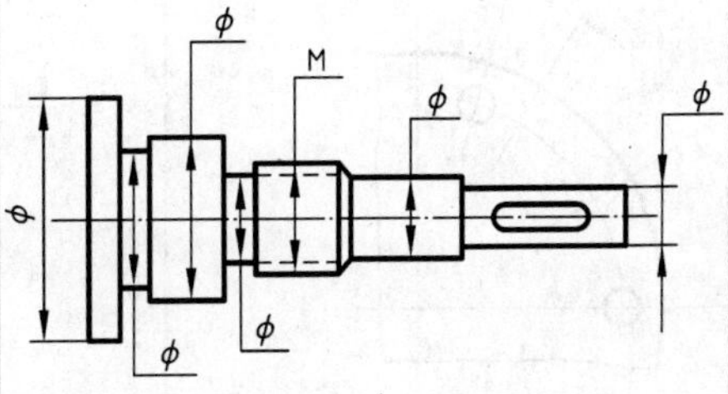	标注尺寸时,可采用带箭头的指引线

续附表 5-2

简　化　后	简　化　前	说　明
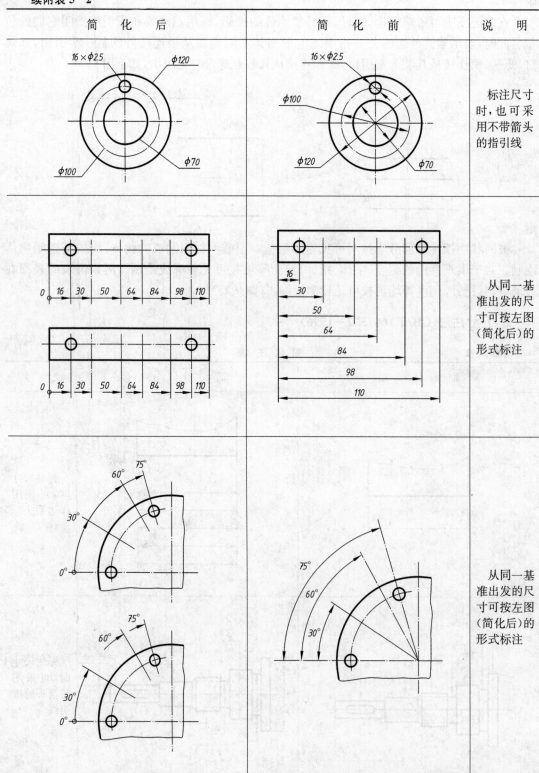		标注尺寸时,也可采用不带箭头的指引线
		从同一基准出发的尺寸可按左图(简化后)的形式标注
		从同一基准出发的尺寸可按左图(简化后)的形式标注

续附表 5 - 2

简 化 后	简 化 前	说 明
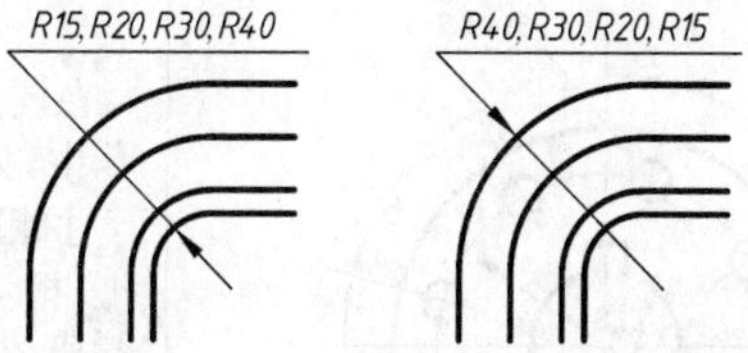	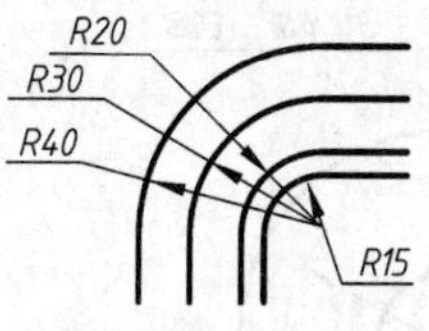	一组同心圆弧或圆心位于一条直线上的多个不同心圆弧的尺寸，可用共用的尺寸线箭头依次表示
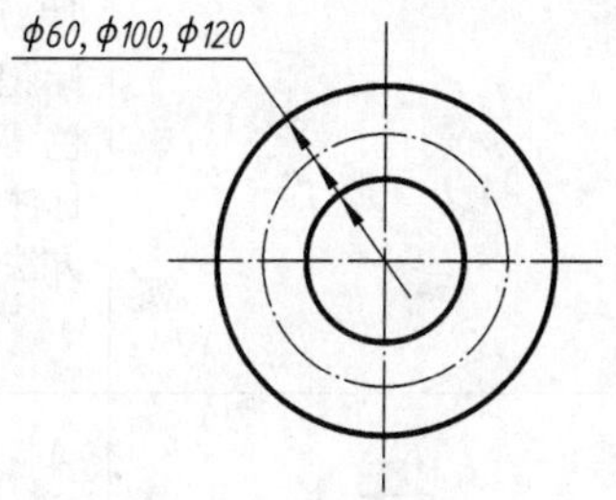	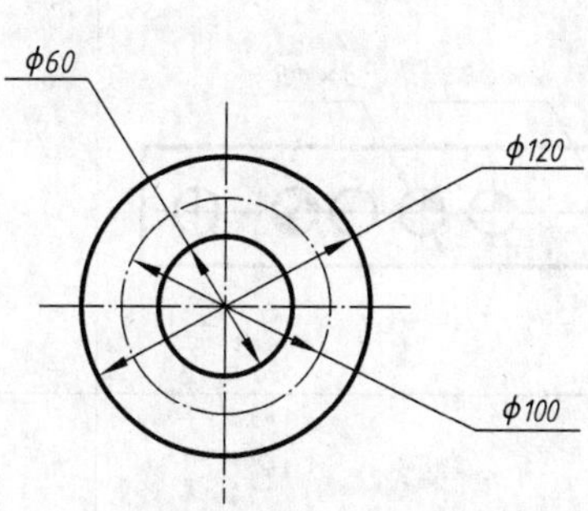	一组同心圆或尺寸较多的台阶孔的尺寸，也可用共用的尺寸线和箭头依次表示
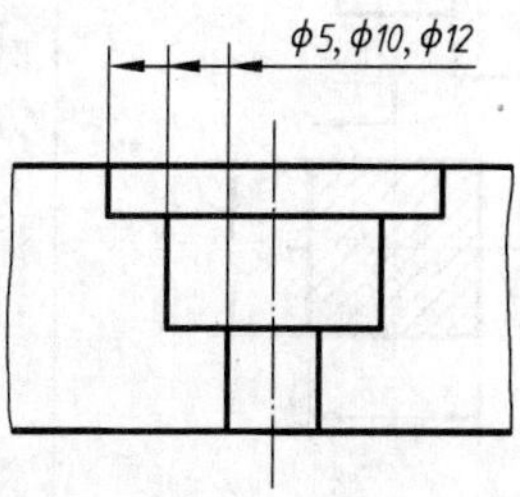	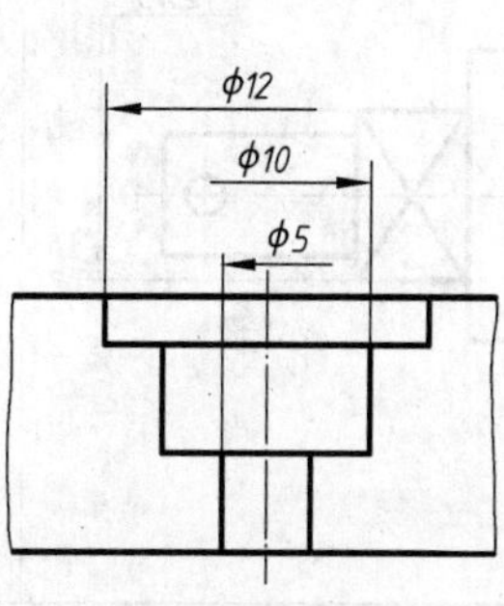	

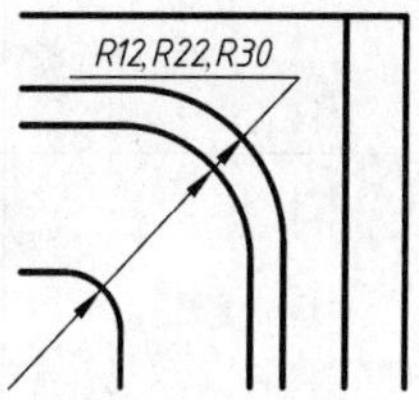

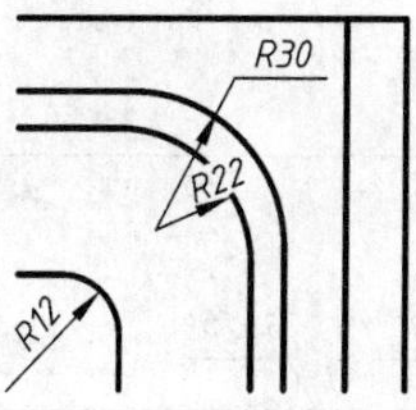

续附表 5-2

简　化　后	简　化　前	说　明
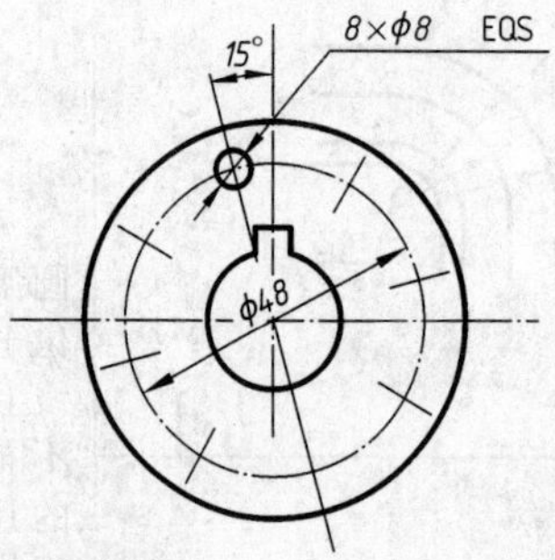 $8×\phi8$　EQS $15°$ $\phi48$	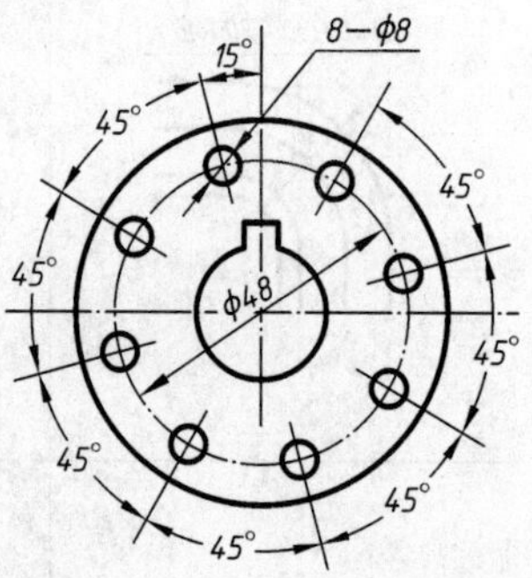 $8-\phi8$ $15°$　$45°$ $45°$　$45°$ $45°$　$\phi48$　$45°$ $45°$　$45°$ $45°$	在同一图形中,对于尺寸相同的孔、槽等成组要素,可仅在一个要素上注出其尺寸和数量
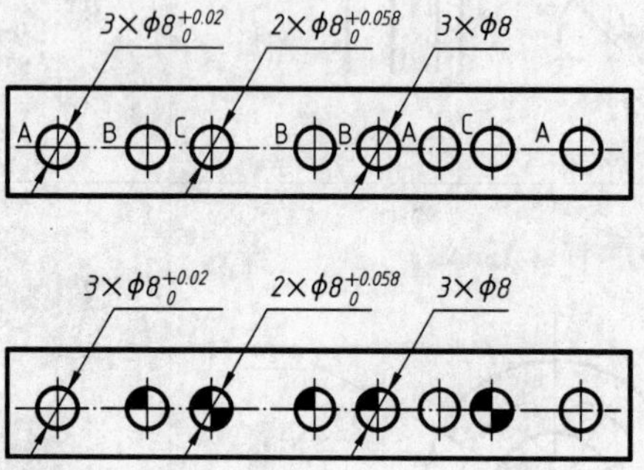 $3×\phi8^{+0.02}_{0}$　$2×\phi8^{+0.058}_{0}$　$3×\phi8$ A　B　C　B　B　A　C　A $3×\phi8^{+0.02}_{0}$　$2×\phi8^{+0.058}_{0}$　$3×\phi8$	省　略	在同一图形中,如有几种尺寸数值相近而又重复的要素(如孔等)时,可采用标记(如涂色等)或用标注字母的方法来区别
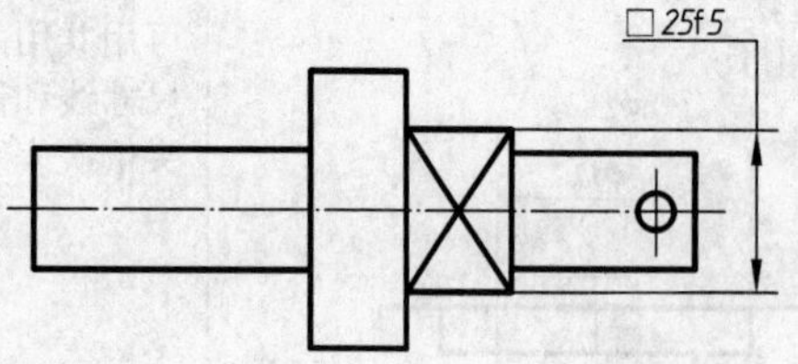 $□25f5$	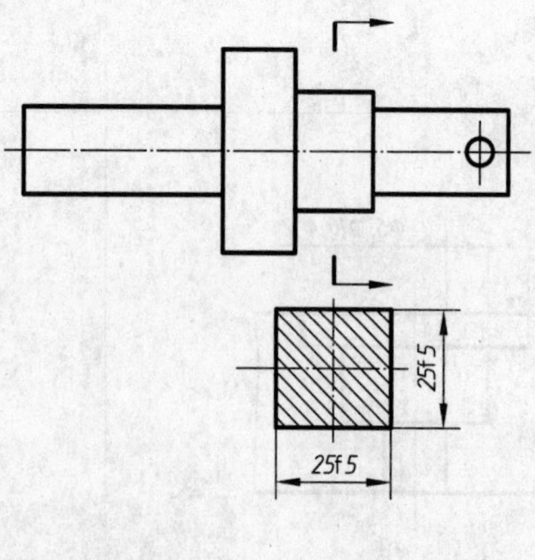 $25f5$ $25f5$ $25f5$	标注正方形结构尺寸时,可在正方形边长尺寸数字前加注"□"符号

续附表 5-2

简 化 后	简 化 前	说 明
		两个形状相同但尺寸不同的构件或零件,可共用一张图表示,但应将另一件名称和不相同的尺寸列入括号中表示
	省 略	同类型或同系列的零件或构件,可采用表格图绘制
	省 略	

X4	40	80	60	100	0.8	11	
X3	30	60	50	80	0.8	11	
X2	20	40	36	56	0.5	8.5	
X1	12	24	20	32	0.5	4.5	
图样代号	b	l	B	L	δ	H	数量

No	a	b	c
Z1	200	400	200
Z2	250	450	200
Z3	200	450	250

续附表 5 - 2

简　化　后	说　明

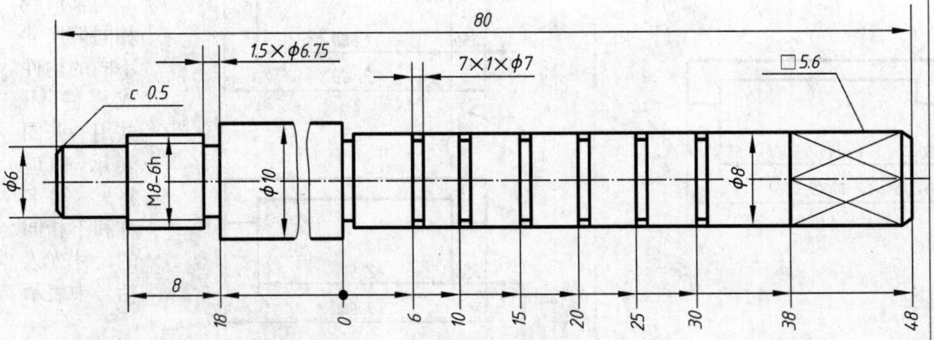

对不连续的同一表面,可用细实线连接后标注一次尺寸

参 考 文 献

［1］ 大连工学院工程画教研室编. 机械制图［M］. 5 版. 北京：高等教育出版社，2003.

［2］ 朱辉，曹桃. 画法几何及工程制图［M］. 上海：上海科技出版社，2003.

［3］ 何铭新，钱可强. 机械制图（非机械类各专业用）［M］. 5 版. 北京：高等教育出版社，2004.

［4］ 高培森. AutoCAD 2005 中文版基础教程［M］. 北京：机械工业出版社，2005.

［5］ 姜勇，贺松林，丁晓玲. AutoCAD 2005 中文版 基本功能与典型实例［M］. 3 版. 北京：人民邮电出版社，2005.

［6］ 国家质量技术监督局. 中华人民共和国国家标准 技术制图［S］. 北京：中国标准出版社，1999.

［7］ 国家质量技术监督局. 中华人民共和国国家标准 机械制图［S］. 北京：中国标准出版社，2001.

［8］ 中国标准出版社. 中国机械工业标准汇编——极限与配合卷［S］. 北京：中国标准出版社，1999.

［9］ 国家标准局. 中华人民共和国标准——形状和位置公差［S］. 北京：中国标准出版社，1997.

［10］ 中国标准出版社，中国机械工业标准汇编——紧固件产品卷（上、下册）［S］. 北京：中国标准出版社，1998.

［11］ 中国标准出版社. 中国机械工业标准汇编——滚动轴承卷（上、下册）［S］. 北京：中国标准出版社，1998.

［12］ 中华人民共和国国家质量监督检验检疫总局. 中华人民共和国国家标准 机械制图 图样画法 图线［S］. 北京：中国标准出版社，2003.

［13］ 中华人民共和国国家质量监督检验检疫总局. 中华人民共和国国家标准 机械制图 图样画法 视图［S］. 北京：中国标准出版社，2003.

［14］ 中华人民共和国国家质量监督检验检疫总局. 中华人民共和国国家标准 机械制图 图样画法 剖视图和断面图［S］. 北京：中国标准出版社，2003.

［15］ 中华人民共和国国家质量监督检验检疫总局. 中华人民共和国国家标准 机械制图 尺寸注法［M］. 北京：中国标准出版社，2004.